U0338320

反渗透水处理系统工程

■ 冯逸仙 编著

中国电力出版社
CHINA ELECTRIC POWER PRESS

▬ 内容提要 ▬

本书详细阐述了反渗透水处理的基本原理，预处理，污染和结垢的控制，膜元件（组件）的选择，反渗透装置的设计、调试、运行、清洗、维护和系统诊断技术，后处理等。书中的大量实例和图表资料，为专业人员提供了翔实的工作依据。

本书可供电力、石化、电子、制药、食品、饮料、环保等行业的水处理专业技术人员和高等院校师生参考、使用，并可作为培训用书。

图书在版编目（CIP）数据

反渗透水处理系统工程/冯逸仙编著. −北京：中国电力出版社，2005.2（2023.3 重印）

ISBN 978-7-5083-2622-1

Ⅰ. 反… Ⅱ. 冯… Ⅲ. 水处理−技术 Ⅳ. TU991.2

中国版本图书馆 CIP 数据核字（2004）第 138995 号

中国电力出版社出版、发行

（北京市东城区北京站西街 19 号 100005 http://www.cepp.sgcc.com.cn）

三河市万龙印装有限公司印刷

各地新华书店经售

*

2005 年 2 月第一版 2023 年 3 月北京第六次印刷

850 毫米×1168 毫米 32 开本 10.875 印张 286 千字 1 插页

印数 9001—10000 册 定价 **49.00** 元

作 者 简 介

冯逸仙　工学学士，管理学硕士，高级工程师，先后在（北京）华北电力设计院、深圳能源集团从事技术、管理工作。期间，以职业经理人的身份，分别出任环境工程有限公司（国营）、水处理技术公司（独资）的总经理。于 1997 年和 2000 年由中国电力出版社出版了专著《反渗透水处理》和《反渗透水处理工程》。

联系电话：13802256320

E-mail：robbiefeng@ tom. com

人，所培养的新人已引起业界的关注。我认识冯逸仙先生多年，他在顺境中十分勤奋，在逆境中也十分努力。我十分高兴为冯逸仙先生的新著《反渗透水处理系统工程》作序，是因为我们的时代是人才辈出的时代，希望"长江后浪推前浪"，年轻一代更有作为，也希望有更多像冯逸仙先生这样的年轻学者和应用专家为推动高新水处理技术在我国的应用和发展贡献自己的才智。

中国工程院院士　　高从堦

2004年10月8日

序

　　《反渗透水处理系统工程》是冯逸仙先生在推出其专著《反渗透水处理》和《反渗透水处理工程》之后的第三本专著。可以说，第一本专著《反渗透水处理》，使业界对冯逸仙先生本人有初步的了解，该书有力地推动了反渗透水处理技术在我国的广泛应用；第二本专著《反渗透水处理工程》，扩大了冯逸仙先生在业界的影响；我相信冯逸仙先生的第三本专著《反渗透水处理系统工程》，将进一步促进我国反渗透水处理技术的发展和提高。

　　采用反渗透技术是纯水制备的发展方向，而冯逸仙先生是我国较早接触该技术并发表文章介绍该技术的应用专家之一。他不仅身体力行地实践反渗透应用技术，而且注重把反渗透技术的实践经验上升为理论总结，这也是前两部作品畅销的原因，我相信本书同样会深受有关技术人员的喜爱。

　　冯逸仙先生每隔几年推出一本专著，而每一本又比前一本有更多新的实践内容，此书介绍了近年来他成功地采用大型反渗透＋EDI（电连续再生装置）这一先进水处理系统的实践经验。可以说，冯逸仙先生为推动先进的反渗透水处理工艺在我国的广泛应用做出了积极的贡献。

　　实践与理论的良好结合，是发展生产力的强大动力。冯逸仙先生从事过设计、运行、调试、安装、设备制造等水处理环节的各个方面的工作。他既深入地实践反渗透应用技术，又敢于实践一些新的水处理技术，对传统的离子交换水处理系统也有独到的见解，所有这些均可从本书中得到体现。因此，冯逸仙先生在水处理应用技术的实践和理论的结合方面是比较出色的年轻学者和应用专家之一。

　　冯逸仙先生不仅自己努力刻苦钻研技术，而且乐于培养新

前　言

　　反渗透水处理技术是当代先进的水处理脱盐技术，其应用领域越来越广泛。它广泛应用于电力、化工、石油、饮料、钢铁、制药、电子、市政、环保等行业，既用于生产锅炉补给水和饮用水、淡化海水、制备电子级超纯水，也用于废水处理、物质回收与浓缩的分离过程等领域。

　　反渗透水处理技术成功应用于各领域，在很大程度上是由于其操作简单和运行经济。它与许多高科技产品一样，技术含量高，科技附加值高，但其使用易于掌握。对水质有严格要求的应用领域，如电子（超大规模集成电路用水水质要求电阻率大于 $17M\Omega \cdot cm$；总有机碳含量 TOC 小于 $1mg/L$，甚至小于 $0.5mg/L$）、电力［大容量高参数机组的锅炉补给水要求电导率小于 $0.2\mu S/cm$（25℃），二氧化硅小于 $0.02mg/L$］，反渗透设备可作为预脱盐装置。反渗透除盐较其他预除盐装置，如蒸发器、电渗析等，有着独到的特点和优势。它的使用，极大地延长了传统的离子交换设备的再生周期，减少了酸碱的排放量，有利于当地的环境保护。它既可大大降低运行人员的劳动强度，又可进一步提高整个水处理工艺的运行水平和自动化程度。在进水水质和当地条件许可的情况下，采用"超滤 + 反渗透 + 电去离子装置（EDI）"系统可告别酸碱，工艺更符合环保要求。应该指出，反渗透技术用于海水淡化有着不可替代的优势，它在国外已得到广泛的采用，在我国也已起步。具有一定规模的海水淡化系统的制水成本已大幅度地下降，反渗透技术在海水淡化方面必将有更大的作为，特别是沿海缺水地区。

　　随着反渗透技术应用的增多，反渗透国产化工作日益得到重视，国产化率越来越高，但是在反渗透除盐的关键部件——反渗透膜元件方面，国产产品无论是在脱盐率、透水量上，还是在稳定性、使用寿命上，比起当今世界先进的膜元件均有一定的差距。反渗透低压膜、超低压膜（或抗污染膜）的使用，大大地降低了运行成本，尤其是电力费用，并更新了人们的观念，以至于认为对水中含盐量超过 100mg/L 的原水采用反渗透作为预除盐也是经济合理的（DL/T 5068《火力发电厂化学设计技术规程》条文说明中指出，在美国的价格条件下，原水总溶解固形物大于 75mg/L 时，采用反渗透除盐是经济的）。

反渗透装置要长期安全运行，一是必须重视预处理，使预处理出水满足反渗透进水的要求；二是重视反渗透装置的内在质量，如膜元件（组件）及数量的合理选择、膜组件的合理排列组合等。在此基础上，出色的反渗透装置制造厂家需要考虑装置的顺畅、美观，让人们对反渗透装置的内在质量要求与外观要求和谐、统一起来。

在现实社会中，反渗透装置及其水处理工程不成功的例子时有发生，这就提醒用户选择合作伙伴——水处理工程公司时，既要看其业绩、一般技术、质量、服务、价格，更要看其有无处理个案问题的能力，标志就是有无具有实力的技术带头人。在货比三家时，既要考虑一次投资，又要考虑维修费用、运行费用。选择经济、安全的水处理工艺，可为用户持续创造价值。

本书是在《反渗透水处理》和《反渗透水处理工程》的基础上，进一步充实了新的实践内容和应用技术，使之更贴近实践，因而起名《反渗透水处理系统工程》。《反渗透水处理》和《反渗透水处理工程》两本书出版后，很快脱销，这成为本人编著《反渗透水处理系统工程》的动力，因为把最新应用技术介绍给读者和推动最新技术的应用是本人的追求。本书的出版，希望有助于进一步提高工程技术人员业务水平，并加深他们对反渗透技术的理解，有助于进一步推动反渗透技术在我国水处理行业的广泛应用。

本书在编写过程中，得到李嘉斌工程师、吴健濮高工和北京恒新创源水处理公司有关的大力支持。尤其荣幸的是，膜法水处理领域的惟一一位中国工程院院士高从堦先生亲自为本书作序。在此一并表示深深的谢意。

限于水平，书中疏漏和不足之处在所难免，希望读者给予指正。

冯逸仙

2004 年 5 月 8 日

目 录

第一章

反渗透预处理

反渗透（reverse osmosis，RO）系统包括水的预处理、反渗透装置处理、反渗透出水的进一步处理（简称后处理）三部分。反渗透系统选择与其他水处理工艺选择一样，是需要考虑诸多因素的一个过程，所不同的是，反渗透装置对水的预处理有其特定的要求，对后处理也根据反渗透装置出水的特点进行考虑。

反渗透系统选择就是对于指定的水源，在最有竞争力造价下，选择可满足所需水质的水处理工艺。该水处理流程的选择应考虑下列因素：水源质量；希望的产品水质量；工艺设备的可靠性；运行要求和人员素质；适应水质改变和设备故障的能力；处理设备的备用情况；废液的处置与排放；投资和运行费用；具有可靠的监测手段。

反渗透系统是一个整体，每一个处理工艺都是互相联系的，一环扣一环。前一个处理工艺的效果可能影响下一个处理工艺，甚至整个处理工艺的最终水质。例如，化学药品混合得好坏和水的混凝效果会影响过滤效果。

整个水处理系统可以根据水处理流程中所承担的功能进行分组，明确每个单元处理工艺的水质目标，从而达到整个系统的最终水质要求。

一、反渗透预处理的必要性

合适的预处理，对反渗透装置长期安全运行是十分重要的。有了满足反渗透进水水质要求的预处理，就可以确保：产品水（渗透水）流量维持稳定；脱盐率维持在某一值上的时间较长；产品水回收率可以不变；运行费用做到最低；膜使用寿命较长等。

具体来说，反渗透预处理是为了做到：

（1）防止膜表面上污染，指防止悬浮杂质、微生物、胶体物质等附着在膜表面上或污堵膜元件水流通道。

（2）防止膜表面上结垢，因为反渗透装置运行中，由于水的浓缩，有一些难溶盐如 $CaCO_3$、$CaSO_4$、$BaSO_4$、$SrSO_4$、CaF_2 等沉积在膜表面上。

（3）确保膜免受机械和化学损伤，以使膜有良好的性能和足够长的使用寿命。

也就是说，反渗透系统的效率和寿命与原水的预处理效果密切相关。预处理就是要把进水对膜的污染、结垢、损伤降到最低，从而使反渗透系统的产水量、脱盐率、回收率、运行成本达到最优。

二、反渗透的水源

1. 水源的分类

地球的总面积约为 5.1 亿 km^2，其中海洋面积占 70.8%，海洋的平均深度约为 3800m，海水的总体积约为 13 亿 km^3，海水占地球总水量的 97% 以上，其余约 3% 的水量分布在空气、江河、湖泊、冰川及地下。

反渗透水源一般有地表水和地下水两种。地表水包括的范围很广，诸如江河、湖泊、水库、海洋等，而地下水则是由雨水和地表水经过地层的渗流而形成的，存在于土壤和岩石内。地表水和地下水统称为天然水。

2. 水源的质量

地球上的水源分布及水质情况见表1-1。

反渗透系统水回收率、渗透水质量以及设备维护要求，在很大程度上取决于水源的质量。了解水源质量的变化有助于成功地设计反渗透预处理和反渗透本体系统。

标准的海水水质分析见表1-2。含盐量为 35000mg/L 的海水称为标准海水，全世界范围大多数海水成分几乎均与表列相似，

表 1-1   地球上的水源分布及水质情况

水 源 分 布		水 量		水质
		体积（×10⁹m³）	百分比（%）	（含盐量，mg/L）
空气中水汽		12900	0.001	—
地表水	江河，湖泊	230000	0.017	100~500①
	冰 川	29120000	2.157	—
	海 洋	1318720000	97.2	28000~35000
地下水		8616600	0.625	300~10000
合计		1356699500	100.00	

① 部分雨水稀少地区，地表水含量可达 1000~5000mg/L，某些内陆湖水含盐量可高达 40000mg/L 以上。

表 1-2   标准海水化学成分   mg/L

阳离子		阴离子	
名称	含量	名称	含量
Ca^{2+}	410	硅	0.04~0.08
Mg^{2+}	1310	Cl^-	19700
Na^+	10900	SO_4^{2-}	2740
K^+	390	F^-	1.4
Ba^{2+}	0.05	Br^-	65
Sr^{2+}	13	NO_3^-	<0.7
Fe	<0.02	HCO_3^-	152
Mn^{2+}	<0.01	TDS	35000
		pH	8.1

但 TDS 值变化范围较大。如 TDS 值可由波罗的海的 7000mg/L 到红海和阿拉伯海湾的 45000mg/L，它的海水实际化学成分均可由表 1-2 所列的成分按比例估算出来。这就是说海水相对组成具有恒定性，这是海水性质的重要规律。

  某地表水水质分析见表 1-3 和表 1-4。

表 1-3　　　　　　　　　　　**新疆某地表水水质**　　　　　　　　mg/L

阴离子		阳离子	
名称	含量	名称	含量
SO_4^{2-}	209	Ca^{2+}	72.3
Cl^-	151.5	Mg^{2+}	59.2
HCO_3^-	305	Na^+	138
NO_3^-	3.5	K^+	7.4
F^-	0.16	Sr^{2+}	0.76
NO_2^-	<0.2	Ba^{2+}	0.068
可溶硅	6.36	Al^{3+}	0.33
胶硅	<0.5	NH_4^+	<0.2
COD_{Cr}	42.3	铁	0.038
pH	7.36	铜	0.01
电导率（μS/cm）	1367		

表 1-4　　　　　　　　　　**山东某地水质全分析表**

工程名称				山东某热电厂				
原水类型				地下水				
取样位置	取样深度		取样时间	2002.4	取样水温	20℃	样品外观	透明
数量　单位　项目	mg/L	mg/L (CaCO₃)	mmol/L	数量　单位　项目	mg/L	mg/L	mg/L (CaCO₃)	mmol/L
K^+	2.12		0.054					
Na^+	359.96		15.657	总溶解固体 TDS				
阳 Mg^{2+}	75.49		6.212	悬浮固体	8NTU			
离 Ca^{2+}	68.77		3.434	电导率 (25℃，μS/cm)				
子 Fe^{2+}	0.48		0.0256					
Fe^{3+}				总硬度			482.62	
Ba^{2+}				碳酸盐硬度			408.66	
Sr^{2+}	1.85			非碳酸盐硬度				73.96

取样位置		取样深度		取样时间	2002.4	取样水温	20℃	样品外观	透明
项目＼数量＼单位	单位	mg/L	mg/L（CaCO₃）	mmol/L	项目＼数量＼单位	单位	mg/L	mg/L（CaCO₃）	mmol/L
阳离子	Mn^{2+}	0.022							
	NH_4^+	<0.04			酚酞碱度				
	Al^{3+}	<0.04			甲基橙碱度				
	Σ	506.82		25.381	全碱度			408.66	
阴离子	Cl^-	296.55		8.365	pH 值		7.62		
	SO_4^{2-}	425.03		8.84	游离 CO_2		7.37		
	NO_3^-	0.1		0.002	游离氯				
	NO_2^-	<0.002			可溶 SiO_2				
	HCO_3^-	498.27		8.166	胶体 SiO_2				
	CO_3^{2-}				COD_{Mn}		1.25		
	F^-	1.18		0.062	H_2SiO_3		25.93		
	OH^-								
	Σ	1221.9		25.452					

3. 水源的选择

当地表水和地下水均可作为反渗透的水源时，就存在水源的选择问题。水源的选择就是对两种可供水源及其相应特性进行核查，以便选择更经济、可行的水源。

选择水源时应考虑下列因素：

（1）取水点的安全性；

（2）水量是否充足；

（3）水源质量；

（4）取水要求（如考虑取水口构造、取水井深度等）；

（5）处理要求（含废液处置的成本和灵活性）；

（6）水源输送和水源布点要求。

选择的水源要保证可连续供应所需的水量和稳定的水质。在制定用水系统的主要计划中，取水点的安全性和水质应与水量预测统筹兼顾。

水质将影响水处理工艺的选择和水处理成本。两种水源的评估不仅应包括水处理成本分析，而且应包括取水、水源输送和水源点的分布的成本分析。水源地点以及水厂和用户地点都将影响供水的成本。

4. 水源的管理

水源的质量管理是保障水处理工艺安全经济运行的第一步。加强水源管理和水质监测，有利于发现由于水源水质的变化对水处理工艺造成的影响，以便及时发现问题，解决问题。

水源质量管理是指保护当前和将来的生产饮用水、工业用水所需地表水和地下水的科学实践行为。具体内容即确定自然因素和人类活动对水源的影响，评估短期和长期的影响效果，防止供水系统中发生问题，而这些问题的纠正可能是困难的，并需要付出高昂的代价。

因此，水源质量的科学管理应作为水处理的重要一环加以重视。

5. 水源的水质全分析

反渗透系统对水质全分析项目有特定的要求，以满足水源预处理的需要。有了水质全分析，为确定预处理工艺及预处理所需的混凝剂、杀菌剂、阻垢剂等的加药量创造了条件。水质全分析项目见表1-5。

当获得一水源的水质全分析结果后，需要对分析结果进行审核，以确定分析结果的误差。当水质分析结果阴阳离子总量误差超过允许值时，可以加上钠离子或氯离子给予平衡。可做如下简单审核。

（1）阴阳离子含量。水中各种阳离子的总浓度和阴离子的总浓度相等，即

$$\sum c_{阳} = \sum c_{阴} \tag{1-1}$$

表 1-5 　　　　　　　　　　**RO 水质全分析表**

工程名称							
原水类型	1 地表水　　2 地下水　　3 自来水　　4 其他						
取样位置	取样深度	取样时间		取样水温		样品外观	
数量　单位 项目	mg/L	mg/L (CaCO₃)	mmol/L	数量　单位 项目	mg/L	mg/L (CaCO₃)	mmol/L
阳离子 K^+							
Na^+				总溶解固体 TDS			
Mg^{2+}				悬浮固体			
Ca^{2+}				电导率 $(25℃,\mu S/cm)$			
Fe^{2+}							
Fe^{3+}				总硬度			
Ba^{2+}				碳酸盐硬度			
Sr^{2+}				非碳酸盐硬度			
Mn^{2+}							
NH_4^+				酚酞碱度			
Al^{3+}				甲基橙碱度			
				全碱度			
Σ							
阴离子 Cl^-				pH 值			
SO_4^{2-}				游离 CO_2			
NO_3^-				游离氯			
NO_2^-				可溶 SiO_2			
HCO_3^-				胶体 SiO_2			
CO_3^{2-}				COD_{Mn}			
F^-							
OH^-							
Σ							

负责人　　　　　　　　　校核者　　　　　　　　　试验者

式中 $\Sigma c_阳$——各种阳离子浓度的总和，mmol/L（I_n^{n+}/n）；

$\Sigma c_阴$——各种阴离子浓度的总和，mmol/L（I_n^{n-}/n）。

两者分析误差 x 应小于5%，即

$$x = \left| \frac{\Sigma c_阳 - \Sigma c_阴}{(\Sigma c_阳 + \Sigma c_阴)/2} \right| \times 100\% \leqslant 5\% \qquad (1-2)$$

（2）pH值。25℃时 pH 值为

$$pH = 6.35 + \lg[HCO_3^-] - \lg[CO_2] \qquad (1-3)$$

式中 $[HCO_3^-]$——该离子的摩尔浓度，mol/L；如测得 HCO_3^- 为60mg/L，则 $[HCO_3^-]$ =60/61；

$[CO_2]$——该分子的含量，mol/L；如测得 CO_2 为20 mg/L，则 $[CO_2]$ =20/44。

由式(1-3)计算所得 $pH_计$ 与实测 $pH_实$ 之差最大不应超过0.2，即

$$\Delta pH = |pH_计 - pH_实| < 0.2 \qquad (1-4)$$

三、反渗透进水水质

（1）卷式醋酸纤维素膜对反渗透进水水质的要求如表1-6所示。

表1-6　　卷式醋酸纤维素膜对反渗透进水水质的要求

项　目	SDI_{15}	浊度（FTU）	含铁量（mg/L）	游离氯（mg/L）	水温（℃）	水压（MPa）	pH 值
建议值	<4	<0.2	<0.1	0.2~1	25	2.5~3.1	5~6
最大值	4	1	0.1	1	40	4.1	6.5

（2）中空纤维式聚酰胺膜对反渗透进水水质的要求如表1-7所示。

表1-7　　中空纤维式聚酰胺膜对进水水质的要求

项　目	SDI_{15}	浊度（FTU）	含铁量（mg/L）	游离氯（mg/L）	水温（℃）	水压（MPa）	pH 值
建议值	3	0.2	<0.1	0	25	2.4~2.8	4~11
最大值	3	0.5	0.1	0.1	40	2.8	11

（3）常规卷式复合膜对反渗透进水水质的要求如表1-8所示。

表1-8　　　　常规卷式复合膜对进水水质的要求

项　目	SDI$_{15}$	浊度 （FTU）	含铁量 （mg/L）	游离氯 （mg/L）	水温 （℃）	水压 （MPa）	pH 值
建议值	<4	<0.2	<0.1	0	15~30	1.0~1.6	3~10
最大值	5	1	0.1	0.1	45	4.1	11

（4）超低压卷式复合膜对反渗透进水水质的要求如表1-9所示。

表1-9　　　　超低压卷式复合膜对进水水质的要求

项　目	SDI$_{15}$	浊度 （FTU）	含铁量 （mg/L）	游离氯 （mg/L）	水温 （℃）	水压 （MPa）	pH 值
建议值	<4	<0.2	<0.1	0	15~30	1.05	3~10
最大值	5	1	0.1	0.1	45	4.1	11

四、衡量反渗透进水水质的重要指标 SDI 值

1. 应用的意义

胶体污染严重影响反渗透膜元件的性能，如产水量下降或引起脱盐率下降等。胶体污染的早期现象是压降增加。

反渗透给水中胶体来源包括水中的细菌、黏土、胶体硅和铁的腐蚀产物等。在澄清器中使用的化学药品如铝盐、氯化铁、阳离子聚电解质等，如在澄清器和随后的过滤中没有被很好地除去，也会引起胶体污染。此外，阳离子聚电解质会与带负电的阻垢剂产生沉淀而污染反渗透膜。

在反渗透系统中，用来衡量反渗透器进水水质的一个很有用的指标就是污染指数 FI，也可称为淤泥密度指数 SDI。它主要是检测水中胶体和悬浮物等微粒的多少，与普通的浊度仪相比，是从不同的角度反映水质情况，但污染指数比浊度仪要准确得多。由于浊度仪的主要工作原理是用光敏法和比色法来确定水中微粒

的含量，一般以"mg/L"计，1mg/L 称为一度。但对于不感光的胶体和微粒，浊度仪就无能为力了。而污染指数是测定在一定压力和标准间隔时间内，一定体积的水样通过微孔过滤器（0.45μm）的阻塞率。在检测过程中，凡是大于 0.45μm 的微粒、胶体、细菌等全部被截留在膜面上，利用两个水样之间的时间差计算出 FI 值。

2. 污染程度的衡量

SDI 值测试与膜元件运行状况不是一致的。SDI 值测试时，所有水流都流过精度为 0.45μm，直径为 47mm 的滤纸；而对膜元件运行时，相当数量的有污染倾向的污染物，随着浓水排掉。因此，SDI 值也是仅能更好反映反渗透装置污染程度而已，SDI 值与污染程度关系见表 1-10。

表 1-10　　　　　　　　　SDI 值与污染程度关系

SDI 值	<3	3~5	>5
污染程度	低污染	一般污染	高污染

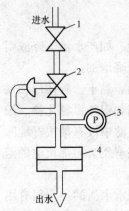

图 1-1　FI 测定流程图
1—球阀；2—压力调节
阀；3—压力表；4—微
孔过滤器

3. 测定方法

测定流程见图 1-1。

（1）需要的设备如下：

1）微孔过滤器，用于装直径为 47mm 的微孔膜；

2）精度为 0.45μm，直径为 47mm 的微孔膜；

3）量程为 0.1~0.5MPa 的压力表；

4）用于调节压力的针形阀；

5）500mL 的量筒。

（2）测定方法如下：

1）按图 1-1 装好设备；

2）在 0.21MPa 的恒定水流压力下，记录从通水开始到得到 500mL 水样所需的时间 t_0（s）；

3）在与上相同压力下，记录过滤 15min（注意：包括初始水样时间）后，再次得到 500mL 水样所需的时间 t_{15}（s）。

FI 值计算方法如下：

$$\mathrm{FI}_{15} = \left(1 - \frac{t_0}{t_{15}} \right) \times \frac{100}{15} \qquad (1\text{-}5)$$

由式（1-5）可知，15min FI 的极限值为 6.7。对中空纤维反渗透装置，要求进水的 $\mathrm{FI}_{15} < 3$；对卷式反渗透装置，要求 $\mathrm{FI}_{15} < 4$。因此，在反渗透系统中，通常用 15min 的 FI 值。

五、反渗透预处理一般原则的制定

1. 预处理的目标

对于井水，原水的 SDI 较低（一般小于 3），悬浮物和细菌数较少，因而仅需简单的预处理；对于地表水，原水的 SDI 较高（一般大于 5），悬浮物和细菌数较多，预处理一般需采用混凝、澄清、过滤，或采用可反洗的超滤。预处理目标分以下两方面：

（1）为了去除原水中的悬浮物和胶体杂质，当水经过反渗透器前面的处理工艺——5μm 保安过滤器后，其出水污染指数 SDI 对卷式醋酸纤维素膜、复合膜小于 4，对中空纤维式芳香族聚酰胺膜小于 3。

为达到这一目标，要求澄清器、过滤器出水水质如下：

1）澄清器出水浊度小于 1FTU，最好小于 0.5FTU。

2）过滤器（除特别说明外，通常指一般常规过滤，如重力式滤池或压力式过滤器，下同）的出水浊度小于 0.5FTU，COD_{Mn} 小于 1.5mg/L，含铁量小于 0.05mg/L（以 Fe 表示）。

一般来说，若过滤后的水流经 5μm 过滤器后，其出水仍无法满足对其 SDI 的要求时，则应根据具体情况考虑增设处理工艺。例如，保安过滤器前增设滤料粒径比常规过滤更小的过滤器；又如含铁量过高，则在预处理中考虑除铁工艺。

（2）为了防止由于反渗透系统中水的浓缩，造成某种难溶盐在膜上沉积，需要进行化学加药处理。

2. 预处理的一般原则

反渗透系统由预处理、反渗透装置处理和后处理三部分组成。反渗透预处理方案的确定要考虑如下因素：

（1）原水水源类型及水质情况；

（2）要求的预处理出水的水质；

（3）澄清器、粒状过滤器、微米保安过滤器类型的选择；

（4）混凝剂、助凝剂（絮凝剂）的种类选择与剂量的确定；

（5）考虑有无需要附加工艺，如原水加碱、石灰处理、加氯杀菌、除铁、除硅等；

（6）在北方寒冷地区，确定原水加热方案；

（7）根据 RO 装置的具体情况，确定是否调节给水 pH 值、加氯处理和加阻垢剂等；

（8）设备的控制水平等；

（9）膜的种类有 CA 膜、中空 PA 膜、复合膜等（化学预处理时，要考虑膜的兼容性）；

（10）膜元件（组件）类型有板框式、卷式、中空纤维式等，类型不同，其进水水质的要求也有所不同。

地表水中悬浮物、胶体杂质较多，预处理主要去除这些杂质，而地下水中悬浮物、胶体杂质较少，但二价铁离子普遍含量较高。

根据水源特点，预处理的一般原则可确定如下：

（1）地表水中悬浮物含量小于 50mg/L 时，可采用直流混凝过滤方法。

（2）地表水中悬浮物含量大于 50mg/L 时，可采用混凝、澄清、过滤方法。

（3）地下水含铁量小于 0.3mg/L，悬浮物含量小于 20 mg/L 时，可采用直接过滤方法。

（4）地下水含铁量小于 0.3mg/L，悬浮物含量大于 20 mg/L 时，可采用直流混凝过滤方法。

（5）地下水含铁量大于 0.3mg/L 时，应考虑除铁，再考虑采用直接过滤工艺或直流混凝过滤方法。

（6）当原水有机物含量较高时，可采用加氯、混凝、澄清、过滤处理。当这种处理仍不能满足要求时，可同时采用活性炭过滤法除去有机物。

（7）当原水碳酸盐硬度较高，经加药处理仍会造成 $CaCO_3$ 在反渗透膜上沉积时，可采用软化或石灰处理。当其他难溶盐在 RO 系统中结垢析出时，应作加阻垢剂处理。

（8）值得一提的是，钡和锶并不总是存在于原水分析中，然而，如果它们以很低的浓度，如大于 0.01mg/L 存在于含硫酸盐的水中时，它们也很容易结垢析出在膜表面上。应尽可能防止这些垢在膜上形成，因为它们较难清洗、去除。

（9）硅在大多数给水中的含量为 1～100mg/L。当原水硅酸盐含量较高时，可投加石灰、氧化镁（或白云粉）进行处理。硅的溶解度与水的温度和 pH 值有关。当硅存在于 RO 给水中的浓度大于 20mg/L 时，必须作结垢倾向的评估。pH < 9 时，大多数硅以硅酸形式存在，即 H_4SiO_4 或写作 $Si(OH)_4$；在更低 pH 时，硅酸会聚集形成胶体，称胶体硅；在 pH > 9 时，一定数量的硅以硅酸根 SiO_3^{2-} 形式存在；在更高 pH 值时，SiO_3^{2-} 能与钙、镁、铁、铝形成盐沉淀下来。由于硅垢的清洗比较困难，因而防止其在膜上结垢是十分重要的。

反渗透水处理原理

一、反渗透基本原理

渗透是水从稀溶液一侧通过半透膜向浓溶液一侧自发流动的过程。半透膜只允许水通过，而阻止溶解固形物（盐）的通过，见图 2-1（a）。

浓溶液随着水的流入而不断被稀释。当水向浓溶液流动而产生的压力 p 足够用于阻止水继续净流入时，渗透处于平衡状态，见图 2-1（b）。平衡时，水从任一边通过半透膜向另一边流入的数量相等，即处于动态平衡状态，而此时压力 p 称为溶液的渗透压（注意：半透膜一边是纯水，另一边是盐溶液）。

当在浓溶液上有外加压力，且该压力大于渗透压时，浓溶液中的水就会通过半透膜流向稀溶液，使得浓溶液的浓度更大，这一过程就是渗透的相反过程，称为反渗透，见图 2-1（c）。

渗透是自发过程，而反渗透则是非自发过程。反渗透同样可

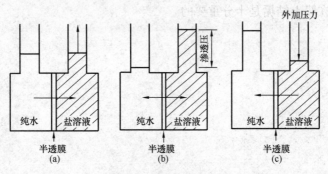

图 2-1　反渗透原理

（a）渗透；（b）渗透平衡；（c）反渗透

视作因溶液中水的化学位不同引起的水的移动过程。利用热力学原理说明如下：

溶液中水的化学位 μ 为温度 T、压力 p 及浓度 c 的函数，即

$$\mu = f(T, p, c)$$

上式可写成全微分形式，即

$$d\mu = \left(\frac{\partial\mu}{\partial T}\right)_{p,c} dT + \left(\frac{\partial\mu}{\partial p}\right)_{T,c} dp + \left(\frac{\partial\mu}{\partial c}\right)_{p,T} dc$$

在恒温条件下，$dT = 0$，上式可写为

$$d\mu = \left(\frac{\partial\mu}{\partial p}\right)_{T,c} dp + \left(\frac{\partial\mu}{\partial c}\right)_{p,T} dc \qquad (2\text{-}1)$$

假定反渗透半透膜两边的稀溶液和浓溶液化学势分别为 μ_1 和 μ_2，浓度分别为 c_1 和 c_2，压力分别为 p_1 和 p_2，渗透压分别为 Π_1 和 Π_2，则式（2-1）积分如下

$$\int_{\mu_1}^{\mu_2} d\mu = \int_{p_1}^{p_2} \left(\frac{\partial\mu}{\partial p}\right)_{T,c} dp + \int_{c_1}^{c_2} \left(\frac{\partial\mu}{\partial c}\right)_{p,T} dc \qquad (2\text{-}2)$$

知道水的偏摩尔体积 $\overline{V}_m = \left(\frac{\partial\mu}{\partial p}\right)_{T,c}$，而在反渗透过程中，水的偏摩尔体积 $\overline{V}_m$ 近似为常数，浓稀两溶液中水的化学势之差 $\Delta\mu = \mu_2 - \mu_1$，压力之差 $\Delta p = p_2 - p_1$，式（2-2）可改写为

$$\Delta\mu = \overline{V}_m \Delta p + \int_{c_1}^{c_2} \left(\frac{\partial\mu}{\partial c}\right)_{p,T} dc \qquad (2\text{-}3)$$

当 $\Delta\mu = 0$ 时，两溶液中水的渗透处于动态平衡状态，两溶液的压差 Δp 等于两溶液的渗透压差 $\Delta\Pi$，式（2-3）可改写为

$$\int_{c_1}^{c_2} \left(\frac{\partial\mu}{\partial c}\right)_{p,T} dc = -\overline{V}_m \Delta\Pi \qquad (2\text{-}4)$$

把式（2-4）代入式（2-3），可得

$$\Delta\mu = \overline{V}_m(\Delta p - \Delta\Pi) \qquad (2\text{-}5)$$

由式（2-5）可知，当两溶液的压力差大于其渗透压差时，即 $\Delta\mu > 0$ 时，水的流动可实现非自发过程——反渗透过程，也就是水可以由浓溶液一侧流入稀溶液一侧。

二、渗透压

渗透压是溶液的一种特性，它随溶液浓度的增加而增大。一般是以 NaCl 溶液为基础进行估算的，即每增加 1mg/L NaCl 约增加渗透压为 69Pa，这可用于大多数天然水的估算。然而，应注意到高分子的有机物产生渗透压要低很多（如蔗糖 1mg/L 约为 6.9Pa）。一些溶液的渗透压值见表 2-1。

表 2-1　　　　　　一些溶液的典型渗透压（25℃）

化合物	浓度（mg/L）	摩尔浓度（mol/L）	渗透压（psi）[①]
NaCl	35000	0.6	398
		0.0171	11.4
NaHCO$_3$		0.0119	12.8
Na$_2$SO$_4$		0.00705	6
MgSO$_4$	1000	0.00831	3.6
MgCl$_2$		0.0105	9.7
CaCl$_2$		0.009	8.3
蔗　糖		0.00292	1.05
葡萄糖		0.00555	2.0

①　1psi = 6.89Pa。

渗透压可按式（2-6）进行测算，即

$$\Pi = RT\Sigma c_i \tag{2-6}$$

式中　R——常数，取 0.082atm·L/（mol·K）；

　　　Σc_i——各离子浓度总和，mol/L；

　　　T——热力学温度，K。

【例 2-1】　求 25℃时，1000mg/L NaCl 溶液的渗透压

解　设电离出 $x$mg/LNa$^+$，$y$mg/LCl$^-$，即有

$$NaCl \longrightarrow Na^+ + Cl^-$$

$$58.5 \qquad 23 \qquad 35.5$$

$$1000 \qquad x \qquad y$$

由上式得　$x = 393.2\,\mathrm{mg/L}$

$y = 606.8\,\mathrm{mg/L}$

$$c（\mathrm{Na}^+）= \frac{393.2}{23 \times 1000} = 0.0171（\mathrm{mol/L}）$$

$$c（\mathrm{Cl}^-）= \frac{606.8}{35.5 \times 1000} = 0.0171（\mathrm{mol/L}）$$

$\sum c_i = 0.0342（\mathrm{mol/L}）$

$\varPi = 0.082 \times（273 + 25）\times 0.0342$

$= 0.836\,\mathrm{atm}$

$= 84.7\,\mathrm{kPa}$

此值与表 2-1 中的值大致接近。

三、反渗透系统中水的流量和物料平衡

反渗透水处理的简单流程见图 2-2。给水通过压力泵升至一定压力，不断送至反渗透装置的进口，生产出的产品水（即反渗透水）和浓水不断地被引走。溶解固形物由反渗透膜截留在浓水中，含盐量很低的产品水则有各种用途。通过浓水管道上的阀门可以调节浓水流量的大小，控制浓水和产品水的比例。

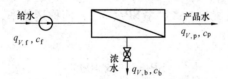

图 2-2　反渗透的简单流程图

由图 2-2 可得到两个基本的平衡式：

1. 流量平衡公式

给水流量等于产品水流量和浓水流量之和，即

$$q_{V,\mathrm{f}} = q_{V,\mathrm{p}} + q_{V,\mathrm{b}} \tag{2-7}$$

式中　$q_{V,\mathrm{f}}$——给水流量，$\mathrm{m^3/h}$；

$q_{V,\mathrm{p}}$——产品水流量，$\mathrm{m^3/h}$；

$q_{V,b}$——浓水流量，m^3/h。

从有关流量值可得到反渗透装置的重要指标——水的回收率 Y（以"%"表示），即

$$Y = \frac{q_{V,p}}{q_{V,f}} \times 100\% \qquad (2-8)$$

2. 物料平衡公式

给水溶质含量等于产品水和浓水溶质含量之和，即

$$q_{V,f}c_f = q_{V,p}c_p + q_{V,b}c_b \qquad (2-9)$$

式中 c_f、c_p、c_b——给水、产品水和浓水的浓度，mol/L。

从有关水的浓度值，可得到反渗透装置的另一个重要指标——水的脱盐率 SR（以"%"表示），即

$$SR = \left(\frac{c_f - c_p}{c_f}\right) \times 100\%$$

或

$$SR = \left(\frac{c_{fA} - c_p}{c_{fA}}\right) \times 100\% \qquad (2-10)$$

$$c_{fA} = \frac{c_f + c_b}{2} \qquad (2-11)$$

式中 c_{fA}——平均给水浓度，mol/L。

反渗透装置盐的透过率 SP（%），简称透盐率，可用下式表示

$$SP = \frac{c_p}{c_f} \times 100\% \qquad (2-12)$$

或

$$SP = \frac{c_p}{c_{fA}} \times 100\% \qquad (2-13)$$

SR 与 SP 的关系为

$$SR = 1 - SP \qquad (2-14)$$

3. 浓水浓度和产品水浓度的估算

在反渗透装置处理水的过程中，给水不断被浓缩，假定各离子透过膜进入产品水的浓度为零，则水的浓缩系数 CF 可用式（2-15）表示

$$CF = \frac{1}{1 - Y} \qquad (2-15)$$

（1）浓水浓度的估算。有时为了估算浓水的浓度，如为计算难溶盐的结垢倾向，可以假定产品水浓度为零（实际上，在水处理中，一般要求脱盐率在 95% 以上，因而这种假定是可以允许的），则由式（2-9）可得

$$q_{V,f} c_f = q_{V,b} c_b$$

$$c_b = c_f \frac{q_{V,f}}{q_{V,b}} = c_f \frac{q_{V,f}}{q_{V,f} - q_{V,p}} = c_f \frac{1}{1 - q_{V,p}/q_{V,f}}$$

$$c_b = c_f \cdot \frac{1}{1 - Y} \qquad (2-16)$$

（2）产品水浓度的估算。由于在系统中，水经一个膜元件（组件）流向另一个膜元件（组件）的处理过程时，给水浓度不断增加，因此为计算产品水浓度 C_p 可使用平均给水浓度 c_{fA} 来估算，即有

$$c_p = SP \cdot c_{fA} \qquad (2-17)$$

$$c_{fA} = \frac{c_f + c_f \cdot CF}{2} \qquad (2-18)$$

把式（2-15）代入式（2-18），再代入式（2-17）可得

$$c_p = SP \frac{c_f(2 - Y)}{2(1 - Y)} \qquad (2-19)$$

若知道膜对各种离子的透过率，并已知给水中各离子的浓度，则可由式（2-19）粗略计算出产品水中该离子的浓度。

4. 两个基本公式

对反渗透工艺来说，透过膜的水量 $q_{V,w}$（简称透水量，L/h）与作用于膜的压力成比例，即

$$q_{V,w} = K_w(\Delta p - \Delta \Pi) \frac{S}{\delta} \qquad (2-20)$$

式中　K_w——膜对水的特性常数；

　　　S——膜的面积；

　　　δ——膜的厚度；

Δp——膜两侧的压力差；

$\Delta \Pi$——膜两侧的渗透压差。

若以 $A = K_w \dfrac{S}{\delta}$，净驱动 $p_N = \Delta p - \Delta \Pi$ 表示，则式（2-20）可改写为

$$q_{V,w} = Ap_N \qquad (2\text{-}21)$$

透过膜的盐量 $q_{m,s}$（简称透盐量，mg/h）与膜两侧的浓度差 Δc 成比例，即

$$q_{m,s} = K_s \Delta c \dfrac{S}{\delta} \qquad (2\text{-}22)$$

式中　K_s——膜对盐的渗透系数；

Δc——膜两侧溶液的浓度差。

若以 $B = K_s \dfrac{S}{\delta}$ 表示，则式（2-22）可改写为

$$q_{m,s} = B \Delta c \qquad (2\text{-}23)$$

从式（2-21）和式（2-23）可知：p_N 越大，$q_{V,w}$ 越大；$q_{m,s}$ 与 Δc 成正比，而与压力无关。

渗透水浓度也可表示如下：

$$c_p = \dfrac{q_{m,s}}{q_{V,w}} (\text{mg/L}) \qquad (2\text{-}24)$$

从上面可知，系统水的回收率影响透盐率 SP 和产水量。当回收率增加时，由式（2-23）可知，膜侧的给水、浓水浓度增加，引起透盐量 $q_{m,s}$ 增加，同时，给水、浓水浓度增加，会引起渗透压增加，从而减少 p_N 值，由式（2-21）可知，相应降低透水量 $q_{V,w}$，要维持相同的透水量，必须增加运行压力。

第三章

反渗透膜元件的选择

一、反渗透与其他膜过滤

反渗透工艺除了可去除水中阴阳离子即脱盐外，还可去除各种污染杂质，因而反渗透也可列入过滤的范畴。反渗透（RO）、纳滤（NF）、超滤（UF）、微滤（MF）和常规过滤（CF）去除杂质的范围见图3-1。常见物质的大小可参见表3-1。

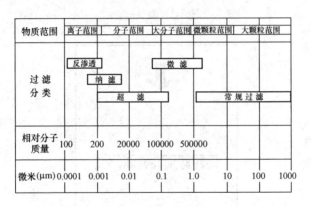

图 3-1　膜过滤范围示意图

表 3-1　　　常 见 物 质 大 小

名　称	大小（μm）	名　称	大小（μm）
佐餐盐	100	铁锈	5
头发	50～80	黏土	0.1～1.0
砂	>50	颜料	0.2～0.4
肉眼可见的最小尺寸	30～50	细菌	0.4～2.0
滑石粉	10	毒素、病菌	0.015～0.3

反渗透、纳滤、微滤和超滤属于交叉式过滤，即给水流在水处理过程中分成淡水流（产品水流）和含浓缩溶质或颗粒杂质的浓水流，大量的溶质和杂质随浓水带走，见图3-2；而常规过滤是水流直接流过过滤介质（滤料或膜等），而杂质截留在介质上或介质之间，见图3-3。

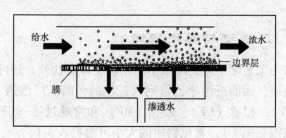

图3-2　交叉过滤

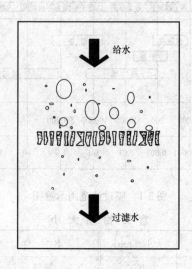

图3-3　常规过滤

1. 微滤（MF）

可除去大小约 $0.1 \sim 1\mu m$ 的颗粒杂质。主要用于去除细菌、悬浮固体、胶体物质等。可透过溶解固体和大分子，运行压力可为 0.07MPa。

2. 超滤（UF）

可去除约大于 0.002~0.1μm 的颗粒杂质。主要用于去除胶体、蛋白质、悬浮固体、微生物等，可除去分子量（MWCO）大于 1000~100000 的物质，能透过溶解固体和小分子。运行压力一般为 0.1~0.7MPa。

3. 纳滤（NF）

因可除去 1nm，即 0.001μm 的颗粒杂质而得名。一般可除去分子量大于 200~400 的有机物，脱盐率为 20%~98%。单价离子去除率为 20%~98%，而双价离子则有较高的去除率，可达 90%~98%。可用于色素、总有机碳（TOC），以及硬度的去除。运行压力一般为 0.35~1.6MPa。

4. 反渗透（RO）

可除去 0.0001μm 的颗粒杂质，一般可除去分子量大于 150~200 的有机物，除盐率可高达 95% 以上，是高含盐水采用的主要预脱盐手段之一，也是当今公认较先进的水处理技术，其应用领域越来越广阔，运行压力一般为 1.4~6.0MPa。

反渗透膜不仅有很高的脱盐率，而且也可当作一个很精密的过滤器，其孔径可以小于 0.001μm（人类头发直径大于 30μm），这使得反渗透装置可除去细小的悬浮固体、细菌和内毒素等。但应指出的是：物理意义上的孔是不存在于反渗透膜中的，这样的孔从来未被找到，甚至用高倍率的显微镜也没有找到，因而它与有膜孔如超滤的过滤过程是有所不同的。

图 3-4 表示水通过 RO 膜过滤的状况。从该图可知，当水通过 RO 膜时，水流几乎通过所有的膜面积，接近膜表面的主体流速度与水实际通过膜的速度相同。

图 3-5 表示水通过 UF 膜过滤的状况。从该图可知，当水流通过 UF 膜的孔时，由于膜孔的截面积与整个膜表面相比要小得多，接近 UF 膜表面的水流将在压力作用下流过膜孔，导致水流过膜孔时的水流速比接近膜表面时的主体水流速要大得多。

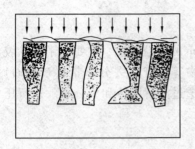 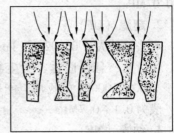

图 3-4　水流流过 RO 膜　　　图 3-5　水流流过 UF 膜

对于 RO 和 UF 工艺，当水流渗透过膜表面时，存在于给水中的悬浮颗粒杂质等会被截留在膜表面上。连续渗透过膜的水流产生作用力作用于这些污染杂质上，阻止它们返回与膜表面平行流动的主体水流中。为了使该污染物返回主体水流，平行于膜表面流动的水流剪切力必须克服渗透过膜的水流的剪切力。这也是为什么强调 RO 给水水流要有一定流速的原因。但由于通过 UF 膜孔的水流局部流速很大，平行于膜表面的水流剪切力不足以阻止截留在膜表面上的污染杂质返回主体水流中。

二、膜的构型

反渗透膜需要制成一定构型才可用于水处理。目前膜的构型主要有平板式、管式、卷式和中空纤维式。常用于水处理的是卷式和中空纤维式两种。

对于卷式构型，常用膜有醋酸纤维素膜（简称 CA 膜）和复合膜，利用这些膜制成膜元件，把膜元件放在压力容器中构成膜组件。用于制作卷式构型的膜一般先制成平整的膜，醋酸纤维素膜的结构见图 3-6，上部有一层致密的薄层（$0.1 \sim 1.0\mu m$），即脱盐层，脱盐层下面有一层稍厚（$100 \sim 200\mu m$）的多孔支撑层，水很容易通过致密层流向多孔层。致密层是半透膜层，能有效阻止盐分的通过，起到脱盐的作用。

复合膜结构剖面见图 3-7。复合膜由三层组成，它们是：最

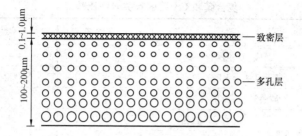

图 3-6　反渗透膜结构（CA 膜）

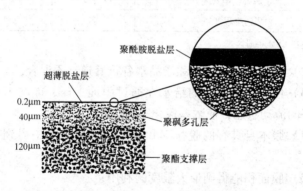

图 3-7　反渗透膜结构（复合膜）

上面的超薄脱盐层、中间的多孔的聚砜内夹层、最下面的聚酯支撑网层。由于聚酯支撑层不很平坦和多孔，不能用来直接支撑脱盐层，因而在该支撑层上面浇注一层聚砜微孔层，用于直接支撑脱盐层。聚砜层表面孔径可控制在 0.015μm。脱盐层厚度为0.2μm，在聚砜层的支撑下，能承受较高的压力，抗机械压力和化学侵蚀能力强。复合膜和 CA 膜的有关参数比较见表 3-2。

对于中空纤维构型，利用芳香族聚酰胺膜制成的众多中空纤维直接装配在压力容器内，构成用于水脱盐的基本单元——膜组件。

无论是卷式还是中空纤维式，对其构型的共同要求如下：

（1）对膜能提供适当的机械支撑，以便承受一定的给水压力；

表 3-2　　　　　　　　　　复合膜和 CA 膜的有关参数比较

参　数		复合膜	CA 膜
适应 pH 范围		2 ~ 12	4 ~ 6
运行压力（MPa）		1.5	3.0
游离氯（mg/L）		<0.1	1
脱盐率（%）	TDS	>99	98
	SiO_2		<95
三年后脱盐率（%）		99→98.7	98→96
膜污染程度		高	低

注　摘自 CSM 手册。

（2）能使给水、浓水和产品水各行其道，不混合；

（3）使有一定压力的给水在通过膜面上时，能均匀分布并有良好的流动状态，使浓差极化降至最低；

（4）膜本身具有的脱盐率和透水量能在构型中得到充分的利用；

（5）膜面积能得到最大限度的利用；

（6）便于贮存、运输、装卸和更换；

（7）制造、维护方便、牢固且安全可靠；

（8）价格有竞争力。

1. 螺旋卷式

首先叙述卷式膜元件的概念。叶片由两张平展开的膜和一张聚酯织物组成，聚酯织物在两张膜的中间，叶片一端胶接起来形成一个袋，另一端（伸出来的聚酯织物）与带孔的 PVC 管粘接。叶片之间有塑料网，它们一起沿 PVC 中心管卷绕形成卷式构型。塑料端部装置粘接到卷式的叶片两端，一端起反伸缩装置（ATD）的作用，另一端起浓水密封的载体作用。玻璃钢（FRP）材料的外表面保护卷式构型。这样就形成了一个完整的膜元件。膜元件的展开如图 3-8 所示，膜元件的外形见图 3-9。

卷式膜元件装入压力容器内试验，性能符合要求即可出售。

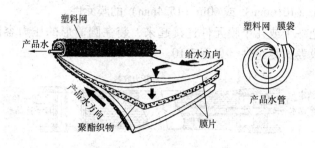

图 3-8　卷式膜元件展开图

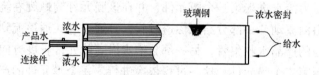

图 3-9　膜元件外形图

前面提到的聚酯织物是起产品水收集通道的作用。塑料网一是作为浓水（给水）通道；二是起加强给水通道水流紊动的作用，以便把浓差极化减少到最低程度。因为卷式反渗透装置的给水从膜元件的给水端流向浓水端，并平行于膜表面，这种水流方向就有浓差极化的倾向，因而叶片之间的塑料网是极为重要的。

反渗透膜元件按用途不同，可分为苦咸水型、自来水型和海水型；按膜元件的流量和脱盐率不同，可分为常规型、超大膜面积型、超低压型、抗污染型。目前市场上可供膜元件的直径有1.8in（45.7mm）、2.0in（50.8mm）、2.5in（63.5mm）、4.0in（101.6mm）和8.0in（203.2mm），长度有10in（254mm）、12in（304.8mm）、21in（533.4mm）、30in（762mm）、40in（1016mm）和60in（1524mm）。单个膜元件的透水量从30GDP（0.11m³/d，直径1.8in，长度30in的膜元件）到12000GDP（1.89m³/d，直径8.0in、长度40in的膜元件）不等，脱盐率从93%到99.5%不等。卷式膜元件广泛用于苦咸水的脱盐，用于要求产水量较大的脱盐时，通常使用直径为4in（101.6mm）或8in（203.2mm），长度为 40in（1016mm）或 60in（1524mm）的膜元件。

把一个或几个膜元件连接起来，装在圆筒形的压力容器内，即构成卷式膜组件，见图 3-10。

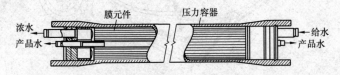

图 3-10　膜组件剖视图

压力给水进入第一个膜元件，并在该膜元件的螺旋卷绕之间的通道内流动。一部分给水渗透过膜，并通过卷式通道流到膜元件中心的产品水收集管，另一部分给水沿着膜元件长度方向继续流动至第二个膜元件，这一过程依次进行。每个膜元件的产品水通过公共产品水管流出。当给水每通过下一个膜元件时，给水浓度增大，流过最后一个膜元件时，给水成为浓水，并排出压力容器。

2. 中空纤维式

众多中空纤维膜（剖面见图 3-11）装配在压力容器内构成中空纤维式膜组件。目前常用的是杜邦公司生产的用于苦咸水脱盐的 B－9 型中空纤维膜组件，现以此为例说明。

由图 3-11 可知，中空纤维外径为 $85\mu m$，内径为 $42\mu m$，壁厚为 $21.5\mu m$。该纤维在其表面有一层很薄的致密层（即芳香族

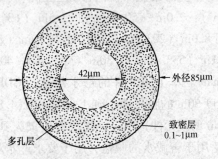

图 3-11　中空纤维剖面图

聚酯胺膜的脱盐层），该层用于阻止盐的透过，但可使水流稳定通过。在此薄层下面有一较厚的同样材料的多孔层，用来支撑脱盐层。该层能让水通过它流至中空纤维的内孔。

中空纤维比人的头发还细，尽管其壁薄，外径与内径之比至少为 2:1，犹如厚壁圆柱，但其有自支撑作用，且强度足够承受较高的压力而不变形、不损坏。

对处理水量较大的系统，可使用 $\phi102 \times 1194$ 或 $\phi203 \times 1219$ 的膜组件。中空纤维膜组件的剖面示意见图 3-12。压力容器内几乎全部充满纤维束，在纤维之间有约 25μm 的水通路。纤维束间是用无纺布隔开的，然后缠绕，整个纤维束分 24 层，纤维束最外层包有导流网，以利于浓水导流。从图上可看出，空心纤维在压力容器内呈 U 形平行排列，在纤维中间的进水管道一端用于进加压后的给水，另一端封堵、密封，在其长度方向上有很多孔。纤维束的 U 形底部一端用环氧树脂固定密封，另一端通过环氧树脂板固定，并敞开中空纤维孔。进水管道内的水径向流往纤维束里的许多纤维。有一部分水渗透进中空纤维孔内，成为产品水，经环氧树脂圆环引出；另一部分水从纤维束外边缘（即压力容器内边缘）轴向流往压力容器的端部，成为浓水不断排走，并依靠 O 形密封环防止给水、浓水和产品水的混合。

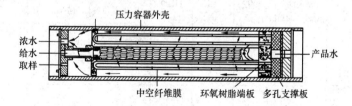

图 3-12　中空纤维膜组件剖面示意图

三、膜元件（组件）的性能参数

表 3-3 列出了有代表性的卷式膜元件（醋酸纤维素膜和复合膜）和中空纤维素膜组件的有关性能参数值和使用该膜元件（组

表 3-3 有关膜元件(组件)的性能参数

名称	规格 (in)[①]	膜表面积 (ft²)[②]	脱盐率 (Cl⁻, %)	产水量 [gal/d (m³/d)]	测试条件	运行条件	生产公司
普通复合膜	φ8×40 BW30-400	400 (37m²)	99.5	10500 (40)	2000mg/L NaCl,1.6MPa, 25℃, pH8.0, 回收率15%	最大压力 4.1MPa, 最高温度45℃, 最大SDI 5.0, 最大浊度1NTU, pH 2～10, 最大给水流量 85gal/min[③]	DOW
	φ8×40 RE8040-BE	400 (37m²)		11000	2000mg/L NaCl, pH 7.0, 其他条件同 BW30-400 膜	最大 SDI 5.0, pH 3.0～ 10.0, 最大给水流量 66gal/ min, 其他条件同 BW30-400 膜	HAEHAN
超低压复合膜	φ8×40 BW30LE-440	440 (41m²)	99.0	11500 (44)	2000mg/L NaCl,1.0MPa, pH8.0,其他条件同 BW30-400 膜	最大 SDI5.0, pH2～10,最大给水流量 85gal/min,其他条件同 BW30-400 膜	DOW
	φ8×40 RE8040-BL	400 (37m²)		12000 (45.4)	20000mg/L NaCl, pH 7.0, 其他条件同 BW30-400 膜	最大 SDI 5.0,pH 3.0～ 10.0,最大给水流量 66gal/ min,其他条件同 BW30- 400 膜	HAEHAN

名称	规格 (in)①	膜表面积 (ft²)②	脱盐率 (Cl⁻, %)	产水量 [gal/d (m³/d)]	测试条件	运行条件	生产公司
CA膜	φ8×40 8222HR	340 (32m²)	98.0	6900 (26.1)	2000mg/L NaCl,2.90MPa, 25℃, pH5.0~6.0, 回收率10%	最大压力4.1MPa, 最高温度40℃, 最大SDI 4.0, 最大浊度1.0NTU, pH4.0~6.0, 最大残余氯1.0mg/L	KOCH
	φ8×60 8232HR	520 (47m²)		11500 (43.5)	回收率16%, 其他条件同8222HR膜	其他条件同8222HR膜	KOCH
中空 PA膜	φ8×48 B-9 0840		92.0	(60.57)	1500mg/L NaCl,2.76MPa, 25℃, 回收率75%	压力2.42~2.76MPa, 温度0~40℃, Cl₂<0.1mg/L, pH4.0~11.0	杜邦

① 1in = 2.54×10⁻²m。

② 1ft² = 9.29030×10⁻²m²。

③ 1gal/min = 3.785×10⁻³m³/min。

件）的设计要求，以便对这些膜元件（组件）的使用有较直观的了解。表 3-4 则以 CSM 膜为例，列举了不同型号的苦咸水（常规膜、低压膜、抗污染膜）和海水膜的应用条件，以便对不同型号 RO 膜的进一步比较。

透水量一般是在 25℃时获得的，如在其他温度时使用，则需进行温度校正。DOW 公司和 HAEHAN 公司提供其生产的复合膜温度校正值分别见表 3-5~表 3-7。从这三个表可知，不同温度时的温度校正值是不同的，如 15℃时 DOW 公司和 HAEHAN

公司生产的复合膜的温度校正值分别为 1. 189 和 1. 197。

表 3-4　　　　　　　　　　CSM 膜的有关参数

<table>
<tr><td colspan="2" rowspan="2">名　称</td><td rowspan="2">单位</td><td colspan="2">苦咸水</td><td>低压膜</td><td>抗污染膜</td><td colspan="2">海水</td></tr>
<tr><td>RE8040 – BN</td><td>RE8040 – BE</td><td>RE8040 – BL</td><td>RE8040 – FE</td><td>RE8040 – SN</td><td>RE8040 – SR</td></tr>
<tr><td rowspan="3">性能</td><td>透水量</td><td>gal/d</td><td>10000</td><td>11000</td><td>12000</td><td>10000</td><td colspan="2">6000</td></tr>
<tr><td>脱盐率</td><td>%</td><td colspan="2">99.5</td><td>99.0</td><td>99.5</td><td>99.2</td><td>99.6</td></tr>
<tr><td>压力</td><td>psi</td><td colspan="2">225</td><td>150</td><td>225</td><td colspan="2">800</td></tr>
<tr><td rowspan="5">测试条件</td><td>温度</td><td>℃</td><td colspan="6">25</td></tr>
<tr><td>给水浓度（NaCl）</td><td>mg/L</td><td colspan="4">2000</td><td colspan="2">32000</td></tr>
<tr><td>pH</td><td>—</td><td colspan="6">7</td></tr>
<tr><td>回收率</td><td>%</td><td colspan="4">15</td><td colspan="2">10</td></tr>
<tr><td rowspan="9">运行条件</td><td>最大 SDI</td><td>—</td><td colspan="6">5</td></tr>
<tr><td>最大浊度</td><td>—</td><td colspan="6">1</td></tr>
<tr><td>最大余氯浓度</td><td>mg/L</td><td colspan="6">0.1</td></tr>
<tr><td>最大给水流量</td><td>m³/h</td><td colspan="6">15</td></tr>
<tr><td>最大浓水流量</td><td>m³/h</td><td colspan="6">3.6</td></tr>
<tr><td>最大压降</td><td>psi</td><td colspan="6">15</td></tr>
<tr><td>最大温度</td><td>℃</td><td colspan="6">45</td></tr>
<tr><td>pH 范围</td><td>—</td><td colspan="6">3 ~ 10</td></tr>
<tr><td>最大回收率</td><td>%</td><td colspan="4">16</td><td colspan="2">11</td></tr>
<tr><td rowspan="4">规格尺寸</td><td rowspan="2">有效面积</td><td>ft²</td><td colspan="2">365</td><td>400</td><td>365</td><td colspan="2">370</td></tr>
<tr><td>m²</td><td colspan="2">33.9</td><td>37.2</td><td>33.9</td><td colspan="2">34.4</td></tr>
<tr><td>膜元件长度</td><td>in</td><td colspan="6">40</td></tr>
<tr><td>膜元件直径</td><td>in</td><td colspan="6">8</td></tr>
<tr><td colspan="2">渗透水管内径</td><td>in</td><td colspan="6">1.125</td></tr>
</table>

名　　称		单位	苦咸水		低压膜	抗污染膜	海水	
			RE8040 – BN	RE8040 – BE	RE8040 – BL	RE8040 – FE	RE8040 – SN	RE8040 – SR
最大渗透水流量	地表水 SDI > 3	gal/d	6205	6800	6205	6290		
		m³/d	23.5	25.7	23.5	23.8		
	软化水、井水	gal/d	7665	8400	7665	7770		
		m³/d	29.0	31.8	29.0	29.4		
	RO 渗透水	gal/d	10950	12000	10950	11100		
		m³/d	41.4	45.4	41.4	42		
	海水	gal/d				4440		
		m³/d				16.8		

注　1psi = 6.86kPa。

表 3-5　　　　　　　　　FT30 膜温度校正系数 T_J

温度（℃）	T_J	温度（℃）	T_J	温度（℃）	T_J	温度（℃）	T_J	温度（℃）	T_J
10	1.711	11.3	1.630	12.6	1.553	13.9	1.480	15.2	1.411
10.1	1.705	11.4	1.624	12.7	1.547	14	1.475	15.3	1.406
10.2	1.698	11.5	1.618	12.8	1.541	14.1	1.469	15.4	1.401
10.3	1.692	11.6	1.611	12.9	1.536	14.2	1.464	15.5	1.396
10.4	1.686	11.7	1.605	13	1.530	14.3	1.459	15.6	1.391
10.5	1.679	11.8	1.600	13.1	1.524	14.4	1.453	15.7	1.386
10.6	1.673	11.9	1.594	13.2	1.519	14.5	1.448	15.8	1.381
10.7	1.667	12	1.588	13.3	1.513	14.6	1.443	15.9	1.376
10.8	1.660	12.1	1.582	13.4	1.508	14.7	1.437	16	1.371
10.9	1.654	12.2	1.576	13.5	1.502	14.8	1.432	16.1	1.366
11	1.648	12.3	1.570	13.6	1.496	14.9	1.427	16.2	1.361
11.1	1.642	12.4	1.564	13.7	1.491	15	1.422	16.3	1.356
11.2	1.636	12.5	1.558	13.8	1.486	15.1	1.417	16.4	1.351

温度 (℃)	T_J	温度 (℃)	T_J	温度 (℃)	T_J	温度 (℃)	T_J	温度 (℃)	T_J
16.5	1.347	19.2	1.223	21.9	1.112	24.6	1.014	27.3	0.925
16.6	1.342	19.3	1.219	22	1.109	24.7	1.010	27.4	0.922
16.7	1.337	19.4	1.214	22.1	1.105	24.8	1.007	27.5	0.919
16.8	1.332	19.5	1.210	22.2	1.101	24.9	1.003	27.6	0.916
16.9	1.327	19.6	1.206	22.3	1.097	25	1.000	27.7	0.913
17	1.323	19.7	1.201	22.4	1.093	25.1	0.997	27.8	0.910
17.1	1.318	19.8	1.197	22.5	1.090	25.2	0.993	27.9	0.907
17.2	1.313	19.9	1.193	22.6	1.086	25.3	0.990	28	0.904
17.3	1.308	20	1.189	22.7	1.082	25.4	0.987	28.1	0.901
17.4	1.304	20.1	1.185	22.8	1.078	25.5	0.983	28.2	0.898
17.5	1.299	20.2	1.180	22.9	1.075	25.6	0.980	28.3	0.895
17.6	1.294	20.3	1.176	23	1.071	25.7	0.977	28.4	0.892
17.7	1.290	20.4	1.172	23.1	1.067	25.8	0.973	28.5	0.889
17.8	1.285	20.5	1.168	23.2	1.064	25.9	0.970	28.6	0.886
17.9	1.281	20.6	1.164	23.3	1.060	26	0.967	28.7	0.883
18	1.276	20.7	1.160	23.4	1.056	26.1	0.963	28.8	0.880
18.1	1.272	20.8	1.156	23.5	1.053	26.2	0.960	29	0.874
18.2	1.267	20.9	1.152	23.6	1.049	26.3	0.957	29.1	0.872
18.3	1.262	21	1.148	23.7	1.045	26.4	0.954	29.2	0.869
18.4	1.258	21.1	1.144	23.8	1.042	26.5	0.951	29.3	0.866
18.5	1.254	21.2	1.140	23.9	1.038	26.6	0.947	29.4	0.863
18.6	1.249	21.3	1.136	24	1.035	26.7	0.944	29.5	0.860
18.7	1.245	21.4	1.132	24.1	1.031	26.8	0.941	29.6	0.857
18.8	1.240	21.5	1.128	24.2	1.028	26.9	0.938	29.7	0.854
18.9	1.236	21.6	1.124	24.3	1.024	27	0.935	29.8	0.852
19	1.232	21.7	1.120	24.4	1.021	27.1	0.932	29.9	0.849
19.1	1.227	21.8	1.116	24.5	1.017	27.2	0.928	30	0.846

表 3-6　　　　CSM 膜的温度校正系数（BN，BE 型）

温度（℃）	0	0.1	0.2	0.3	0.4	0.5	0.6	0.7	0.8	0.9
5	2.134	2.125	2.117	2.108	2.100	2.091	2.083	2.074	2.066	2.058
6	2.049	2.041	2.033	2.025	2.017	2.009	2.001	1.993	1.985	1.977
7	1.969	1.961	1.953	1.945	1.937	1.930	1.922	1.914	1.907	1.899
8	1.892	1.884	1.877	1.869	1.862	1.855	1.847	1.840	1.833	1.825
9	1.818	1.811	1.804	1.797	1.790	1.783	1.776	1.769	1.762	1.755
10	1.748	1.741	1.734	1.728	1.721	1.714	1.707	1.701	1.694	1.688
11	1.681	1.675	1.668	1.662	1.655	1.649	1.642	1.636	1.630	1.623
12	1.617	1.611	1.605	1.598	1.592	1.586	1.580	1.574	1.568	1.562
13	1.556	1.550	1.544	1.538	1.532	1.526	1.521	1.515	1.509	1.503
14	1.498	1.492	1.486	1.481	1.475	1.469	1.464	1.458	1.453	1.447
15	1.442	1.436	1.431	1.425	1.420	1.415	1.409	1.404	1.399	1.394
16	1.388	1.383	1.378	1.373	1.368	1.363	1.357	1.352	1.347	1.342
17	1.337	1.332	1.327	1.322	1.318	1.313	1.308	1.303	1.298	1.293
18	1.288	1.284	1.279	1.274	1.270	1.265	1.260	1.256	1.251	1.246
19	1.288	1.284	1.279	1.274	1.270	1.265	1.260	1.256	1.251	1.246
20	1.197	1.193	1.188	1.184	1.180	1.175	1.171	1.167	1.163	1.158
21	1.154	1.150	1.146	1.142	1.138	1.133	1.129	1.125	1.121	1.117
22	1.113	1.109	1.105	1.101	1.097	1.093	1.089	1.085	1.082	1.078
23	1.074	1.070	1.066	1.062	1.059	1.055	1.051	1.047	1.044	1.040
24	1.036	1.032	1.029	1.025	1.021	1.018	1.014	1.011	1.007	1.004
25	1.000	0.996	0.993	0.989	0.986	0.983	0.979	0.976	0.972	0.969
26	0.970	0.970	0.970	0.970	0.970	0.970	0.970	0.970	0.970	0.970
27	0.940	0.940	0.940	0.940	0.940	0.940	0.940	0.940	0.940	0.940
28	0.912	0.912	0.912	0.912	0.912	0.912	0.912	0.912	0.912	0.912
29	0.885	0.885	0.885	0.885	0.885	0.885	0.885	0.885	0.885	0.885
30	0.859	0.859	0.859	0.859	0.859	0.859	0.859	0.859	0.859	0.859
31	0.833	0.833	0.833	0.833	0.833	0.833	0.833	0.833	0.833	0.833

温度（℃）	0	0.1	0.2	0.3	0.4	0.5	0.6	0.7	0.8	0.9
32	0.809	0.809	0.809	0.809	0.809	0.809	0.809	0.809	0.809	0.809
33	0.786	0.786	0.786	0.786	0.786	0.786	0.786	0.786	0.786	0.786
34	0.763	0.763	0.763	0.763	0.763	0.763	0.763	0.763	0.763	0.763
35	0.741	0.741	0.741	0.741	0.741	0.741	0.741	0.741	0.741	0.741
36	0.720	0.720	0.720	0.720	0.720	0.720	0.720	0.720	0.720	0.720
37	0.700	0.700	0.700	0.700	0.700	0.700	0.700	0.700	0.700	0.700
38	0.680	0.680	0.680	0.680	0.680	0.680	0.680	0.680	0.680	0.680
39	0.661	0.661	0.661	0.661	0.661	0.661	0.661	0.661	0.661	0.661
40	0.643	0.643	0.643	0.643	0.643	0.643	0.643	0.643	0.643	0.643

表 3-7　　　　　　CSM 膜的温度校正系数（BL 型）

温度（℃）	0	0.1	0.2	0.3	0.4	0.5	0.6	0.7	0.8	0.9
5	2.088	2.080	2.072	2.064	2.056	2.048	2.039	2.031	2.024	2.016
6	2.008	2.000	1.992	1.984	1.977	1.969	1.961	1.954	1.946	1.938
7	1.931	1.923	1.916	1.908	1.901	1.894	1.886	1.879	1.872	1.865
8	1.857	1.850	1.843	1.836	1.829	1.822	1.815	1.808	1.801	1.794
9	1.787	1.780	1.774	1.767	1.760	1.753	1.747	1.740	1.733	1.727
10	1.720	1.714	1.707	1.701	1.694	1.688	1.681	1.675	1.669	1.662
11	1.656	1.650	1.644	1.638	1.631	1.625	1.619	1.613	1.607	1.601
12	1.595	1.589	1.583	1.577	1.571	1.565	1.560	1.554	1.548	1.542
13	1.536	1.531	1.525	1.519	1.514	1.508	1.502	1.497	1.491	1.486
14	1.480	1.475	1.469	1.464	1.459	1.453	1.448	1.443	1.437	1.432
15	1.427	1.421	1.416	1.411	1.406	1.401	1.396	1.391	1.385	1.380
16	1.375	1.370	1.365	1.360	1.355	1.351	1.346	1.341	1.336	1.331
17	1.326	1.321	1.317	1.312	1.307	1.302	1.298	1.293	1.288	1.284

温度（℃）	0	0.1	0.2	0.3	0.4	0.5	0.6	0.7	0.8	0.9
18	1.279	1.275	1.270	1.265	1.261	1.256	1.252	1.247	1.243	1.238
19	1.279	1.275	1.270	1.265	1.261	1.256	1.252	1.247	1.243	1.238
20	1.191	1.187	1.182	1.178	1.174	1.170	1.166	1.162	1.158	1.153
21	1.149	1.145	1.141	1.137	1.133	1.129	1.125	1.121	1.118	1.114
22	1.110	1.106	1.102	1.098	1.094	1.090	1.087	1.083	1.079	1.075
23	1.072	1.068	1.064	1.060	1.057	1.053	1.049	1.046	1.042	1.039
24	1.035	1.031	1.028	1.024	1.021	1.017	1.014	1.010	1.007	1.003
25	1.000	0.997	0.993	0.990	0.986	0.983	0.980	0.976	0.973	0.970
26	0.971	0.971	0.971	0.971	0.971	0.971	0.971	0.971	0.971	0.971
27	0.942	0.942	0.942	0.942	0.942	0.942	0.942	0.942	0.942	0.942
28	0.915	0.915	0.915	0.915	0.915	0.915	0.915	0.915	0.915	0.915
29	0.888	0.888	0.888	0.888	0.888	0.888	0.888	0.888	0.888	0.888
30	0.863	0.863	0.863	0.863	0.863	0.863	0.863	0.863	0.863	0.863
31	0.838	0.838	0.838	0.838	0.838	0.838	0.838	0.838	0.838	0.838
32	0.815	0.815	0.815	0.815	0.815	0.815	0.815	0.815	0.815	0.815
33	0.792	0.792	0.792	0.792	0.792	0.792	0.792	0.792	0.792	0.792
34	0.770	0.770	0.770	0.770	0.770	0.770	0.770	0.770	0.770	0.770
35	0.748	0.748	0.748	0.748	0.748	0.748	0.748	0.748	0.748	0.748
36	0.728	0.728	0.728	0.728	0.728	0.728	0.728	0.728	0.728	0.728
37	0.708	0.708	0.708	0.708	0.708	0.708	0.708	0.708	0.708	0.708
38	0.689	0.689	0.689	0.689	0.689	0.689	0.689	0.689	0.689	0.689
39	0.670	0.670	0.670	0.670	0.670	0.670	0.670	0.670	0.670	0.670
40	0.652	0.652	0.652	0.652	0.652	0.652	0.652	0.652	0.652	0.652

温度校正系数可计算如下

$$T_J = \frac{q_{V,25}}{q_{V,t}} = e^x \tag{3-1}$$

$$x = U\left(\frac{1}{t+273} - \frac{1}{298}\right) \tag{3-2}$$

式中 T_J——温度系数，内容见表 3-5 ~ 表 3-7；

$q_{V,25}$——25℃时的透水量，m^3/h；

$q_{V,t}$——t℃时透水量，m^3/h；

e——2.71828；

t——给水温度，℃；

U——不同型号的膜元件取不同的值，具体值见厂商样本。

由上式可知，$t = 25$℃时，$T_J = 1$；$t > 25$℃时，$T_J > 1$；$t < 25$℃时，$T_J < 1$。美国某公司给出对于聚酰胺膜，温度与透水量关系的曲线。见图 3-13。由图 3-13 可知，温度每改变一摄氏度（℃），透水量约改变 3%。由于 RO 系统设计成恒定出力，给水压力可用来调节补偿温度改变时对透水量的影响。

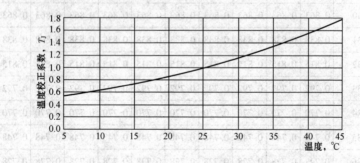

图 3-13　温度对 RO 膜透水量的影响

四、影响膜元件（组件）性能参数的因素

不管是哪种构型，反渗透膜元件（组件）的性能都由三个因素决定：①产品水流量（透水量）；②脱盐率；③运行稳定性

（影响膜的寿命）。而这些因素又受下列条件制约：①给水特性，例如 pH 值、温度和溶解固形物等；②膜本身的特性，如膜的材料、结构等；③运行条件，如压力、回收率等。

厂商提供的膜元件（组件）的额定透水量和脱盐率均是在标准测试条件下获得的。如果实际运行条件与标准的测试条件相差较大，则有必要根据实际情况对透水量和脱盐率进行适当的调整。

由上可知，膜元件（组件）的透水量（m^3/d）和脱盐率（%）是反渗透膜的主要性能特性。透水量 $q_{V,w}$ 可由式（2-20）确定，其中

$$\Delta p = p_a - p_p \qquad (3-3)$$

式中 Δp——膜两侧水的压力差；

      p_a——给水—浓水平均压力；

      p_p——产品水压力。

透盐量 $q_{m,s}$ 可由式（2-22）确定。

从式（2-20）和式（3-3）可知，（$\Delta p - \Delta \Pi$）是膜透水量的驱动力，即运行压力增加，透水量将增加。Δc 是透盐量的驱动力，若 Δc 增大，则 $q_{m,s}$ 增加。由于透盐量与使用压力无关，因此，在压力与透水量、透盐量的关系中提高运行压力将增大透水量，而不改变透盐量。

从式（2-14）可知，脱盐率 SR（%）是 100% 减去透盐率 SP（%），即 SR = 1 – SP。当使用压力增加时，透盐率减小。这是由于在较高压力下，透水量增加，因此，在恒定透盐量下连续通过膜的盐分得到较多的稀释。这也同时说明压力增加，将改善产品水的质量。

对于不同的膜，有不同的水和盐的渗透系数，即 K_w 和 K_s 值；对于给定的膜，K_w 和 K_s 仅是温度的函数。透水量随温度的增加而增加，透盐量随温度的变化不很明显。

此外，从式（2-20）和式（2-22）也可看出，膜与水接触的

表面积及膜的厚度对 $q_{V,w}$、$q_{m,s}$ 均有直接的影响。

以某公司 CSM 膜为例，说明温度、压力、浓度、pH 和回收率对反渗透膜的主要性能特性影响，分别见图 3-14 ~ 图 3-18。

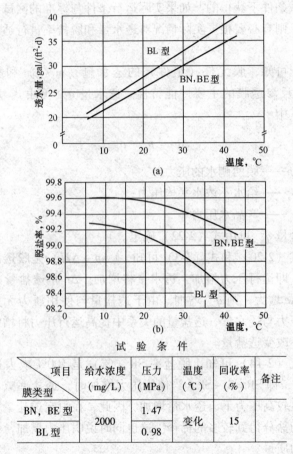

试　验　条　件

项目　　　　膜类型	给水浓度（mg/L）	压力（MPa）	温度（℃）	回收率（%）	备注
BN，BE 型	2000	1.47	变化	15	
BL 型		0.98			

图 3-14　温度对膜性能的影响

由图 3-14 可知，温度升高，渗透水量升高，而透盐率增加；由图 3-15 可看出，压力升高，渗透水 TDS 下降，而渗透水量（L/m² · h）增加；图 3-16 显示，给水浓度升高时，渗透水通量和

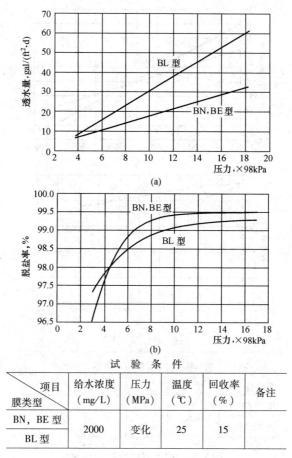

试　验　条　件					
项目 膜类型	给水浓度 （mg/L）	压力 （MPa）	温度 （℃）	回收率 （%）	备注
BN，BE 型	2000	变化	25	15	
BL 型					

图 3-15　压力对膜性能的影响

脱盐率均下降；图 3-17 说明，pH 升高，渗透水通量和脱盐率均有所升高；图 3-18 表明，回收率增加时，渗透水量将下降，如果浓水的渗透压与运行压力相等，则该水通量停止下降，脱盐率随回收率升高而下降。

五、膜的特性

了解膜固有的特性，对于在水处理中分析和选用膜，更好地

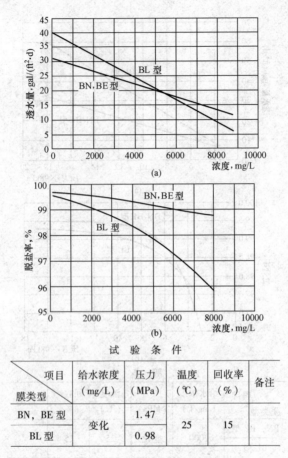

试　验　条　件

项目 膜类型	给水浓度 （mg/L）	压力 （MPa）	温度 （℃）	回收率 （%）	备注
BN，BE 型	变化	1.47	25	15	
BL 型		0.98			

图 3-16　浓度对膜性能的影响

使用膜是十分必要的。

1. 膜的方向性

　　只有反渗透膜的致密层与给水接触，才能达到脱盐效果，如果多孔层与给水接触，则脱盐率将明显下降，甚至不能脱盐，而透水量则大大提高。这就是膜的方向性。因此，若膜的致密层受损，则膜脱盐率将明显下降，透水量则明显提高。这也说明保护好膜表面（致密层）的重要性。

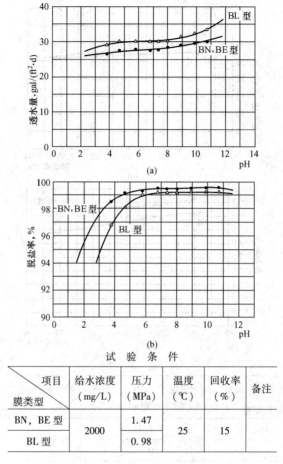

图 3-17　pH 值对膜性能的影响

2. 膜对溶质的去除规律

（1）反渗透膜对无机物的去除率高于有机物，且只能较好地去除分子质量大于 100 的有机物。

（2）反渗透膜对离子溶质的去除率高于非离子溶质，且非离子溶质的直径越大（分子质量越大），其去除率越高。

（3）一般来说，一价离子透过率大于二价离子；二价离子透过

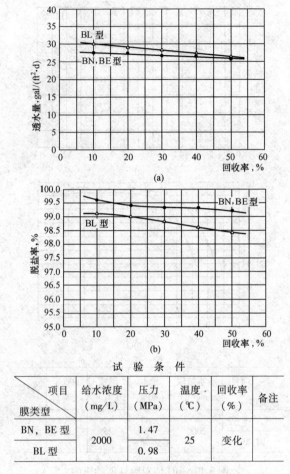

图 3-18 回收率对膜性能的影响

率大于三价离子；同价离子的水合半径越小，透过率越大，即 $K^+ > Na^+ > Ca^{2+} > Mg^{2+} > Fe^{3+} > Al^{3+}$ （透过率越来越小）。

（4）分子质量低于 100 的气体很容易通过膜，如 CO_2 和 H_2S 透过率几乎为 100%。HCO_3^- 和 F^- 透过率随 pH 值升高而降低。

（5）反渗透膜对弱酸的去除率较低，且与其分子质量有关。柠檬酸、酒石酸、醋酸的分子质量依次降低，其去除率也依次减少。

3. 其他

膜的水解作用、抗氧化剂侵蚀作用、压密效应、使用温度、pH 值等，对膜特性的影响见本章第七部分。

DOW 公司 FT30 膜和 SAEHAN 公司 CSM 膜对溶质的去除率分别见表 3-8 和表 3-9。

表 3-8　　　　　　　　　**FT30 膜对溶质的去除率**

溶　　质	分子量	脱　　盐　　率		
		BW　级	SW　级	SWHR　级
NaF	42	99	>99	>99
NaCN（pH=11）	49	97	98	99
NaCl	58	99	>99	>99
SiO_2（50mg/L）	60	98	99	>99
$NaHCO_3$	84	99	99	99
$NaNO_3$	85	97	96	98
$MgCl_2$	95	99	>99	>99
$CaCl_2$	111	99	>99	>99
$MgSO_4$	120	>99	>99	>99
$NiSO_4$	155	>99	>99	>99
$CuSO_4$	160	>99	>99	>99
甲醛	30	35	50	60
甲醇	32	25	35	40
乙醇	46	70	80	85
异丙醇	60	90	95	97
尿素	60	70	80	85
乳酸（pH=2）	90	94	97	98

溶 质	分子量	脱 盐 率		
		BW 级	SW 级	SWHR 级
乳酸（pH＝5）	90	99	＞99	＞99
葡萄糖	180	98	99	＞99
蔗糖	342	99	＞99	＞99

注 1 测试条件除注明外，溶质 2000mg/L，运行压力 1.6MPa，温度 25℃，给水 pH 值 7.0。

　2 BW 级、SW 级、SWHR 级分别指复合膜苦咸水级、海水级、高脱盐率海水级。

表 3-9　　　　　　　　　CSM 膜对溶质的去除率

序 号	溶 质	去除率（%）	分子质量
1	NaF	99	42
2	NaCN	98	49
3	NaCl	99	58
4	SiO_2	99	60
5	$NaHCO_3$	99	84
6	$NaNO_3$	97	85
7	$MgCl_2$	99	95
8	$CaCl_2$	99	111
9	$MgSO_4$	99	120
10	$NiSO_4$	99	155
11	$CuSO_4$	99	160
12	甲醛	35	30
13	甲醇	25	32
14	乙醇	70	46
15	异丙醇	92	60
16	尿素	70	60

序　　号	溶　　质	去除率（%）	分子质量
17	乳酸（pH＝2）	94	90
18	乳酸（pH＝2）	99	90
19	葡萄糖	98	180
20	蔗糖	99	342
21	氯化的杀虫剂	99	—
22	BOD	95	—
23	COD	97	—

注 1 测试条件为溶质 2000mg/L，225psi（1psi＝6.86kPa），温度 25℃，给水 pH 7.0。
　2 BE、BN 型膜元件。

六、膜的透过机理

反渗透膜结构上层是致密层，而下面是多孔层。反渗透膜含有非连续大小的孔（致密层孔径小，多孔层孔径大），由致密层与水溶液接触，因而颗粒杂质不可能在膜里面被截留，不存在与过滤器一样有深层过滤的问题。膜去除有机物是建立在筛网机理基础上的，因而有机物分子的大小与形状是确定其能否通过膜的重要因素，见图 3-19。

用筛网机理来解释反渗透膜为什么会有 98% 以上的脱盐率

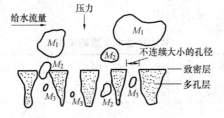

图 3-19　反渗透膜去除有机物机理

M_1—大分子质量（＞1000）；M_2—中分子质量
（300～500）；M_3—小分子质量（＜200）

是不合适的。因为水分子和一般离子的大小的区别不是很大。水中离子颗粒小于1nm，水分子的有效直径为0.5nm。反渗透膜有高的脱盐率是由于半透膜对离子有排斥作用，而膜表面对水分子有选择吸附作用，见图3-20。当有压力的给水通过反渗透膜元件（组件）时，水通过膜，而离子被截留在溶液中。

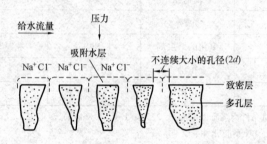

图3-20　反渗透膜去除离子机理

七、膜元件的选择

1. 简述

在锅炉补给水处理中，对含盐量较高［如总溶解固形物（TDS）大于150mg/L］的原水，利用反渗透（RO）设备进行预脱盐处理，有利于延长阴阳离子交换器的再生周期，减少酸碱废液的排放，减轻运行人员的劳动强度。通常，适用于制备纯水的RO构型主要有卷式和中空纤维式两种。中空纤维式对RO进水水质要求较严，见表3-10。

表3-10　　　　　　　　RO 对进水水质的要求

参　　数	中空（HFF）	卷式（SW）
浊度（mg/L）	<0.5	<1
SDI_{15}	<3	<4（5）

中空纤维式反渗透器对给水水质要求较高，比较适用于悬浮物含量较低的地下水，加上一次投资费用比卷式设备的要高，因

此，卷式反渗透装置应用得更多，适用范围更广。

中空纤维膜组件使用材料常为聚酰胺膜，且进口的为多，而卷式膜元件使用材料有多种，且规格不一，国内、国外生产的均被较多地使用，因而这里仅对卷式膜元件的设计选择进行论述。

2. 不同膜材料的比较

自 1748 年发现渗透现象后，渗透和反渗透在 200 多年间均未得到发展。1954 年，美国的 Reid 和 Breton 发现醋酸纤维素膜（CA 膜）拥有良好的选择性，但其研制的 CA 膜太厚，产水量很低。在 20 世纪 60 年代初，美国的 Loed 和 Sourirajan 研究的造 CA 膜技术，使 CA 膜产水量提高了 10 倍，脱盐率高达 95%，这样，开始了 CA 膜在商业上的使用。随后，由于反渗透技术应用于水的脱盐等领域后，显示出了许多优越性，因此被广泛地研究，研制出了许多种类的膜材料。常用于电站水处理的膜材料有醋酸纤维素膜（CA 膜）、聚酰胺膜（PA 膜）和复合膜。

CA 膜有两个主要缺点，一是易受微生物侵蚀而降解，从而使膜脱盐率降低；二是在酸性、碱性条件下易水解，还原成纤维和醋酸。随着水温升高，给水 pH 值低于或高于最佳 pH 值（pH 5~6）时，水解速度加快。因而，通常需加酸维持给水 pH 值在最佳范围内，以延长 CA 膜的使用寿命。

PA 膜能克服 CA 膜的缺点，即该膜不易受微生物侵蚀而降解，不易水解，通常可在 pH4~11 范围内运行，但该膜如受到残余氯或其他氧化剂侵蚀，则易降解。最高运行温度为 40℃，该材料常用于制作中空纤维，如杜邦公司生产的 B-9 型（芳香族聚酰胺膜）。

复合膜是一种新研制出来的膜，并于 20 世纪 80 年代得到应用。该膜与 CA 膜比较，不易水解，可在 pH2~pH11 之间运行，抗生物侵蚀能力强，且能抗膜的压密。该膜的最大优点有：一是可在较低压力下运行（常规复合膜为 1.6MPa，超低压复合膜为 1.0MPa，而 CA 膜为 2.8MPa），节约能源；二是不易水解，透盐量能维持稳定，不像 CA 膜，其透盐量随时间增长而增加。

CA 膜和复合膜常用于制作卷式膜元件。目前复合膜已成系列，可分为常规压力膜、超低压膜、低污染（或抗污染）膜、海水膜等。

3. 卷式膜元件的选择

反渗透膜必须具备三个基本特性，即高渗水性、低渗盐性和容易制成薄片。根据溶解扩散理论，透过膜的水流量 $q_{V,w}$ 与膜的厚度 δ 成反比，见式（2-20）。

因此，膜生产商总是在保持膜结构完整的前提下，尽可能地减小膜的厚度，从而尽可能地减小膜对水的水流阻力。

CA 膜由多孔支撑层和致密层（即脱盐层）组成。多孔支撑层一般为 $100\mu m$ 厚，孔径约为 400nm。在多孔支撑层上的致密层厚度很薄，约 $0.25\mu m$，膜的孔径为 5nm 以下，只有该层起着脱盐作用，水很容易从致密层向多孔层流动。胶体物质颗粒直径在 $1\sim100nm$ 之间，悬浮物的颗粒直径在 100nm 以上，因此必须采取必要的预处理措施，把胶体物质和悬浮物质除去，以免污染膜表面。溶解物质的颗粒大小在 1nm 以下，它应小于膜致密层的孔径，实际上，正是因为反渗透膜是半透膜，它对离子有排斥作用，所以对水分子有选择吸附作用。

CA 膜的这种结构使其在 $2.0\sim3.0MPa$ 的运行压力作用下，会发生压密现象（在 RO 系统运行期间，膜与高压给水接触，导致膜材料密度增加，称为膜的压密），从而降低透水量。但这种压密现象主要发生在运行的第一年，且是不可逆的。给水压力和温度越高，压密速度越快，这种现象类似于塑料或金属在压力作用下的"应变"，这一点在应用中应引起注意。

一般情况下，CA 膜的系统运行压力为 $2.0\sim3.0MPa$。当运行压力超过 3.5MPa 时，CA 膜的压密十分严重，因此，CA 膜不适合在如此高压力下运行。有数据表明，当 CA 膜的 RO 系统在 1.4MPa 运行时的渗透水量约为在 2.8MPa 运行时的一半，而盐透过率几乎为在 2.8MPa 运行时的两倍。

CA 膜平整且不带电，可忍受通常浓度的杀菌剂，如残余氯。

对市政用水、地表水或高微生物含量的给水，CA膜是良好的选择，因为在此情况下，可加入一定剂量的残余氯进行杀菌（如维持水中浓度0.2~1mg/L），抑制和杀死微生物，保护CA膜不受微生物污染。

对CA膜，水通量不仅与膜的厚度有关，而且与CA膜中乙酰基的含量有关。CA膜的化学结构见图3-21。乙酰基含量越高，脱盐率越高，水通量越低。为达到适宜的脱盐率和水通量，必须控制合适的乙酰基含量。目前国内生产的ϕ8in（203.2mm）卷式CA膜，其透水量和脱盐率均达不到国外的水平。

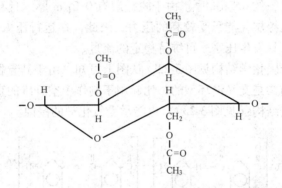

图3-21　CA膜的化学结构

国内生产厂家在生产出性能稳定的卷式CA膜和进一步提高脱盐率等方面仍有不少工作要做。对膜元件中的塑料网和聚酯织物，既要求有一定的强度（承受压力时，不发生破坏）和一定的刚度（承受压力时，不易变形），又要求有一定的柔韧性，即沿中心管卷绕时不会脆裂。为进一步提高膜元件的质量，制作膜元件时使用的粘合剂强度仍需进一步提高。

常规使用直径为8in（203.2mm）的卷式元件其长度为40in（1016mm），现在有的膜公司生产出60in（1524mm）长的卷式元件（性能见表3-3），这种元件用于大容量的水处理系统，因为它可以减少膜元件与膜元件之间的连接件，所以水通过连接件的渗漏量更少，可进一步提高系统脱盐率。如一个内装6个40in

（1016mm）长的膜元件的压力容器，用于装 60in（1524mm）长的膜元件时仅需 4 个，从而使膜元件之间的连接件从 5 个减少为 3 个，如以密封区域计，则从 10 处减少为 6 处。

对 CA 膜，一般相同外型尺寸的膜元件，产水量大时，相应脱盐率就低些，这是因为要产水量大，膜厚度相对要薄些，脱盐率也就低些。

以美国某公司生产的复合膜为例。复合膜由三层组成：底层是聚酯织物，约 120μm 厚；中层为微孔的聚砜材料，约 40μm 厚，表面孔径约为 15nm；上层即为超薄的脱盐层，为特制的聚酰胺材料，约 0.2μm 厚。由于脱盐层有 0.2μm 厚，且有聚砜材料作为支撑层，能承受较高的压力，因此，在运行压力作用下，复合膜不易发生压密，可维持稳定的流量。

复合膜化学结构见图 3-22，从图上可知，由于其芳香族聚酰胺化学结构是交叉链环型的，比起用于制作中空纤维的直线型芳香聚酰胺结构（见图 3-23），更能承受氧化剂的侵蚀。

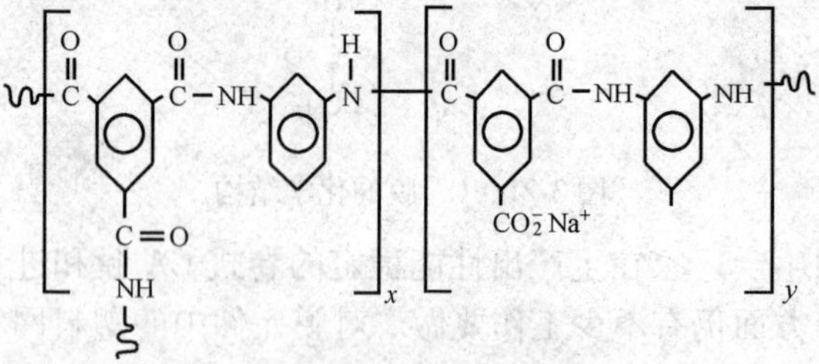

图 3-22　复合膜的化学结构（FT30 膜）

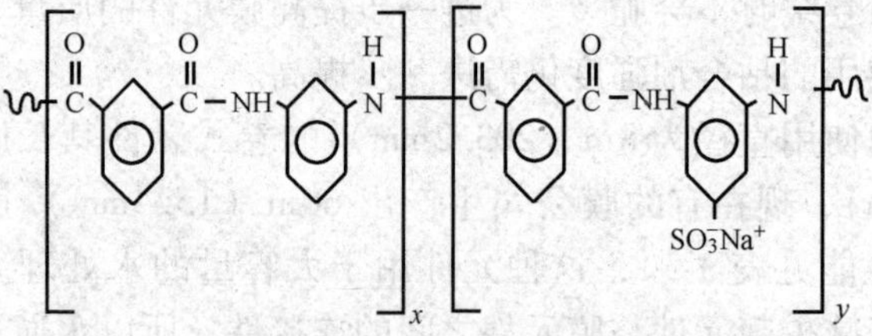

图 3-23　中空纤维膜的化学结构（B-9 膜）

复合膜的水通量（单位时间、单位膜面积的渗透水量）比CA膜要大，这使得其系统运行压力仅需CA膜的RO系统的一半，尽管如此，透水量仍不比CA膜小，脱盐率更高。这也就是说，使用复合膜的RO系统节省能源。CA膜通常运行压力为2.8MPa，而常规复合膜为1.4MPa。

复合膜RO系统投资设备成本也相对低些，因为选用高压泵的压力可比CA膜RO系统低一半，并且选用压力容器组件的压力也可低很多。

作为讨论，CA膜RO系统也可设计运行压力为1.4MPa，但是需要的膜元件和压力容器组件为2.8MPa运行时的两倍，且需更多的连接件和更大的RO装置组架，其渗透浓度也增大两倍等。复合膜曾在2.8MPa压力下运行，发现膜的水通量大幅增加了，透盐率也下降了，但是，膜污染速度明显加快，污染速度的增加要求更频繁的清洗和更换膜元件，因此，复合膜一般选用较低压力下运行。

复合膜对氧化剂如残余氯较敏感，要求给水中把它除去。一旦杀菌剂从给水中除去了，微生物污染RO膜的机会却增加了。对于一些地表水和井水，微生物的繁殖使得选用复合膜受到限制，尤其是对于间断运行的系统。

CA膜用于海水脱盐时，脱盐率较低，而复合膜用于海水脱盐时，单个膜元件的脱盐率可高达99.6%以上（如DOW公司SW30HR－380型、SAEHAN公司RE8040－SR型）。复合膜的运行温度较高，可达45℃，而CA膜为40℃。复合膜与CA膜相比，虽然有不少优点，但也有缺点。复合膜除了易受Cl_2等氧化剂侵蚀外，由于该膜带负电，阳离子表面活性剂有时会引起膜元件不可逆转的流量损失，因而这种情况应避免发生。非离子表面活性剂有时也可使用，但必须少量使用，并且在压力升高到运行压力之前必须彻底冲洗掉。可见，使用复合膜时，对预处理中助凝剂和清洗药剂的选择提出了要求。有些药剂使用不当，将影响内装复合膜元件的RO设备的安全经济运行，严重时将损坏膜元件。

复合膜运行 pH 值可在 2~11 之间，而 CA 膜运行 pH 值一般为 5~6，但并不意味着使用复合膜可节省大量的酸，因为使用复合膜，同样必须做结垢倾向的计算。而对大多数水质，均需加酸才能防止进水浓缩了四倍（按 75% 回收率计）的浓水中的 $CaCO_3$ 垢在膜表面上的形成。

复合膜可用于海水脱盐和其他需要较高压力运行的情形。海水复合膜有较厚的聚酰胺膜层。由于脱盐膜层较厚，渗透水流速较低，但脱盐率较高。海水复合膜也可用于非海水脱盐的系统，具有更高的脱盐率，满足渗透水质量的要求，同时，较低的渗透水通量有助于降低膜污染的速度。浓水浓度大时，渗透压也大，为了克服最后段的渗透压，要求较高的膜运行压力。在某些情况下，如果使用标准的苦咸水复合膜元件，会导致前面段渗透水流量过大的话，海水膜元件可用来使 RO 系统的水通量平衡，减轻前面段的膜污染速度。

对于复合膜，一般来说，在相同测试条件和相同外型尺寸条件下，超低压膜产水量脱盐率低于常规压力复合膜（如 CSM 膜 RE8040 - BL 型为 90%，而 RE8040 - BN 型为 99.5%）；低污染膜产水量小于超低压膜［如 RE8040 - FL 型为 9000gal/d，而 RE8040 - BL 型为 12000gal/d］。

对复合膜的选用，提出如下原则可供参考。

（1）给水的 TDS：

　　<1000ppm　可选用 TW30 型（自来水脱盐型）

　　<5000ppm　可选用 BW30 型（苦咸水脱盐型）

　　<5000~15000ppm　可选用 SW30 型（海水脱盐型）

　　>15000ppm　可选用 SW30HR 型（高脱盐率的海水脱盐型）

（2）系统脱盐率：

　　>92%　可选用 TW30 型

　　>98%　可选用 BW30 型

　　>99%　可选用 SW30 型和 SW30HR 型

（3）给水压力：

<21bar（1bar = 10^5Pa）　　可选用 TW30 型

<41bar　可选用 BW30 型

>41bar　可选用 SW30 和 SW30HR 型

（4）RO 系统：

出水量大的系统　可选用 40in（1in = 25.4mm）或（60in）长的膜元件

出水量小的系统　选用小于 40in 长的膜元件

（5）RO 装置的出力：

<0.2m^3/h　可选用直径不大于 2.5in 的膜元件

<3m^3/h　可选用直径为 4in 的膜元件

>3m^3/h　可选用直径为 8in 的膜元件

关于（4）和（5），对于一个 RO 系统，选用膜元件的长度和规格也需考虑系统的回收率等综合因素，以上仅是一般参考。

DOW 公司生产的抗污染膜，采用自动卷膜机卷膜，其叶片缩短，叶片数量增加，并有较宽的给水通道。采用自动卷膜具有如下优点：精确的材料长度；精确的黏接位置和黏接剂用量；精确的有效膜面积；优化结构设计；所有膜元件的结构完全一致。自动卷膜与手动卷膜的效果见图 3-24。给水通道宽，可以使水流阻力减小，压降减小，从而降低能耗；更容易清洗，更适应水质较差或被污染的水源；吸附在膜表面上的污染物更容易随浓水排

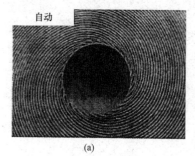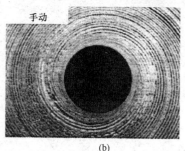

（a）　　　　　　　　　　　　　（b）

图 3-24　自动卷膜与手动卷膜效果比较

走，从而减少清洗次数。

　　综上所述，目前国外卷式膜元件性能优于国产元件。复合膜有很多优点，但也有缺点，复合膜的出现并不意味传统的 CA 膜将被淘汰，两种膜各有利弊。CA 膜比复合膜价格便宜得多。只要运行得好，使用 CA 膜的 RO 装置的脱盐率可在三年或更长时间内维持在 90% 以上。对电价较高的地区，使用可以在较低压力下运行的常规复合膜或超低压复合膜，能够节省不少运行费用，取得可观的经济效益。

反渗透设备本体的设计

一、装置设计时应考虑的因素

反渗透除盐装置的正确设计与否，直接关系到膜元件（组件）的使用寿命。在设计反渗透除盐装置时应充分考虑如下因素：

（1）根据用户需要，确定反渗透装置的出力、系统回收率、系统脱盐率；

（2）通过经济技术比较，选择合理的膜类型和膜构型；

（3）根据已知条件，计算所需膜元件（组件）的数量；

（4）测算膜组件合理的排列组合，尽量使各段膜元件的出力和压降相当；

（5）确定高压给水泵的安装位置。如出力小于 $25m^3/h$，则高压泵可与膜组件安装在一起；如出力较大，则应把泵安装在水泵间内；

（6）合理选择连接管道，如材质应耐腐蚀；

（7）合理选择与水接触的就地仪表及探测敏感元件；

（8）确定集中控制盘与就地控制盘的内容；

（9）合理选择使用阀门的类型，如球阀、蝶阀、截止阀、针形阀、隔膜阀等；

（10）确定高压给水泵的启动方式；

（11）制定反渗透装置本体进水与出水和外部的连接方式与要求，如出水不应有背压等。

二、膜组件的选用

一个或数个膜元件组合起来，放置在压力容器组件（简称 PV 组件）内，构成一个脱盐部件，称为膜组件。膜组件的长度根据需要而确定〔如 $\phi 8$in（203.2mm）的 PV 组件内可放置 1～7 个膜元件），它影响 RO 装置设计的多个方面，例如组装框架的大小，系统的水力分布，高压泵规格选择等。

常用的压力容器直径有 $\phi 2.5$in（53.5mm）、$\phi 4$in（101.6mm）和 $\phi 8$in（203.2mm），端部进水的组件见图 4-1，其端部剖视图见图 4-2。端部进水的玻璃钢 RO 外壳可列为第一代产品，第二代产品为侧面进水的玻璃钢 RO 外壳（见图 4-3 和图4-4），第三代玻璃钢 RO 外壳为端头特殊设计的侧面进水。

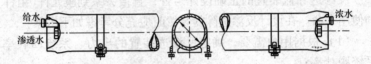

图 4-1　端部进水的 PV 组件

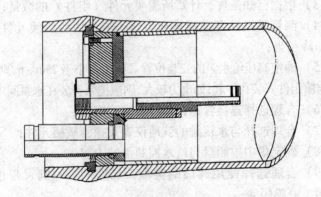

图 4-2　端部进水 PV 组件的端部剖视图

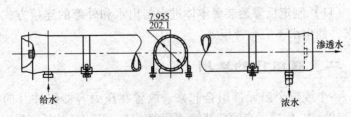

图 4-3　侧面进水的 PV 组件

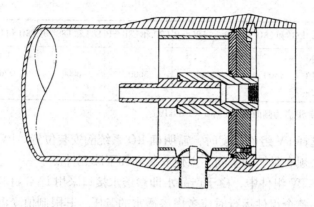

图4-4 侧面进水 PV 组件的端部剖视图

对于大型 RO 系统，常选用较长的压力容器组件，这样需较少的 PV 组件。对于小型 RO 系统，常使用较短的 PV 组件，这样既方便运输，安装占用空间又少。

PV 组件根据应用压力等级设计。对于海水脱盐，由于运行压力较高，一般要求有更厚实的结构。出于安全原因，大多数 PV 组件有较高的安全设计系数。制造厂设计的 PV 组件爆破压力为最大运行压力的 6 倍，工厂出厂试验压力为最大运行压力的 1.5 倍。以美国生产的 $\phi 8in$（203.2mm）玻璃钢压力容器为例，说明有关压力容器性能参数，见表4-1。

表4-1　　　　　　玻璃钢压力容器性能参数

型　　号	E8U 和 E8U/SP	E8L 和 E8L/SP	E8B 和 E8B/SP	E8S 和 E8S/SP	E8H 和 E8H/SP
最大运行压力（psi）	250	400	600	1000	1200
运行温度范围	$-7 \sim 49℃$（$20 \sim 120℉$）				
工厂试验压力（psi）	375	600	900	1500	1800

型 号	E8U 和 E8U/SP	E8L 和 E8L/SP	E8B 和 E8B/SP	E8S 和 E8S/SP	E8H 和 E8H/SP
样品最小爆破压力（psi）	1500	2400	3600	6000	7200

注　带 SP 者为侧面进水，1psi = 6.89kPa。

选择 PV 组件长度时，需明确 RO 系统的安装位置。PV 组件两端必须有足够的空间，以便安装和卸下膜元件。

在 PV 组件中，由于产品水即渗透水接口采用 PVC 材料，因此，在整个组件运行时应考虑渗透水的背压，其限制值受温度影响较大（见表4-2）。从表可知，温度越高，要求背压越小。在静态条件下，即高压泵停运时，渗透水的背压不可超过 0.3bar（5psi）。

表 4-2　　　　　　　　　　不同温度时背压限制值

温度（℃）	动态时最大渗透水背压（psi）	温度（℃）	动态时最大渗透水背压（psi）
20	338（2.33MPa）	35	219（1.51MPa）
25	299（2.06MPa）	40	180（1.24MPa）
30	257（1.77MPa）	45	145（1.00MPa）

近几年来，国内用于反渗透压力容器的制造技术得到迅猛发展，国产压力容器的使用越来越广泛，所占的市场份额迅速提高。国内生产的玻璃钢压力容器，其内在质量（如抗腐蚀性能、质量、绝热性能、抗老化性能、内表面光洁度、直线度）和外观视觉效果已有很大进步，在价格上却有较强的竞争力。

1. 国产产品现状

以乐普中心生产的压力容器为例，产品规格比较齐全，可满足不同用途、不同用户的需要。直径为 8in（203.2mm）的压力容器可内装 1~7 个膜元件不等，直径为 4in（101.6mm）的压力容器可内装 1~4 个膜元件不等。压力容器的工作压力可分为

150psi（1.03MPa）、250psi（1.72MPa）、300psi（2.06MPa）、400psi（2.75MPa）、600psi（4.13MPa）、800psi（5.51MPa）、1000psi（6.89MPa）七种规格，其连接方式可分为端连式和侧连式两种。这些压力容器可与不同厂家生产的膜元件匹配使用。值得一提的是，其压力容器组件的所有零部件均有编号，方便用户选用，符合国际惯例。直径为8in（203.2mm）的压力容器的基本尺寸及质量见表4-3。从该表可看出，随着压力等级的提高，压力容器外径相应增加，也就是壁厚相应增加，其质量相应增加，而有关与外部相连的尺寸保持不变。

表4-3　φ8in（203.2mm）的压力容器的基本尺寸及质量一览

序号	质　量（kg）	工作压力（psi）	筒身外径	端部外径	A	S	E	产水出口
1	$24 + 5 \times (N-1)$	150	210	241	151	DN40	DN40	NPT 1in
2	$26 + 6.6 \times (N-1)$	250	212	241	151	DN40	DN40	NPT 1in
3	$28 + 8 \times (N-1)$	300	214	241	151	DN40	DN40	NPT 1in
4	$36 + 10 \times (N-1)$	400	220	245	153	DN40	DN40	NPT 1in
5	$44 + 16 \times (N-1)$	600	226	256	158	DN40	DN40	NPT 1in
6	$52 + 20 \times (N-1)$	800	232	260	161	DN40	DN40	NPT 1in
7	$62 + 26 \times (N-1)$	1000	238	266	164	DN40	DN40	NPT 1in

注　1　N 为膜元件的数量，A 为侧连式原水/浓水的端面与容器轴心的距离，S 为侧连式原水/浓水口的连接尺寸，E 为端连式原水/浓水口的连接尺寸。
　　2　表中无注明尺寸单位的均为 mm。

2. 压力容器材料

常见的制作压力容器的材料有：玻璃钢、不锈钢。玻璃钢的密度比不锈钢小，强度却比不锈钢高。玻璃钢压力容器具有质量轻、抗疲劳性能好、耐腐蚀性能强等优点，因而在苦咸水、海水淡化中得到广泛应用。

玻璃钢的材料不同，其性能和价格不同，用户选用时应加以注意。玻璃钢是树脂基复合材料的俗称，主要由基体材料和增强材料两部分组成。常用的增强材料有玻璃纤维无捻粗纱、玻璃布、碳纤维、芳纶纤维等，它是纤维增强复合材料的支撑骨架，决定玻璃钢制品的机械性能，可提高材料的收缩性能、热变形温度、电磁性能、热物理性能等。热固性树脂和热塑性树脂可作为基体材料。常见的热固性树脂有不饱和聚酯、乙烯基酯、环氧树脂、酚醛树脂、聚酰亚胺树脂等。常见的热塑性树脂有聚丙烯、尼龙、聚醚砜、聚碳酸酯等。

以环氧树脂为基体材料的压力容器是国内外使用较多的。环氧树脂具有优良的粘接性能、固化体积收缩率低、良好的耐腐蚀性能、较好的耐热性能等特点。与聚酯树脂相比，它价格较高，凝胶时间和固化速度的调节较复杂，力学性能较好，固化体积收缩率较低，耐热性较好，成型时气味较小；但工艺性、成型性方面不如聚酯树脂。

3. 压力容器技术指标

为了规范用于反渗透水处理装置的玻璃钢压力容器的生产，1998 年我国颁布了行业标准，即（JC692—1998）《反渗透水处理装置用玻璃纤维增强塑料压力壳体》。该标准对产品的外观、尺寸要求、材质性能、水压爆破压力等内容进行了规定，其技术指标等效采用了美国 ASME 标准。但当时考虑到国内整体技术水平，对产品的疲劳性能没有做出相应规定。该标准在第 8 条检验规则中规定了玻璃钢压力容器的出厂检验和型式检验。其中出厂检验规定：玻璃钢压力容器出厂检验必须逐支检验，玻璃钢压力容器外表面应平整、无明显缺陷；内表面应平整光滑，无影响使用的龟裂、分层、贫胶区和气泡；端面应与轴线垂直，棱边无毛刺；涂装表面应颜色一致；其尺寸要符合图纸要求；压力容器外表面未经任何处理或涂装的巴氏硬度应不小于 50；以相应公称压力等级的 1.5 倍进行水压渗透性能的试验，保压 2min，压力容器和两端密封处不应有渗漏。而型式检验规定，其抽样方案分为两种：

（1）以相同原材料、相同工艺生产的同一类别的压力容器为一批。

（2）按 GB/T2828 规定，采用一次抽样法，取一般检验水平Ⅱ，AQL 为 4，其检验项目包括外观、尺寸要求、圆度、厚度、树脂含量、树脂不可溶成分含量、巴氏硬度、水压渗漏性能、水压爆破压力、力学性能、卫生性能等。

4. 压力容器疲劳试验

反渗透水处理装置中的玻璃钢压力容器承受循环工作压力作用。由于玻璃钢为树脂基的复合材料，在外力长期作用下会逐渐产生疲劳，直至整体破坏。玻璃钢产品的疲劳性能用疲劳寿命来衡量，是玻璃钢制品的主要性能指标。疲劳寿命是指用于反渗透水处理装置的玻璃钢压力容器，在给定循环应力和试验条件下，由开始加载到临界设计压力所经受的应力循环数。玻璃钢压力容器的疲劳寿命应与反渗透水处理装置设计寿命相当。在美国 ASME 标准中，对用于反渗透水处理装置的玻璃钢压力容器的疲劳寿命规定次数为 10^5 次，而某些进口厂家声明其产品疲劳寿命为 2.5×10^5 次。有关部门对用于反渗透水处理装置的 ROPV 系列玻璃钢压力容器的疲劳性能进行了测试分析，现说明如下。

从正常生产出来的 ROPV 系列玻璃钢压力容器进行随机取样，取出的试件型号为 R8040C30S - 1W。该试件的规格为：工作压力 300psi（1psi = 6.86kPa），侧连式，内装一支膜元件，外观白色。

试验主要设备有：加载设备为 P960 试验机，4DSY800 型试压泵，恒温设备为自动加热恒温箱，应变测量设备为 YJ - 22 型静态电阻应变仪，变形测量设备为百分表。

疲劳试验等效采用美国 ASME 标准的要求，压力从零到工作压力下循环作用，利用 P960 试验机加载，其压力大小由该试验机上的调节阀来调控，该试验要求环境温度为 66℃，用自动加热恒温箱保证。爆破试验也等效采用美国 ASME 标准的要求，压力从零到失效压力下匀速加压作用，用 4DSY800 型试压泵加压，其试验要求环境温度亦为 66℃，用自动加热恒温箱保证。

将试件在 0 ~ 2.1MPa 压力下循环作用 2.8×10^5 次，目测未

发现宏观破坏部位，也无液体（水）渗漏现象。试件在 2.1MPa 压力下壳体周向变形量 $\Delta D=0.049$ 和轴向变形量 $\Delta L=0.78$，估算壳体的体积膨胀量 $\Delta V=20.3$。试件内压与应变之间的关系见图4-5。

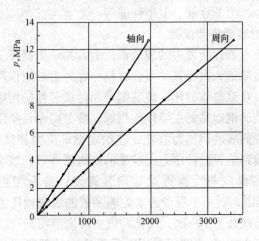

图 4-5　试件内压与应变之间关系

从试验结果来看，虽然采用了 2.8×10^5 次疲劳指标（高于进口产品的 2.5×10^5 次），但试件经过疲劳试验后，压力容器在宏观上均未发生变化，也未出现液体渗漏现象，说明该玻璃钢压力容器具有很高的抗疲劳性能；其变形量及体积膨胀量都很小，说明试件在工作压力下具有较强的刚性，有助于提高抗疲劳性能。试件经过 2.8×10^5 次疲劳后，进行爆破试验，爆破压力达到 13.5MPa，该值为工作压力的 6.42 倍，因而，可确认该试件的疲劳寿命大于 2.8×10^5 次。

由上可知，国产的 ROPV 系列玻璃钢压力容器的疲劳性能技术指标已经达到国外同类产品水平。

三、RO 本体框架

膜组件、压力管道、高压泵、仪表等组装在框架上，组成一套 RO 装置（见图4-6、图4-7）。RO 框架必须有足够的强度，

图 4-6　RO 设备外型图（180m³/h）

图 4-7　RO 设备侧面图（180m³/h）

以便 RO 装置的运输；同时，也必须有足够的刚度，以使框架内的高压泵和马达保持在同一直线上，并固定膜组件和有关管道等，防止有损害的位移发生。

框架的底座可选用槽钢或工字型钢。一般小型 RO 系统，选用槽钢；大型 RO 系统，选用工字型钢。在框架上可做对角线支撑，以保持框架的平衡，方便装运。框架底座应做良好设计，以便叉车能容易地移动 RO 系统（装置）。对于大型的 RO 系统，需使用起重机，把装置吊在平板卡车上。装置的起吊可使用框架底座上的支架；对于较重的框架，要求框架有起吊眼，起吊眼应分布在 RO 装置的重力中心。

如果高压泵和 RO 就地仪表盘直接安装在框架上，则振动不应影响仪表的精度。有时可使用减震器。

在有地震倾向的地区，RO 装置的布置应符合有关规定，防止设备或部件在地震期间掉下或脱落。框架的尺寸大小应考虑装运条件和安装地点的位置情况。

碳钢框架应做一些处理，如抛砂、化学清洗、涂防锈漆等，外表面应涂环氧漆或瓷釉漆。

四、压力管路

当选用 RO 系统的结构材料（包括 RO 膜元件、水泵、压力容器、管道、阀门）时，应充分考虑系统运行压力、震动、温度等因素。材料应能承受氧化剂（如游离氯）、浓缩水等引起的腐蚀和 RO 清洗时化学药品的侵蚀。

当系统运行压力小于 1.0MPa 时，非金属材料（如塑料、玻璃钢）被广泛使用，一方面是由于经济原因，另一方面是由于其防腐蚀和化学侵蚀。当系统运行压力大于 1.0 ~ 7.0MPa 时，通常选用金属材料。由于碳钢和低合金钢不足以耐腐蚀，其腐蚀产物会污染膜元件，一般采用不锈钢材料的管路系统。选用不锈钢管道时，应注意其材质，一般来说，当给水 TDS < 7000mg/L 时，RO 设备部分的管路系统建议选用 AISI316L 或 AISI304 不锈

钢。AISI316L 不锈钢的含碳量低于 0.03%，且比 AISI304 的耐腐蚀性强，但稍贵些。当给水 TDS > 7000mg/L 时，最好使用 AISI904L 不锈钢管道。不锈钢焊接可采用 TIG 焊（即钨极惰性气体保护电弧焊），这样较少的碳含量引入焊口中，这种焊口不易受到化学物质的侵蚀。焊接的不锈钢组件可放在硝酸中钝化，以去除焊口的铁渣或其他污染杂质；也可采用电抛光工艺，以使管道更加平滑，防腐蚀或微生物侵蚀。

管径应合理选择，以维持合适的水流速，使压力损失不会太大，渗透水管路可选用 PVC 材料，每一个 PV 组件的渗透水管路上应装取样阀和逆止阀。安装逆止阀以防止在停机期间水流倒流，造成膜元件的损坏，并便于取出有代表性的水样。

五、高压泵

高压泵是 RO 系统的主要组成部分，它向膜组件提供平稳、不间断的流量和合适的压力。对 CA 膜，高压泵需提供 2.6MPa 压力；对常规复合膜，则仅需 1.6MPa 压力；对超低压复合膜，压力仅需 1.05MPa。

对于苦咸水脱盐，RO 系统常选用离心泵；海水脱盐有时也选用活塞泵。由于活塞泵产生脉冲式的压力，引起高流速的巨浪，该巨浪可能会造成膜元件的机械损坏，因而，该泵用于系统时，常在该泵出口装一个减震器。

选择离心泵时，应选择系统较合适的流量和压力，以使泵获得较高的总效率。离心泵的总效率约为 62% ~ 92% 之间，它为有效功率 P_e 与轴功率 P 之比，也等于水力效率 η_W、容积效率 η_V 及机械效率 η_M 三者的乘积。即

$$\eta = P_e/P = \eta_W \eta_V \eta_M \tag{4-1}$$

现在不少工程公司自己选择泵与电动机，然后组装成一个完整的离心泵。因此，选用合适的电动机也有利于节省能源。电动机的能源效率可高达 95% ~ 97%。此外，应根据给水的 pH 值等工况，选用泵合适的通流部分（叶轮和导叶等）的材料，以确

保泵长期安全的运行。一般情况下，通流部分可选用 1Cr18Ni9Ti 不锈钢或更高等级的材料。

有时需要调节高压泵的运行工况，以满足 RO 装置运行的需要。改变工况点（亦称工作点）的方法：一是利用改变转速以改变泵的性能曲线，即变速调节；二是阀门调节，改变管路的性能曲线。

1. 阀门调节

采用阀门调节时，会造成能源的损耗。管路能头与流量的关系可表示如下：

$$H = H_{st} + H_w \tag{4-2}$$

$$H_w = sQ^2 \tag{4-3}$$

式中 H——管路所需的能头；

      H_{st}——静能头；

      H_w——水头损失；

      s——管路阻抗，常数；

      Q——流量。

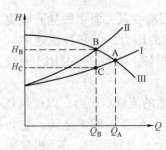

图 4-8   阀门调节的工况分析

利用上式绘成的曲线即为管路性能曲线。见图 4-8。

当进行阀门调节时，管路性能曲线 Ⅰ 变为 Ⅱ。由于阀门关小，额外增加的水头损失为 $\Delta H = H_B - H_C$。原来管路中流量为 Q_B 时，需要的能头为 H_C，相应多消耗的功率为

$$\Delta P = \frac{\rho Q_B \Delta H}{\eta_B} \tag{4-4}$$

式中 ρ——液体的密度；

      η_B——效率。

进行调节后，稳定工况点由 A 点移至 B 点。假如，泵的流量仍为 Q_A，即泵在 A 点工作，说明该流量大于管路流量，泵的

能头小于管路所需的能头，则水的流速降低，流量减少，工况点将自动由 A 点移至 B 点。

2. 变速调节

由相似律可知，改变离心泵的转速，可以改变泵的性能曲线。转速改变时，泵的性能参数有如下关系：

$$\frac{Q}{Q'} = \frac{n}{n'} \tag{4-5}$$

$$\frac{H}{H'} = \left(\frac{n}{n'}\right)^2 \tag{4-6}$$

$$\frac{P}{P'} = \left(\frac{n}{n'}\right)^3 \tag{4-7}$$

式中　Q——流量；

　　　H——扬程；

　　　P——功率；

　　　n——转速。

当转速由 n_1 变为 n_2 时，泵的工况点（即工作点）由 A 变为 B 点。见图 4-9。图中曲线 I、II 分别为转速为 n_1、n_2 时的泵的性能曲线，III 为管路性能曲线。

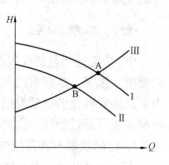

图 4-9　变速调节工况分析

在一些地区，原水温度季节性变化，当没有使用热交换器来恒定给水水温时，可以采用变速装置来控制高压泵的电动机转速，改变泵的能头，达到所需的 RO 装置的技术参数。变速装置可根据模拟信号的输入，改变泵的马达的转速。当水温度较高时，可降低泵出口水压力来维持所需的额定的渗透水流量，因为渗透水流量与给水压力和温度有关。

变速装置也可用于给水水质变化大的 RO 系统。由于渗透压与溶液的浓度有关，当给水浓度较低时，为获得额定的渗透水流量，可以通过变速装置，改变泵的出口水压力，同时达到节电效果。

六、系统电气

一般系统需要两种电源，一是提供动力电源如 380V（AC），用来驱动水泵及加药泵，二是提供压力较低的控制电源，如 24V（AC），用来供给仪表、报警、电动阀门及设备的启停等。

通常，RO 系统中高压泵启动时，其电动机电流为正常运行时的 5～20 倍，在考虑电源负荷时应注意这一点，并可在控制上安装电流表，以监视启动电流。泵的电动机逐渐达到额定转速是十分重要的，这有助于减少在高压泵启动时，可能发生的水锤对膜元件的损坏。

低压控制电源可从 RO 集中控制盘上单独引出来，也可使用控制变压器，从水泵电动机引出来。

七、系统控制

RO 系统控制包括仪表指示参数、加药泵加药量、计量箱高低液位、报警、高压泵的起动方式等。过去，以使用继电器控制为主，随着科技的迅猛发展，使用微机控制越来越普遍了。微机控制装置可通过编程，实现全自动控制。

1. 控制仪表与加药控制方式的设计

下面以某热电厂 $6 \times 59 m^3/h$ 反渗透脱盐装置为例，说明控制仪表与加药自动控制方式的设计，这些设计具有一定的参考价值。

该厂水处理系统流程为：

原水 ——→ 加热器 ————————————→ 机械搅拌加速澄清池

加 NaClO　　加助凝剂　　加混凝剂

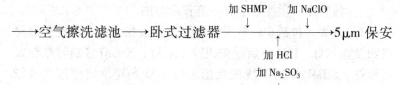

过滤器——→高压给水泵——→反渗透装置————→除碳器——→逆流再生阳离子交换器——→逆流再生阴离子交换器——→体内再生混合离子交换器——→除盐水（供电厂锅炉使用）

反渗透装置出力为 $6 \times 59 m^3/h$，脱盐率为 90%，水的回收率为 75%，选用醋酸纤维素膜，每套 RO 装置采用 7-4 排列（即第一段 7 个 6m 长的压力容器，第二段 4 个 6m 长的压力容器，每个压力容器装 4 个卷式膜元件，每个膜元件长 1.5m）。

6 套 $59 m^3/h$ 的 RO 装置采用母管式的并联运行。在中央控制室设有 RO 主控盘，每套 RO 装置设有就地 RO 控制盘和集中压力控制盘，在进水母管附近设有就地进水水质控制盘。

（1）进水水质控制盘。控制盘上有：①进水电导率表；②进水温度表；③进水总流量表；④进水 pH 表；⑤进水余氯表。

（2）RO 控制盘上有：①产品水流量表；②浓水流量表；③产品水电导率表；④浓水 pH 表；⑤高压泵启停开关及指示灯、电动阀开关及指示灯、紧急停车开关等。

（3）集中压力表盘。盘上有：①第一段进水压力表；②第二段进水压力表；③浓水压力表；④高压泵出口水压力表；⑤高压泵出口阀后压力表。

（4）RO 主控制盘。盘上有：

1）记录仪。包括每套 RO 产品水电导率记录、浓水 pH 值记录、进水电导记录、进水温度记录、进水流量记录、进水 pH 记录、进水余氯记录等。

2）报警器。报警范围包括给水 pH 高低报警、给水电导率高低报警、给水温度高低报警、给水余氯高低报警、每套 RO 高压泵进水压力低报警、每套 RO 高压泵出水压力高报警、每套 RO 产品水电导率高报警、每套 RO 浓水 pH 值高低报警。

3）流程图。主控盘上有一流程示意图。

4）开关。包括6台高压泵启停按钮及指示灯、清洗泵启停按钮及指示灯、HCl泵启停按钮及指示灯、NaClO泵启停按钮及指示灯、SHMP泵启停按钮及指示灯、Na₂SO₃泵启停按钮及指示灯、报警试验开关、报警消除开关等。

另外，每台高压泵设有电流表。

2. 加药控制方式

在反渗透系统中，加药设备控制方式也是十分重要的一环，现把该热电厂加药控制方式介绍如下：

（1）盐酸计量泵。该计量泵为进口的隔膜计量泵。该泵采用全自动调节，根据流量大小调节泵的转速，即按流量进行加药量的比例调节；根据 pH 值大小调节泵的冲程，即按水质进行跟踪调节。

（2）次氯酸钠计量泵。该进口计量泵是一种无填料的、电磁驱动的隔膜计量泵。其出力根据水流流量大小进行比例调节，也可依靠手动调节泵的冲程。

（3）六偏磷酸钠计量泵。该泵为进口电动机驱动的隔膜计量泵。其出力根据流量信号调节直流电动机的转速，手动调节泵的冲程。

（4）亚硫酸钠计量泵。该泵为进口的电动机驱动的隔膜计量泵，其加药量靠手动调节。

上述计量泵除主控盘上有启停按钮外，就地也有启停按钮。

3. 运行参数的报警

在设计 RO 系统控制中，有些用于指示参数的仪表，可与听得见的报警相连接，当这些参数超出允许值时，会发生警报，以提醒运行人员作必要的处理。有些参数报警后，会自动切断 RO 系统的运行，以保护膜元件免受损坏。通常报警的声音应足够大，以免因周围噪声而无法听见，造成不可挽回的损失。

大型 RO 系统比小系统通常会有更多安全保证措施，通常报警内容有：

（1）高压泵进口水压力低报警。高压泵进口必须灌满水，以便运行。预处理设备选型不当、泵进口阀门无意中关闭，均可导致 RO 进口水流量不足。因此。RO 水处理系统，一般需设进水低压报警并停机，以保护高压泵。低压报警值通常设定为 $0.05 \sim 0.1 MPa$。

高压泵启动输送水时，泵的入口水常会有一个初始压降。高压泵出口阀需缓慢打开，以免造成进口压降过大，而引起进口水流量不足。对离心泵来说，入口水压力为正值是十分必要的。

（2）高或低 pH 值报警。对 CA 膜的 RO 系统，为防止 CA 膜水解，给水 pH 值有一个允许范围如 $pH5.0 \sim 6.0$，给水 pH 高/低报警显得十分重要。

当给水 pH 值超出允许范围时，不应该停机，而应调节给水加酸量。因为如果立即停机，则 pH 过高或过低的给水仍会与膜接触，损坏膜，通常 RO 系统启动，稳定 pH 值在某一范围内时，会有一个时间滞后，这是应考虑的。

（3）高温报警。在一些寒冷的北方地区，有时为维护稳定的 RO 装置出力，给水要进行加热处理。如果热交换器出口水温度高到足以使膜元件损坏，则不应立即停机，而应调节水的温度，以便把过高温度的给水冲出 RO 系统。

当用于清洗 RO 系统的清洗箱设置加热装置时，也可能会发生清洗液温度过高。如果清洗液加热至一温度，在溶液循环期间，清洗泵引起的热会进一步升高清洗液的温度。当清洗液温度过高时，应排掉部分清洗液，补充一些常温水，再进行循环，冲洗走 RO 系统内的高温水，必要时，重新配置清洗液的浓度，以维持清洗效果。

（4）给水硬度高报警。对小型 RO 系统，为防止 RO 膜上钙镁垢的形成，常使用软化器，此时，有必要设定硬度高报警，以防硬度与碳酸盐或硫酸盐形成的垢在膜上形成。软化器泄漏，硬度进入 RO 系统是可能的。如果软化器再生不充分，硬度也可能进入给水中。

（5）残余氯高报警。对中空 PA 膜和复合膜的 RO 系统，由于残余氯会引起膜的降解，因此设定残余氯高报警是必要的。如果加入还原剂来还原氧化剂，则也可使用氧化还原电位计（ORP 表）。

当采用活性炭除去残余氯，而 RO 给水残余氯浓度高时，说明活性炭已不起作用了，如果在预处理中加入了残余氯杀菌，则应停止加氯，用无氯水冲洗 RO 系统。采用还原剂除残余氯时，应加大还原剂的量，以使给水残余氯含量为零。

（6）计量箱液位低报警。RO 系统预处理中，化学加药系统的计量箱药液低时，应及时报警与处理，以免不合格的给水损坏 RO 膜。

（7）渗透水压力高报警。如果渗透水压力超过规定值（即表 4-2 膜厂商规定的最大背压值），当 RO 装置停运时，过高的渗透水压力瞬间即会损坏卷式膜元件（如可能使膜袋胶水黏接处裂开）。通常需在渗透水管线上设置泄压装置，必要时设渗透水压力高报警。

（8）系统运行压力高报警。反渗透系统运行中，如果浓水阀被无意关闭或泵出水压力过高，则给水压力可能过高，不利于 RO 装置长期平稳运行，甚至会损坏膜元件，因此，需设运行压力高报警，必要时予以停机。如果利用阀门调节高压泵出口水压力，则使用压力高报警也是必要的。通常，报警压力可比正常运行压力高 0.3 ~ 0.6MPa。

（9）浓水流量低报警。浓水流量是用来控制系统回收率的重要参数。如果 RO 浓水阀不经意间关小或关闭了，则系统浓水流量过低了，应予以报警，以防难溶盐在膜上析出。报警设置应有数秒延迟，以免在系统起动期间报警动作。

（10）产品水电导率高报警。有时为了控制渗透水质量，当渗透水电导率超过某一值时予以报警，方便运行人员及时发现、查找原因。

八、膜组件的排列组合

（一）膜元件（组件）透水量的确定

在设计过滤器或使用过滤器时，必须考虑的一个重要参数，就是过滤速度（简称滤速）。它直接影响过滤器的截污能力和过滤水的质量。对于反渗透水处理，有些外国资料把它列为过滤范畴，即膜过滤，所不同的是膜过滤可以"滤"去离子，可以除盐，而一般过滤则不行。对于膜过滤，同样需要考虑一个最重要的因素——膜元件（膜组件）的透水量（对卷式，为膜元件；对中空纤维，为膜组件，下同），即膜过滤的滤速。水通量是指单位时间透过膜元件（组件）单位膜表面积的水量，以 L/（m^2·h）［或 gal/（m^2·d）］表示。在许多情况下采用透水量指标，它是指单位时间透过膜元件（组件）的水量，以"m^3/h"或"m^3/d"表示。

在给定膜元件（组件）数量的条件下，要提高透水量必须提高运行压力。虽然大多数反渗透膜元件（组件）允许的最大运行压力为 4.1MPa（600psi），但在实际设计过程中，很少考虑使用这么高的压力。因为依靠提高运行压力来提高透水量，将会导致膜表面污染速度加快，从而需要频繁地清洗。有时，反渗透装置供应商或设计者为了降低装置的造价，增加市场竞争力，采用膜元件（组件）性能参数的极限值（如运行压力、透水量、回收率等），但是，作为反渗透装置的用户，应该清醒且务实地认识到由于使用较少的膜元件（组件）而引起造价相对较低的 RO 装置，是否有利于运行，是否有利于延长膜的使用寿命的问题。通过技术经济比较（如确定膜的更换频率等）就会发现为了 RO 装置的安全经济运行，宁可增加一次投资，也不应使膜元件（组件）的透水量超过其规定的极限范围。在我国引进的大型 RO 装置中，由于膜元件（组件）的大量少用，导致膜元件（组件）运行不到三个月其性能明显下降的例子也是有的，教训是深刻的。

有关 RO 膜元件（组件）的供应商从实践中总结出来的设计导则，应该很好地遵循。下面介绍美国某公司提供其生产的卷式膜元件的设计导则，对不同的 RO 给水，要求不同的透水量，见表 4-4，不同规格膜元件的膜表面积见表 4-5。由表 4-4 和表 4-5 可得到各种规格膜元件的透水量（m^3/d），见表 4-6。

表 4-4　　　　　　　　不同给水对应的不同膜元件水通量

RO 给水类型	水通量 [gal/(ft^2·d)] [①]	RO 给水类型	水通量 [gal/(ft^2·d)] [①]
市政废水	8 ~ 12	井水	17 ~ 20
河水	10 ~ 14	RO 渗透水	20 ~ 30

①每天每平方英尺的加仑数，也称 GFD，$1m^3/(m^2·d) = 24.54 gal/(ft^2·d)$。

表 4-5　　　　　　　　不同膜元件规格所具有的膜表面积

膜元件类型	膜表面积（ft^2）	膜元件类型	膜表面积（ft^2）
ϕ4in×40in（长）	80	ϕ8in×40in（长）	325
ϕ4in×60in（长）	120	ϕ8in×60in（长）	525

注　$1in = 25.4mm$，$1ft^2 = 9.2903 × 10^{-2} m^2$。

表 4-6　　　　不同 RO 给水，不同规格膜元件允许的透水量

膜元件规格	膜元件透水量（m^3/d）			
	市政废水	河水	井水	RO 渗透水
ϕ4in×40in（长）	2.4 ~ 3.6	3.0 ~ 4.0	5.1 ~ 6.1	6.1 ~ 9.1
ϕ4in×60in（长）	3.6 ~ 5.5	4.5 ~ 6.4	7.7 ~ 9.1	9.1 ~ 13.6
ϕ8in×40in（长）	10 ~ 15	12 ~ 17.2	21 ~ 25	25 ~ 37
ϕ8in×60in（长）	16 ~ 24	20 ~ 28	34 ~ 40	40 ~ 60

因此，在反渗透系统设计中，如果没有别的运行经验，则必须遵循设计导则中规定的透水量值。无数经验证明，要使 RO 装置成功运行，一是尽可能地提高预处理水平，使给水符合 RO 给水的要求；二是安装足够数量的膜元件（组件），并合理排列，使每个膜元件有合理的透水量；三是恰当的运行操作与维护。

表 4-7 和表 4-8 分别为 DOW 公司和 SAEHAN 公司反渗透膜元件的设计导则，以供参考。

表 4-7　　　DOW 公司反渗透膜元件的设计导则

名　　称	有效膜面积 ft²(m²)	RO/UF 出水	井水或软化后井水	软化后地表水	地表水	三次过滤出水	海水
给水 SDI		<1	<3	3~5	3~5		<5
单个膜元件最大回收率(%)		30	19	17	15[①]	10	10[①]
单个膜元件的最大透水量[gal/d(m³/d)]							
φ2.5in	23(2.1)	700(2.7)	600(2.7)	500(1.9)	500(1.9)	300(1.3)	500(1.9)
φ4in　BW30-4040	70(6.5)	2200(8.3)	1800(6.8)	1600(6.1)	1500(5.6)	1000(3.8)	
BW30HP-4040	82(7.7)	2570(9.7)	2110(8.1)	1870(7.1)	1755(6.6)	1170(4.4)	
SW30-4040	68(6.3)	2200(8.3)	1800(6.8)	1600(6.1)	1500(5.6)	1000(3.8)	1500(5.6)
φ8in　BW30-330	330(30.7)	9000(33)	7500(28)	6500(25)	5900(22)	4000(15)	
BW30-400	400(37.2)	10970(42)	9140(35)	7920(30)	7190(27)	4870(19)	
SW30-8040	298(27.7)	9000(24)	7500(28)	6500(25)	5900(22)	4000(15)	6000(22)
单个膜元件最高给水流量[gal/min(m³/h)]							
φ2.5in		6(1.3)	6(1.3)	6(1.3)	6(1.3)	6(1.3)	6(1.3)
φ4in		18(4.1)	18(4.1)	18(4.1)	18(4.1)	18(4.1)	18(4.1)
φ8in　BW30-330 SW30-8040		70(16)	62(14)	60(14)	55(12)	50(11)	60(14)
BW30-400		85(19)	75(17)	73(17)	67(15)	61(14)	73(17)
单个膜元件最低浓水流量[gal/min(m³/h)][②]							
φ2.5in		0.5(0.11)	1(0.22)	1(0.22)	1(0.22)	1(0.22)	1(0.22)
φ4in		2(0.5)	4(0.9)	4(0.9)	4(0.9)	4(0.9)	4(0.9)
φ8in		8(8.1)	16(3.6)	16(3.6)	16(3.6)	16(3.6)	16(3.6)

① 当透水量低于表中所列三次过滤出水中数值时，地表水最大回收率可为20%，海水可为15%。

② 对污染倾向较大的给水（如 SDI>3），应根据具体情况，决定是否提高最低浓水流量（可提高20%）。

表 4-8　　　　　HAEHAN 公司反渗透膜元件的设计导则

给水类型		井水/软化水	软化后地表水	地表水	海水
给水 SDI		<3	3~5	3~5	<5
最大回收率/膜元件（%）		19	17	15	10
最大渗透水流量/膜元件 gal/d（m³/d）	φ2.5in	710 (2.7)	500 (1.9)	500 (1.9)	500 (1.9)
	φ4in	2100 (8.0)	1870 (7.1)	1740 (6.6)	1500 (5.6)
	φ8in	7400 (28)	6600 (25)	5800 (22)	5800 (22)
最大给水流量/膜元件 gal/min（m³/h）	φ2.5in	5.7 (1.3)	5.7 (1.3)	5.7 (1.3)	5.7 (1.3)
	φ4in	18 (4.1)	18 (4.1)	18 (4.1)	18 (4.1)
	φ8in	62 (14.1)	60 (13.7)	55 (12.6)	60 (13.7)
最小浓水流量/膜元件 gal/min（m³/h）	φ2.5in	1 (0.22)	1 (0.22)	1 (0.22)	1 (0.22)
	φ4in	4 (0.91)	4 (0.91)	4 (0.91)	4 (0.91)
	φ8in	16 (3.6)	16 (3.6)	16 (3.6)	16 (3.6)

注　本表以良好的预处理和运行为前提。不符合上述导则要求会导致频繁的清洗
（如 1a 超过 6 次），从而缩短膜元件的寿命。

（二）系统回收率的确定

反渗透系统中，水回收率的提高有利于减少浓水的排放量，节约用水。人们总是希望设计者在设计反渗透系统时，能尽量地提高水的回收率，尤其是在水资源紧缺的地方。回收率的上限由下面两个因素决定。

1. 浓水的最大浓度

反渗透进水溶液中会形成难溶盐物质，如 $CaCO_3$、$CaSO_4$、$SrSO_4$、$BaSO_4$、SiO_2 等。进水在反渗透过程中不断地得到浓缩，若回收率为 50% 时，则进水约被浓缩两倍（透过产品水中的盐分忽略不计）；若回收率为 75% 时，则进水约被浓缩四倍。因此，有必要进行计算以确定这些难溶盐是否会在膜表面上沉积出来，即不会形成垢的最大浓度值决定了 RO 系统的回收率。

RO 系统中水的回收率 Y 与浓缩系数 CF 关系 [CF = 1/ (1

$-Y$)]，可见表 4-9，由该表作出图 4-10。从图中可直观地看到，当回收率超过 75% 时，CF 增加很快，膜污染速度相应地加快了。

表 4-9　　　　RO 系统中水的回收率与浓缩系数的关系

Y	10	20	30	40	50	60	70	75	80	85	90	95
CF	1.11	1.25	1.43	1.67	2.00	2.50	3.33	4.00	5.00	6.67	10	20

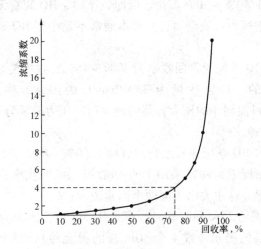

图 4-10　RO 系统中回收率与浓缩系数的关系

2. 膜元件的最低浓水流速

要确定最低的浓水流速，是因为要获得最佳的膜元件性能，浓水流速必须是稳定和均匀的，同时，也是为了防止浓差极化。对于不同厂商生产的膜元件，从其样本中可以查到最低的浓水流速。

出现了浓差极化，必然引起膜表面溶液的渗透压增大，从而导致水透过反渗透膜的阻力增加，于是，使膜的透水量和脱盐率下降，而且某些难以溶解的盐类会在膜表面上沉淀出来。为了避免发生浓差极化现象，需使水的流动保持紊动状态，即提高给水的流速（从而提高浓水的流速），以便把膜表面浓度的增加减小到最低值。

系统回收率也影响渗透水的质量。回收率越高，系统最后排出的浓水浓度越高，相应地最后膜元件的渗透水浓度越高。在某些 RO 应用中，渗透水质量也足以限制系统回收率。

对于大型 RO 系统，回收率通常受难溶盐结垢倾向的限制，也就是受到浓水的最大浓度的限制；对于小型的 RO 系统，回收率通常低于 30% ~ 50%。在较低回收率时，RO 装置无需控制难溶盐的溶解度也可安全运行。成本通常不是小型 RO 系统需优先考虑的。

海水 RO 系统通常回收率为 30% ~ 45%，这主要是由海水渗透压决定的。对含盐量为 35000mg/L 的海水，渗透压高达 2.8MPa，目前制作的压力容器的最大运行压力通常为 7.0MPa 和 8.4MPa 两种。

苦咸水 RO 系统通常运行回收率为 50% ~ 80%。在采取适当预处理的情况下，通常采用 75% 回收率，该回收率也称为标准系统回收率。这主要由下面两个因素决定：

（1）采用 75% 回收率时，可选用 6m 长的压力容器（内装 6 个 40in 长的膜元件或 4 个 60in 长的膜元件），每个压力容器最佳回收率为 50%，当采用 2∶1 排列时，系统回收率为 75%。该排列无需使用浓水循环，即可把相当高比例的给水转为渗透水。

（2）由式（2-19）产品水与系统回收率有如下关系

$$c_p = \frac{1}{2} SP \cdot c_f \frac{2 - Y}{1 - Y}$$

上式改写为

$$c_p = \frac{1}{2} SP \cdot c_f \left(1 + \frac{1}{1 - Y}\right) \tag{4-8}$$

假定式中透盐率 SP 和给水浓度 c_f 的乘积为常数 K，即

$$K = SP \cdot c_f$$

式（4-8）可为

$$c_p = \frac{1}{2}K\left(1 + \frac{1}{1-Y}\right) \qquad (4\text{-}9)$$

把不同回收率值代入上式，可得不同回收率对渗透水质量的影响，见表4-10。

表4-10　　　　　不同回收率 Y 对渗透水质量 c_p 的影响

回收率（%）	0	10	20	30	40	50	60
c_p	K	$1.056K$	$1.125K$	$1.214K$	$1.334K$	$1.5K$	$1.75K$

回收率（%）	70	75	80	85	87.5	90
c_p	$2.167K$	$2.5K$	$3K$	$3.833K$	$4.5K$	$5.5K$

把表4-10绘成图4-11。从图4-11可看出，回收率不大于75%时，对整个RO渗透水质量不会有太大的影响，当回收率超过75%时，水质将急剧下降。

生产膜元件的厂商均对系统中膜组件（或膜元件）的最大回收率做了规定，在设计中应严格遵守，见表4-11和4-12。

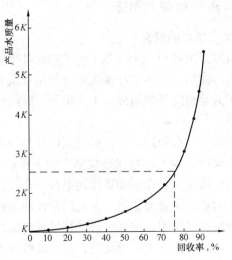

图 4-11　不同回收率 Y 对产品水（渗透水）
质量 c_p 的影响

表 4-11　　　　　对某公司生产的 $\phi 8in \times 40in$（长）卷式
膜元件（CA膜）系统中膜组件的最大回收率　　　　%

膜元件数/每个压力容器	1	2	3	4	5	6
最大回收率	16	29	38	44	49	53

表 4-12　　　　　对某公司生产的 $\phi 8in \times 60in$（长）卷式
膜元件（CA膜）系统中膜组件的最大回收率　　　　%

膜元件数/每个压力容器	1	2	3	4
最大回收率	20	36	47	55

实际上，水的回收率与膜元件（组件）的透水量有必然的联系。回收率提高，必然增大透水量。在设计中，单个膜元件（组件）的透水量可用于测算整个系统所需的膜元件（组件）数量，膜元件（组件）允许回收率（或最大回收率）则用于计算膜组件的合理排列。

（三）膜组件的排列组合

1. 合理排列组合的意义

卷式膜组件指组件由一个或多个卷式膜元件串联起来，放置在压力容器组件内组成；中空纤维式膜组件是指众多中空纤维膜直接装配在压力容器组件内组成的工作单元。膜组件是反渗透脱盐的基本单元。

膜组件的排列组合合理与否，对膜元件的使用寿命有至关重要的影响。若膜组件少了，则将造成单个膜元件的水通量过大，从而缩短膜元件的使用寿命。如果排列组合不合理，则将造成某一段内膜元件的水通量过大，另一段内膜元件的水通量又可能太小，不能充分发挥其作用，这样水通量超过规定的膜元件的污染速度将加快，造成膜元件被频繁清洗，甚至这些膜元件很快不能再使用而需要更换，造成经济损失。对大规模的水处理系统，这种代价将是很高的。

实际上，RO 装置中膜组件的合理排列，也是为达到下列目标：

（1）使给水处于足够的紊动状态之中，把污染/结垢倾向减至最低，也就是难溶盐离子积不应超过其允许的过饱和度，否则需考虑降低系统回收率、采取加阻垢剂处理等。

（2）系统内压差减至最低。过大的压差也可能造成机械损坏膜元件。

（3）系统内最后膜元件能达到最低浓水流速的要求，这也可由系统回收率来体现。

膜元件制造商建议的膜元件最低浓水流速或最大的单个膜元件回收率，是为了使给水在膜元件内有合适的紊流状态，减小浓差极化；其建议的最大给水流速是为了防止膜元件的压降过大，从而损坏膜元件。也就是给水流量不应超过每个膜元件规定的最大给水流量值或浓差极化系数 β 值不应超过限制值，否则需重新排列系统或改变回收率或局部改变系统流量分布。

在没有浓水循环的情况下，通常采用 2∶1 排列获得 75% 的系统回收率（每段回收率为 50%），这是为了满足单个膜元件最低浓水流量与渗透水流量之比为 6∶1 的要求。

此外，进行 RO 系统设计时，浓水压力必须大于浓水渗透压一定的数值，否则需考虑渗透水背压或使用段间泵等。

在一般膜组件排列中，需要考虑的参数主要有膜的种类和构型、系统渗透水流量、运行压力、最小浓水与渗透水流量之比、水温等。

因此，膜组件数量的选择和膜组件的合理排列组合，在制造 RO 设备时应引起极大关注。

2. 膜组件的排列组合——系数法

为了使反渗透装置达到给定的回收率，同时保持给水在装置内的每个组件中处于大致相同的流动状态，必须将装置内的组件分为多段锥形排列，段内并联，段间串联。所谓段，是指膜组件的浓水流经下一组膜组件处理。流经 n 组膜组件，即称为 n 段。

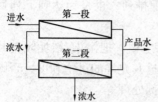

图 4-12 一级二段处理

所谓级，是指膜组件的产品水再经膜组件处理。产品水经 n 次膜组件处理，称为 n 级。见图 4-12 ~ 图 4-15。

一般来说，水流经过内装 4 个 40in 长（1016mm）膜元件的膜组件（称水流过 4m 长），回收率可达 40%，见表 4-11。水流经过内装 6 个 1016mm 长膜元件的膜组件 [装 60in（1524mm）长膜元件时，需 4 个膜元件]，回收率可达 50%，见表 4-11 和表 4-12。

因此，要达到 75% 的回收率，水流必须流过 12m 长，即对 4m 长的膜组件（即内装 4 个 1016mm 长膜元件），必须有三段，方可达到 75% 回收率；对 6m 长的膜组件，必须有两段，方可达到 75% 回收率。计算如下：

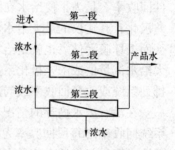

图 4-13 一级三段处理

设进水流量为 q_V，因 6m 长的膜组件回收率可为 50%，则第一段浓水流量为 $1/2 q_V$，第二段浓水流量为 $1/4 q_V$，因此，水经过两段处理的回收率 Y 为

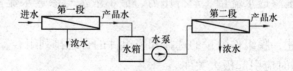

图 4-14 二级二段处理（每级各一段）

$$Y = \frac{进水流量 - 浓水流量}{进水流量} \times 100\%$$

$$= \frac{q_V - 1/4 q_V}{q_V} \times 100\% = \left(1 - \frac{1}{4}\right) \times 100\% = 75\%$$

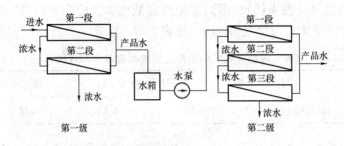

图 4-15 二级五段处理（第一级二段，第二级三段）

由类似计算可得表 4-13 和表 4-14。

表 4-13 水流过的长度与回收率的关系（对 6m 长的膜组件）

系统回收率（%）	50	75	87.5
水流过的长度（m）	6	12	18

表 4-14 水流过的长度与回收率的关系（对 4m 长的膜组件）

系统回收率（%）	40	64	78.4	87
水流过长度（m）	4	8	12	18

每段相对于系统的回收率，可从表 4-13 和表 4-14 计算出来，见表 4-15 和表 4-16。

表 4-15 6m 长膜组件的每段回收率

段　数	第一段	第二段	第三段
每段相对于系统回收率（%）	50	25	12.5

表 4-16 4m 长膜组件的每段回收率

段　数	第一段	第二段	第三段	第四段
每段相对于系统回收率（%）	40	24	14.4	8.6

根据表 4-13，当需系统回收率为 50% 时，膜组件的排列仅需并联。当需系统回收率为 75% 时，因第一段的出力为第二段

的两倍（见表4-15），因而膜组件总数的2/3应布置在第一段，其中1/3则应布置在第二段，见表4-17。

表4-17　6m长膜组件的排列组合（系统回收率为75%时）

段　　数	第一段	第二段
每段膜组件占膜组件总数的倍数	2/3	1/3

根据表4-14和表4-16，当系统回收率为75%时，以同样方法可计算得到：应把膜组件总数的0.5102倍布置在第一段，具体的布置见表4-18。

表4-18　4m长膜组件的排列组合（系统回收率为75%时）

段　　数	第一段	第二段	第三段
每段膜组件占膜组件总数的倍数	0.5102	0.3061	0.1837

当系统回收率为87%时，由表4-13与表4-15、表4-14与表4-16可分别计算出6m长膜组件和4m长膜组件的排列组合，见表4-19和表4-20。

表4-19　6m长膜组件的排列组合（系统回收率为87%时）

段数	第一段	第二段	第三段
每段膜组件占膜组件总数的倍数	4/7	2/7	1/7

表4-20　4m长膜组件的排列组合（系统回收率为87%时）

段　　数	第一段	第二段	第三段	第四段
每段膜组件占膜组件总数的倍数	0.4598	0.2759	0.1655	0.0988

综上所述，各段膜组件的数量，根据其占膜组件总数的倍数（或系数）进行估算及排列组合的方法称为膜组件排列组合的系数法。

【例4-1】　已知需6个6m长膜组件，系统回收率为75%，试计算膜组件的排列组合。

解 由表4-17可得:

第一段所需膜组件数为 $6 \times (2/3) = 4$;

第二段所需膜组件数 $6 \times (1/3) = 2$。

故可采用 4－2 排列, 即第一段有 4 个膜组件采用并联, 第二段有两个膜组件采用并联, 然后两段串联起来, 见图4-16。

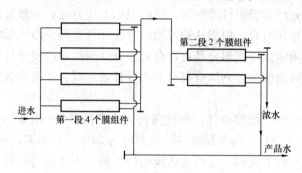

图 4-16 4-2 排列流程 (一级二段处理)

【例 4-2】 已知需 6 个 4m 长的膜组件, 系统回收率为 75%, 试计算膜组件的排列组合。

解 由表4-18可得:

第一段所需膜组件数为 $6 \times 0.5102 = 3.0612 \approx 3$;

第二段所需膜组件数为 $6 \times 0.3061 = 1.8366 \approx 2$;

第三段所需膜组件数为 $6 \times 0.1837 = 1.1022 \approx 1$;

故可采用 3－2－1 排列。

【例 4-3】 某电厂两台 $60m^3/h$ 的反渗透装置, 系统回收率为 75%, 经计算每套装置共需膜组件 19 个, 每个组件内装 4 个 RE8040－BE 型膜元件, 试计算膜组件的排列组合。

解 根据表4-18可得:

第一段所需膜组件数为 $19 \times 0.5102 = 9.69$;

第二段所需膜组件数为 $19 \times 0.3061 = 5.82$;

第三段所需膜组件数为 $19 \times 0.1837 = 3.49$;

考虑到给水浓度随着段数增加而增大，故可采用 9 - 6 - 4 排列。

实际上，由于每段给水的参数不同，表 4-17 ~ 表 4-20 可用于粗略估算膜组件的排列组合。

总之，当需要制造给水流量为 q_V（m^3/h）和回收率为 Y 的反渗透装置时，首先应根据给定的条件（如水温等）计算出所需的膜元件和膜组件的数量，然后根据上述方法，大致确定出膜组件的排列组合。根据这种排列组合，计算出每一段实际的回收率，并确定该排列组合是否符合对膜元件所规定的设计导则。只有当计算表明该排列组合符合有关设计规定时，才可确认为是合理的。

对中空纤维膜组件，如杜邦公司生产的 B - 9 型 $\phi8in \times 48in$（$\phi203 \times 1220$），每个膜组件回收率可达 75%。如需多段排列时，亦可利用有关资料，参照卷式膜组件的排列方法进行测算。

3. 组件的排列组合——倒推法

通过给定的 RO 装置的主要参数，如回收率、产水量、脱盐率等，可计算出浓水流量，根据单个膜元件最小浓水流量的要求，可计算出需要并列的最后一段的膜组件数量，最后一段的给水流量等于前一段的浓水流量，由此往前计算，可得出各段所需的膜组件数量，这种分布方法称为膜排列组合的倒推法。

如果上述排列正好把所有膜组件数分布完毕，则该排列将使各处流速均最小，同时获得系统最小的压降。

然而，如果计算所需的膜组件按倒推法并未排列完毕，或者没有足够的膜组件供排列，则应按不同情况分别处理。现讨论如下。

对未排列完的膜组件，可采用下列方法处理。

（1）对于 RO 装置使用较多的膜组件情况，也即大型的 RO 装置，假如未排列完的膜组件仅有一个或两个，则可按下列方法处理：

1）RO 装置使用已排列组合好的膜组件，未排列完的组件不再使用。这种情况下，系统回收率将低于额定值（即预先确定值），可通过小幅增加系统运行压力来获得装置额定的产水量。

2）把未排列完的膜组件增加到膜组件具有最低给水和浓水流量的段中。这种情况下，系统回收率将低于额定值，但不必增加系统运行压力即可获得装置额定的产水量。

上述两种情况均可通过部分浓水循环至给水中，获得额定的系统回收率，但这种方式会由于给水浓度的增加而影响渗透水质量。

（2）如果 RO 装置使用较少的膜组件，或者未排列完的膜组件不止一两个，则可采用下列方法：

先从已分布好的各段中移去一个膜组件，然后，比较各段哪一段给水流速较低，则从该段中移去一个膜组件，并重新核算给水流速。把多出的膜组件构成新段，分布在原有各段的前面。如果仍有膜组件未获组合，则重复上述方法。实际上，这种排列组合形成新段，并布置在原有各段的前面，并不会有未被组合的膜组件。该排列组合可获得额定的渗透水流量和额定的回收率，而不需要浓水循环。不过，这种排列会形成较大的系统压降。

在有较高污染或结垢倾向的应用中，通常设计较高流速，以便把污染或结垢倾向减至最低的程度。通常不应超过膜制造商规定的最大给水流速或压降。在这种情况下，为获得更高的交叉流速，各段设计较少的膜组件。

由上可知，采用倒推法时，需要已知下列条件：

1）装置额定的运行压力。一般来说，压力越高，渗透水流量越大，脱盐率越高，然而，压力越高，耗电量越多，膜污染速度也越快，选用的部件需承受的压力越高。因此，选择适当的运行压力十分重要。对 CA 膜系统，运行压力一般为 2.0~2.8MPa，而复合膜一般为 1.2~1.8MPa，超低压复合膜为 0.8~1.2MPa。

对污染较严重的给水，一般要求单个膜元件的渗透水流量低些，相应地，运行压力也就要低些，这样有利于系统的运行。

单个膜元件的渗透水流量 q 可按式（4-10）计算

$$q = \frac{p_N \alpha q_{V,d}}{p_d} \tag{4-10}$$

式中 p_N——膜元件的实际净运行压力;

α——污染系数,小于 1;

$q_{V,d}$——单个膜元件的额定渗透水流量(由膜厂商提供);

p_d——单个膜元件的额定运行压力(由膜厂商提供)。

对于测试条件为 2000mg/L NaCl、225psi(1.575MPa)运行压力时,设计运行压力应扣除约 20psi(0.14MPa)渗透压,即实际净运行压力为 205psi(1.435MPa)。

2)膜组件数量。膜元件装在 PV 组件上构成膜组件。当 PV 组件较长时,有时并不需要膜元件装满 PV 组件,即可满足系统产水量的要求,或为了保持每一段 RO 膜元件的适当的交叉流速。在同一段里,如果某一个 PV 组件少装一个膜元件,则该段的其余的 PV 组件也应少装一个膜元件,以保持该段内所有 PV 组件的膜元件的交叉流速的均衡。缺少的该膜元件可以用膜制造商或 PV 组件制造商提供的模型来替代。该模型可连接 PV 组件端部的渗透水管,以及与另一个膜元件连接。模型宜装在膜组件水流方向上的第一个膜元件的位置上。

RO 装置所需的膜元件数量 m_E 可计算如下

$$m_E = \frac{q_{V,p}}{q_{V,d}} \tag{4-11}$$

式中 $q_{V,p}$——RO 装置的额定产水量;

$q_{V,d}$——单个膜元件的额定渗透水流量(见样本)。

相应地,所需 PV 组件数量 m_{pv} 可计算如下

$$m_{pv} = \frac{m_E}{n} \tag{4-12}$$

式中 n——每个 PV 组件内的膜元件数量。

如果计算 $m_{pv} = 5.7$,则实际 PV 组件数量 m_{pv} 应取整数 6 即 $m'_{pv} = 6$。根据 PV 组件的数量和 RO 装置的有关参数,如回收率等进行排列后,可获得实际的膜元件总数 m'_E 为

$$m'_E = m'_{pv} \cdot n \tag{4-13}$$

单个膜元件的实际的平均渗透水流量 $q'_{V,d}$ 可计算如下

$$q'_{V,d} = \frac{q_{V,p}}{m'_E} \tag{4-14}$$

3）最小浓水流速。膜制造商会规定膜元件的最小浓水流量，或最小的浓水与渗透水流量的比率，或两者都规定。

浓水—渗透水比率是指流出单个膜元件的浓水流量与该膜元件的渗透水流量之比。膜元件制造商建议的最小浓水—渗透水比率范围为从 60in（1524mm）长的膜元件的 4:1 到在给水有严重污染倾向情况下的 40in（1016mm）长膜元件的 9:1。已知单个膜元件的渗透水流量，可由最小的浓水—渗透水流量比率，计算出最小的浓水流量。

一般规定的单个膜元件的最小浓水—渗透水比率 γ，也可当作最大的回收率。两者之间关系见表 4-21。

由回收率 $= \dfrac{\text{渗透水流量}}{\text{给水流量}} \times 100\%$ 可知，当浓水—渗透水流量

比率为 6:1 时，回收率 $= \dfrac{1}{1+6} = 14.3\%$。

表 4-21　　　最小浓水—渗透水比率 γ_{min} 与最大回收率 Y_{max} 之间的关系

γ_{min}	4:1	5:1	6:1	7:1	8:1	9:1
Y_{max}	20%	16.7%	14.3%	12.5%	11.1%	10%

【例4-4】　已知原水为城市自来水，TDS 为 520mg/L，SDI 值为 3.4，反渗透装置要求出力为 10.2m³/h，回收率为 78%，每个压力容器内装 4 个膜元件；拟采用直径 ϕ4in（102mm）的卷式复合膜元件，在测试条件为 25℃、225psi（1.55MPa）、2000mg/L NaCl 情况下，渗透水量为 6.81m³/d（1800gal/d），膜元件浓水—渗透水最小比值 γ_{min} 为 6:1，计算合理的膜组件排列方式。

解　（1）倒推法进行膜组件的排列组件。SDI = 3.4，这是

RO膜进水的允许范围，也可能发生膜污染，因此选择污染系数 $\alpha = 0.85$。假定该系统膜元件的实际净运行压力为 1.379MPa（200psi），则单个膜元件的渗透水流量 q 为

$$q = \frac{p_N \alpha q_{V,d}}{p_d} = \frac{1.379\text{MPa} \times 0.85 \times 6.81\text{m}^3/\text{d}}{(1.55 - 0.14)\text{MPa}}$$

$$= 5.65\text{m}^3/\text{d} = 0.2354\text{m}^3/\text{h}$$

RO装置所需的膜元件数量 m_E 为

$$m_E = \frac{q_{V,p}}{q_{V,d}} = \frac{10.2\text{m}^3/\text{h}}{0.2354\text{m}^3/\text{h}} = 43.3 \text{ 个}$$

RO装置所需PV组件数量 m_{PV} 为

$$m_{PV} = \frac{m_E}{n} = \frac{43.3}{4} = 10.8 \text{ 个}$$

实际所需PV组件数量为

$$m'_{PV} = 11 \text{ 个}$$

实际所需的膜元件总数 m'_E 为

$$m'_E = m'_{PV} \times n = 11 \times 4 = 44 \text{ 个}$$

单个膜元件的实际的平均渗透水流量 $q'_{V,d}$ 为

$$q'_{V,d} = \frac{q_{V,p}}{m'_E} = \frac{10.2}{44} = 0.2318\text{m}^3/\text{h}$$

膜元件最小浓水流量 $q_{V,b,\min}$ 为

$$q_{V,b,\min} = q'_{V,d} \times \gamma_{\min} = 0.2318 \times 6 = 1.39\text{m}^3/\text{h}$$

每个膜组件可产生渗透水流量 $q_{V,PV}$ 为

$$q_{V,PV} = q'_{V,d} \times n = 0.2318 \times 4 = 0.93\text{m}^3/\text{h}$$

系统浓水流量 $q_{V,b}$ 为

$$q_{V,b} = \frac{q_{V,p}}{Y} - q_{V,p} = \frac{10.2}{0.78} - 10.2 = 2.88\text{m}^3/\text{h}$$

假定采用三段排列，则第三段的压力容器数 m_{PV-T} 为

$$m_{PV-T} = \frac{q_{V,b}}{q_{V,b,\min}} = \frac{2.88}{1.39} = 2.07 \text{ 个} \approx 2 \text{ 个}$$

第三段的给水流量与第二段浓水流量 $q_{V,b2}$ 相同，则

$$q_{V,\text{b2}} = q_{V,\text{b}} + q_{V,\text{p3}} \quad (q_{V,\text{p3}}\text{为第三段膜元件的产水量})$$

$$q_{V,\text{b2}} = q_{V,\text{b}} + q_{V,\text{PV}} \times m_{\text{PV-T}} = 2.88 + 0.93 \times 2 = 4.74 \text{m}^3/\text{h}$$

第二段的压力容器数 $m_{\text{PV-S}}$ 为

$$m_{\text{PV-S}} = \frac{q_{V,\text{b2}}}{q_{V,\text{b,min}}} = \frac{4.74}{1.39} = 3.41 \text{ 个} \approx 3 \text{ 个}$$

第一段浓水流量 $q_{V,\text{b1}}$ 为

$$q_{V,\text{b1}} = q_{V,\text{b2}} + q_{V,\text{p2}} \quad (q_{V,\text{p2}}\text{为第二段膜元件的产水量})$$

$$= q_{V,\text{b2}} + q_{V,\text{PV}} \times m_{\text{PV-S}}$$

$$= 4.74 + 0.93 \times 3 = 7.53 \text{m}^3/\text{h}$$

第一段的压力容器数 $m_{\text{PV-F}}$ 为

$$m_{\text{PV-F}} = \frac{q_{V,\text{b1}}}{q_{V,\text{b,min}}} = \frac{7.53}{1.39} = 5.42 \approx 5 \text{ 个}$$

由上可知，采用 5-3-2 排列，但需要的 11 个压力容器，仅有 10 个被排列，还有一个未被排列。如采用 5-3-2 排列，则系统回收率达不到额定值 78%，仅为 76.2%，此时，需增加系统运行压力，来获得装置额定的产水量。

（2）计算浓水循环条件下的有关数值。为了把未排列的一个压力容器安排进系统中，需比较各段的浓水流量，第三段、第二段、第一段的每个压力容器的浓水流量分别为：$2.88/2 = 1.44 \text{m}^3/\text{h}$，$4.74/3 = 1.58 \text{m}^3/\text{h}$，$7.53/5 = 1.51 \text{m}^3/\text{h}$，因此，未排列的压力容器可分布在单个压力容器浓水流量最大的第二段，相应地，排列组合为 5-4-2。

由于第二段增加了一个压力容器，根据单个膜元件的最小浓水流量的要求，该段浓水流量将需增加，这也将影响第三段的浓水流量。

第二段浓水流量变为

$$q'_{V,\text{b2}} = q_{V,\text{b,min}} \times m'_{\text{PV-S}} = 1.39 \times 4 = 5.56 \text{m}^3/\text{h}$$

第三段浓水流量变为

$$q'_{V,\text{b}} = q'_{V,\text{b2}} - q_{V,\text{PV}} \times m_{\text{PV-T}} = 5.56 - 0.93 \times 2 = 3.7 \text{m}^3/\text{h}$$

因此，为获得需要的 78% 的额定回收率，需循环浓水的流量为

$$q_{V,\mathrm{b-c}} = q'_{V,\mathrm{b}} - q_{V,\mathrm{b}} = 3.7 - 2.88 = 0.82 \mathrm{m^3/h}$$

下面预测浓水循环情况下，对渗透水质量的影响。78% 回收率时浓缩系数为

$$\mathrm{CF} = \frac{1}{1 - 0.78} \approx 4.5$$

混合给水 TDS $= \dfrac{13.1 \times 520 + 0.82 \times 4.5 \times 520}{13.1 + 0.82} = 627 \mathrm{mg/L}$

由此可得，混合给水 TDS 值比不循环时 TDS 520mg/L 高出 20%（即 627/520 − 1），浓水 TDS 不受影响。因此，渗透水平均 TDS 值将比不循环时高 10%。

浓水不循环时，采用 5 − 4 − 2 排列，系统回收率为

$$10.2/（10.2 + 3.7）= 73.4\%$$

该排列的有关段流量见表 4-22。

表 4-22　采用 5 − 4 − 2 排列的浓水不循环时的有关段流量　　　　$\mathrm{m^3/h}$

段	每个膜组件浓水流量	总浓水流量	每个膜组件给水流量	总给水流量
第三段	1.85	3.7	2.78	5.56
第二段	1.39	5.56	2.32	9.28
第一段	1.86	9.28	2.78	13.9

（3）不采用浓水循环，要获得额定回收率的排列组合。

通过增加一段，可以不采取浓水循环，也可获得额定的回收率，不过，此时单个压力容器组件流速会更高，也相应地会有更高的系统压降，也就需要更高的给水运行压力。

在采用 5 − 3 − 2 排列时，还有一个 PV 组件未排列，从该排列中各段移去一个 PV 组件，则各段浓水流量分别为：

第三段单个 PV 组件浓水流量为

$$2.88 \div 1 = 2.88 \mathrm{m^3/h}$$

第二段单个 PV 组件浓水流量为

$$4.74 \div 2 = 2.37 \mathrm{m}^3/\mathrm{h}$$

第一段单个 PV 组件浓水流量为

$$7.53 \div 4 = 1.88 \mathrm{m}^3/\mathrm{h}$$

从上可知，第一段单个 PV 组件浓水流速最低，可从该段移去一个 PV 组件组成新段。此时，第一段浓水流量为

$$7.53 \div 3 = 2.51 \mathrm{m}^3/\mathrm{h}$$

通过比较，第二段单个 PV 组件浓水流量最低，可从该段移出一个 PV 组件构成新段。因此，新的排列为：3 - 4 - 2 - 2，即从原有第一、第二段中各移出一个 PV 组件，并与未排列的 PV 组件构成新的一段。这时，排列共有四段。

在新的四段中，显然至少需从第二至第四段中移动一个 PV 组件，用于平衡该排列。从该排列第二至第四段中各移去一个 PV 组件，则各段的浓水流量分别为：

第四段单个 PV 组件浓水流量为

$$2.88 \div 1 = 2.88 \mathrm{m}^3/\mathrm{h}$$

第三段单个 PV 组件浓水流量为

$$4.74 \div 1 = 4.74 \mathrm{m}^3/\mathrm{h}$$

第二段的浓水流量等于第三段给水流量，即

$$4.74 + 0.93 \times 2 = 6.6 \mathrm{m}^3/\mathrm{h}$$

第二段单个 PV 组件的浓水流量为

$$6.6 \mathrm{m}^3/\mathrm{h} \div 3 = 2.2 \mathrm{m}^3/\mathrm{h}$$

比较上述浓水流量，可知由于第二段单个 PV 组件浓水流量最小，故可从该段中移出一个 PV 组件增加至第一段中，此时，新排列由 3 - 4 - 2 - 2 变为 4 - 3 - 2 - 2。

现在考虑 4 - 3 - 2 - 2 排列可否进一步优化，假定从第二段移去一个 PV 组件，则该段浓水流量为

$$6.6 \div 2 = 3.3 \mathrm{m}^3/\mathrm{h}$$

第一段的浓水流量为

$$6.6 + 0.93 \times 3 = 9.39 \mathrm{m}^3/\mathrm{h}。$$

第一段单个 PV 组件的浓水流量为

$$9.39/4 = 2.34 \text{m}^3/\text{h}$$

比较第一段至第四段的单个 PV 组件浓水流量可知，第一段单个 PV 组件的浓水流量最低，因此，4 − 3 − 2 − 2 排列已不能进一步优化了，该排列的单个 PV 组件有关流量见表4-23。

表 4-23　　　　　　　4 − 3 − 2 − 2 排列的有关段流量

段	单个 PV 组件浓水流量	该段总浓水流量	单个 PV 组件给水流量	该段总给水流量
第四段	1.44	2.88	2.37	4.74
第三段	2.37	4.74	3.30	6.6
第二段	2.20	6.60	3.13	9.39
第一段	2.34	9.39	3.27	13.10

综上所述，至于上述 RO 系统的排列哪一种为最佳，将取决于应用重点。如果渗透水质量和系统回收率优先于运行成本考虑，则 4 − 3 − 2 − 2 排列是最好的排列；如果该原水水源有较高的膜污染或结垢倾向，则采用有较高给水流速的 4 − 3 − 2 − 2 排列，可将污染或结垢倾向降至最低；如果系统回收率不是优先考虑的因素，则 5 − 4 − 2 排列可以稍低的回收率运行，从而获得较好的渗透水质量；如果运行成本是优先考虑的因素，则带浓水循环的 5 − 4 − 2 排列将是较理想的排列。

在实际工程应用中，根据膜生产厂商对膜的设计导则，RO 工艺工程师应充分使用其对 RO 技术的认识和实践，选择符合用户要求，并能使 RO 长期经济安全运行的 RO 系统。在进行 RO 排列组合时，可利用系数法和倒推法，粗略地估算 RO 系统的工艺流程可收到很好的效果。目前，膜生产厂商推出 RO 系统计算软件，RO 工艺工程师可以凭借丰富的理论知识和较强的实践经验，灵活使用这些软件。

【例 4-5】　某 RO 系统给水为地表水，要求产水量为 $10 \text{m}^3/\text{h}$。膜元件采用 DOW 公司生产的 BW30 − 400 型（$\phi 8 \text{in} \times 40 \text{in}$）常规复合膜。对地表水，该膜元件最大回收率为 15%，最大透水量为 27m³/d，最高给水流量为 15m³/h，最低浓水流量为 3.6m³/h。
试计算回收率分别为 60% 和 70% 时的系统排列组合。

解 （1）对产水量为 10m³/h 的 RO 装置，需要的膜元件数量为（按要求最大透水量乘以系数 0.75）

$$m_E = \frac{q_{V,p}}{q_{V,d}} = \frac{10}{27 \times 0.75} = 11.85 \text{ 个}$$

每个 PV 组件内放置 4 个膜元件，则 PV 组件数量为

$$m_{PV} = \frac{m_E}{n} = \frac{11.85}{4} = 2.96 \text{ 个}$$

因而实际需要的 PV 组件数量为 $m'_{PV} = 3$ 个；实际需要的膜元件数量为 $m_E = 3 \times 4 = 12$ 个。

（2）当回收率为 60% 时采用 2－1 排列，即第一段两个膜组件，第二段 1 个膜组件见图 4-17。

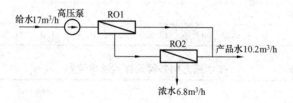

图 4-17　系统回收率为 60% 时二段 RO 系统

由 DOW 公司计算软件可得每段各膜元件的回收率、给水流量和浓水流量，见表 4-24 ~ 表 4-26。从表可知，这三项指标均符合导则要求。

表 4-24　　　　按水流方向各膜元件的回收率

项　　目	第一段				第二段			
膜元件顺序号	1	2	3	4	1	2	3	4
回收率（%）	11.9	12.9	13.9	15.1	8.0	8.1	8.2	8.2

表 4-25 按水流方向各膜元件的给水流量

项 目	第一段				第二段			
膜元件顺序号	1	2	3	4	1	2	3	4
给水流量（m³/h）	8.5	7.5	6.5	5.6	9.6	8.8	8.1	7.4

表 4-26 按水流方向各膜元件的浓水流量

项 目	第一段				第二段			
膜元件顺序号	1	2	3	4	1	2	3	4
浓水流量（m³/h）	7.5	6.6	5.6	4.8	8.8	8.1	7.4	6.8

（3）当回收率为 70%时，不采用浓水循环，仍采用 2 - 1 排列，则按水流方向各膜元件有关参数分别见表 4-27 ~ 表 4-29。

表 4-27 按水流方向各膜元件的回收率

项 目	第一段				第二段			
膜元件顺序号	1	2	3	4	1	2	3	4
回收率（%）	14.3	15.8	17.5	19.4	10.7	11.0	11.2	11.3

表 4-28 按水流方向各膜元件的给水流量

项 目	第一段				第二段			
膜元件顺序号	1	2	3	4	1	2	3	4
给水流量（m³/h）	7.3	6.3	5.3	4.3	7.0	6.2	5.6	4.9

表 4-29 按水流方向各膜元件的浓水流量

项 目	第一段				第二段			
膜元件顺序号	1	2	3	4	1	2	3	4
浓水流量（m³/h）	6.2	5.3	4.3	3.5	6.2	5.6	4.9	4.4

从上述表可知，第一段中第 2、3、4 个膜元件的回收率超过规定值，第一段中第 4 个膜元件的浓水流量低于规定值。

因此，该排列不能符合设计导则的要求。若按该排列运行

RO 系统，极可能造成频繁清洗膜元件，并加快膜表面的结垢速度。

（4）当回收率为70%时，按2-1排列，采用浓水循环的办法，见图4-18。设定浓水循环流量为2.5m³/h，按水流方向各膜元件的有关参数分别见表4-30～表4-32。

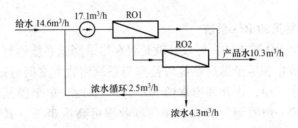

图4-18　系统回收率为70%时有浓缩循环的二段RO系统

表4-30 　　　　　　　　　**按水流方向各膜元件的回收率**

项　　目	第一段				第二段			
膜元件顺序号	1	2	3	4	1	2	3	4
回收率（%）	12.4	13.3	14.2	15.1	8.0	7.9	7.9	7.7

表4-31 　　　　　　　　　**按水流方向各膜元件的给水流量**

项　　目	第一段				第二段			
膜元件顺序号	1	2	3	4	1	2	3	4
给水流量（m³/h）	8.5	7.5	6.5	5.6	9.5	8.7	8.0	7.4

表4-32 　　　　　　　　　**按水流方向各膜元件的浓水流量**

项　　目	第一段				第二段			
膜元件顺序号	1	2	3	4	1	2	3	4
浓水流量（m³/h）	7.5	6.5	5.6	4.7	8.7	8.0	7.4	6.8

从上面的表可知，采用浓水循环时，2-1排列的RO系统可以满足膜元件的设计导则。

本例子中未考虑系统脱盐率、运行压力等参数，实际上，各参数之间互相影响，例如浓水循环虽然可提高系统回收率，但会降低系统脱盐率。在确定 RO 系统时，应充分考虑各种运行参数及对 RO 系统的要求，尽量生产制造出先进的 RO 系统，如回收率、脱盐率足够高；运行压力足够低（节能）；膜透水量足够大等。

4. 常见的 RO 系统

一个 RO 装置的良好设计就是要在尽量降低系统运行压力与膜元件数量和尽量提高系统脱盐率与系统回收率之间进行平衡。对苦咸水来说，预处理出水的 SDI 为 3 ~ 5 时，单个膜元件的最大回收率一般限制为 15%，系统回收率可高达 88%，其系统设计主要考虑给水对膜元件的污染和结垢倾向。对海水来说，预处理出水的 SDI < 5 时，单个膜元件的最大回收率一般限制为 10%，系统回收率限制在 30% ~ 45%，其系统设计主要考虑海水的渗透压和零部件（如膜元件）的承压能力。

（1）RO 连续处理系统。该系统的给水连续不断地供给 RO 设备，RO 系统在一定的压力、产水量和回收率下连续运行。

（2）RO 定量处理系统。原水储存在原水箱中，给水由该水箱连续不断地供给 RO 设备，RO 设备的浓水可以返回原水箱。当该水箱的水全部处理完毕后，RO 系统停下来清洗，并重新充满原水箱，开始新一轮的处理。

（3）单个压力容器的 RO 系统。RO 设备由一个压力容器组成，压力容器内可放置 1 ~ 7 个膜元件，放置膜元件的数量由产水量确定。压力容器内的膜元件串联连接，第一个膜元件的浓水成为第二个膜元件的进水，依次类推。所有膜元件的产水均通过渗透水管连接，产水从压力容器的进水或浓水端引出。

（4）单段 RO 系统。RO 系统由两个及两个以上的压力容器组成，压力容器并联排列，每个压力容器的给水、产水和浓水以母管制连接。苦咸水的单段 RO 系统回收率一般不高于 60%，而海水的系统回收率一般低于 45%。

（5）多段 RO 系统。单个膜元件和单段 RO 系统的回收率均有最大的限制值。当要求苦咸水的 RO 系统回收率大于 50% ~ 60% 时，RO 系统需要多段排列。

（6）多级排列 RO 系统。当对产水水质要求更高时，可采用多级排列 RO 系统。多级排列中，使用最多的是二级排列。由于第一级渗透水作为第二级的给水，因而不要求再作预处理。第二级 RO 装置的单个膜元件水通量可达 $42m^3/d$（如 BW30 – 400 膜元件），系统回收率可为 85% ~ 90%。在二级的 RO 系统中，第一级渗透水可先流入水箱，见图 4-15，也可直接流进第二级高压泵，见图 4-19，供给第二级 RO 装置。根据用户最终水质要求，第一级渗透水可部分，也可全部经过第二级处理。通常第二级浓水返回第一级高压泵入口，该浓水浓度通常低于第一级给水浓度，因而有所降低第一级给水浓度，并提高整个 RO 系统水的利用率。

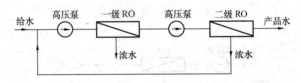

图 4-19　二级 RO 系统

（7）浓水循环 RO 系统。为了提高系统回收率，把部分浓水循环回给水高压泵入口，称为 RO 系统浓水循环。见图 4-20。浓水循环，由于提高了系统回收率，RO 设备尺寸可小些，但是，由于需较大容量的高压泵，因而需消耗多一些电能，同时给水平均浓度相对高些，因而渗透水浓度也会高些。

（8）流量平衡的 RO 系统。有时为了平衡每段的渗透水流量，通过一定的手段，降低第一段的渗透水流量，增加

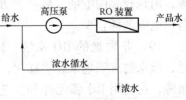

图 4-20　有浓水循环的 RO 系统

最后段的渗透水流量，称为系统排列流量平衡。流量平衡可通过两种办法实现，一种是在第一段渗透水管线上安装一个阀门或孔板等，通过调节该阀门，使渗透水背压提高，从而降低净驱动力，相应地降低渗透水流量。这样，第二段较高的给水压力，就可以产生更多的渗透水流量，见图4-21；另一种办法是增加段间升压泵，见图4-22。段间升压泵可提高第二段给水压力，产生更多的渗透水流量。

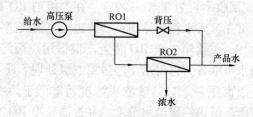

图 4-21 渗透水管线上
有背压的二段 RO 系统

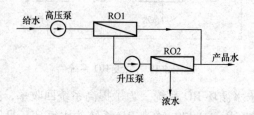

图 4-22 有段间升压泵的二段 RO 系统

前一种方法投资成本低，仅需装一个调节阀，不足是由于节流，消耗较多的电能。后一种方法需增加升压泵，投资成本高，但是电能消耗较少。

（9）非常规的 RO 系统。RO 水处理系统的应用越来越广泛，原水的来源越来越多样化，如以中水作为水源。对于特殊的水源，在选用 RO 膜元件和工艺系统时，可以选用 $\phi 2.5in$ 的膜元件做实验室实验，然后用 $\phi 8in$ 的膜元件进行模拟试验，但模拟试验的产水量不应少于实际产水量的1%。

九、系统运行压力的计算

RO 装置实际运行压力 p 可由式（4-15）表达，即

$$p = p_N + p_{pea} + p_{pd}/2 + p_{osm} \qquad (4\text{-}15)$$

式中　p_N——净运行压力；

p_{pea}——渗透水的压力；

p_{pd}——系统压差；

p_{osm}——系统平均渗透压。

因此，为了计算 RO 运行压力，需要具备下列参数：温度校正系数；溶液平均渗透压；水力压差；渗透水压力。

1. 温度校正系数 T_J

RO 渗透水流量与给水温度有很大关系。温度越高，渗透水流量越大。不同的膜种类，温度的影响有一定差别。不同 RO 膜的温度校正系数向膜制造商索取。当考虑温度影响因素时，式（4-3）可为

$$q = \frac{p_N \alpha q_{V,d}}{p_d T_J} \qquad (4\text{-}16)$$

由式（4-9）可得净运行压力 p_N

$$p_N = \frac{q p_d T_J}{\alpha q_{V,d}} \qquad (4\text{-}17)$$

2. 平均渗透压

渗透压是总溶解固形物 TDS 的函数。TDS 是衡量水中溶解盐和溶解有机物的浓度。在许多天然水中，溶解有机物的渗透压相对于溶解盐渗透压可忽略不计。

对溶液 TDS 低于 1000ppm 的苦咸水 RO 系统，当回收率为75% 时，渗透压对膜渗透过水量的影响可以忽略不计。但当 TDS大于 1000ppm，系统回收率不低于 75% 时，溶液的渗透压需要予以考虑。

对于某一特定溶液的渗透压，其大小取决于 RO 膜可去除的

各种溶质的渗透压的总和。例如，海水氯化钠含量约为35000ppm（3.5%），该海水的渗透压可由其浓度乘以它的浓度系数 0.0793×10^{-3} MPa/ppm 估算得到，因而，该海水渗透压为2.775MPa。如果往该海水中加入10000ppm硫酸钠，因其浓度系数 0.0414×10^{-3} MPa/ppm，因而，其渗透压为0.414MPa，因此，上述海水溶液的总渗透压为3.189MPa。

对于大多数苦咸水来说，溶液渗透压可由溶液 TDS 值乘以浓度系数 6.895×10^{-5} MPa/ppm （0.01psi/ppm）估算得到。在RO 系统中，给水通过系统流程后，水中 TDS 得到浓缩，渗透压也增加。对通常的系统回收率，系统平均渗透压可通过系统 TDS平均值计算获得。例如，假定 RO 系统回收率为75%，给水 TDS为1000ppm，则浓水的 TDS 约为 1000/（1 - 75%）= 4000ppm，因而系统的平均 TDS 值为 （1000 + 4000）/2 = 2500ppm，平均渗透压为 2500ppm × 6.895×10^{-5} MPa/ppm = 0.172MPa。

3. 水力压差

当给水通过卷式膜元件或中空纤维式膜组件时，由于溶液的流动，会造成压力损失，也就是 RO 系统中膜元件的端部压力大于尾部压力。

某一段内膜组件的压差由各膜元件的压差组成。水流流过膜组件内的膜元件时，该流量由于每个膜元件渗透水流量的引出而不断下降，相应地，该膜组件内沿着水流方向，膜元件的压差由于交叉流速的下降而下降。

每段或每个膜组件的压差可通过给水—浓水流量的加权平均值来估算，即单个膜元件的压差可由膜厂商提供的压差—流量对应表或图来获得，该段的压差可由各个膜元件的压差估算得到。

4. 渗透水压力

渗透水压力作为背压，作用于 RO 装置运行压力上。渗透水压力对膜元件的产水量有一定的影响。当渗透水压力较低时，可忽略不计。

【例4-6】 在［例4-4］中，按 4 - 3 - 2 - 2 排列，假定渗透

水流入高 9m 的水箱顶部，水温为 20℃时 $T_J = 1.235$，试计算系统运行压力。

解 （1）计算系统净运行压力：

$$p_N = \frac{qp_d T_J}{\alpha q_{V,d}} = \frac{0.2354 \times (1.575 - 0.14) \times 1.235}{0.85 \times 6.81} = 1.73 \text{MPa}$$

（2）计算平均渗透压：

$$[\text{TDS}]_A = \frac{[\text{TDS}]_f + [\text{TDS}]_b}{2} = \frac{520 + 520/(1 - 0.78)}{2} = 1440 \text{ppm}$$

平均渗透压为 $p_{osm} = 1440 \times 6.895 \times 10^{-5} = 0.1 \text{MPa}$

（3）计算系统水力压差。根据单个压力容器给水流量的平均值，可近似计算出每段的压差。该平均值为单个压力容器的给水流量减去该 PV 组件渗透水流量的一半。

第四段平均给水流量为 $2.37 - 0.93/2 = 1.91 \text{m}^3/\text{h}$，该流量时单个膜元件的压差约为 0.0276MPa。由于每个 PV 组件内有 4 个膜元件，因此第四段的压差为 $0.0276 \times 4 = 0.11 \text{MPa}$。

第三段平均给水流量为 $3.3 - 0.93/2 = 2.84 \text{m}^3/\text{h}$，该流量时单个膜元件压差为 0.0552MPa，故第三段压差为 $0.0552 \times 4 = 0.22 \text{MPa}$。

第二段平均给水流量为 $3.13 - 0.93/2 = 2.67 \text{m}^3/\text{h}$，该流量时单个膜元件压差为 0.0465MPa，故第二段压差为 $0.0465 \times 4 = 0.19 \text{MPa}$。

第一段平均给水流量为 $3.27 - 0.93/2 = 2.81 \text{m}^3/\text{h}$，该流量时，单个膜元件压差为 0.0517MPa，故第一段压差为 $0.0517 \times 4 = 0.21 \text{MPa}$。

故整个系统压差为

$$p_{pd} = 0.11 + 0.22 + 0.19 + 0.21 = 0.73 \text{MPa}$$

（4）计算渗透水压力。渗透水直接流入高 9m 的水箱，该高度提供背压为

$$p_{pea} = 9 \times (9.8064 \times 10^{-3}) = 0.088 \text{MPa}$$

（5）计算 RO 装置实际运行压力。

$$p = p_N + p_{pea} + p_{pd}/2 + p_{osm} = 1.73 + 0.088 + 0.73/2 + 0.1 = 2.28\text{MPa}$$

十、系统渗透水质量的估算

产品水浓度可按式（4-8）进行估算，即当知道各种盐或离子的透过率 SP 和其给水的浓度时，则可按式（4-8）计算。

第五章

防止反渗透膜污染

反渗透系统与存在于原水中的悬浮物、胶体等杂质接触时，有可能被污染。这些杂质在反渗透系统内浓缩时，它们有可能聚集成大颗粒沉积在膜表面上。一旦发生此类污染，将影响膜的性能。如果及时采取措施，大多数的污染物可通过清洗除去。但是，清洗毕竟耗费人力物力，通过适当预处理，把反渗透污染降至最低的程度，减少清洗频率是十分必要的。常用方法有：混凝与沉淀处理、水的过滤处理、水的氯化处理、水中铁的去除等常规技术，以及微滤、超滤、叠片过滤等新技术。

一、水的混凝与沉淀处理

1. 水的混凝处理的目的

水中的悬浮物和胶体物质的粒径不同，它们的沉降速度相差很大。大颗粒悬浮物在重力作用下容易沉降，而微小粒径的悬浮物以及胶体杂质能在水中长期保持分散悬浮状态（称胶体的稳定性），为了除去水中这些微小粒径的悬浮物以及胶体杂质，需要进行混凝处理，使这些微小杂质聚结成较大的颗粒，迅速沉降下来，从而使水得到澄清。

天然水中胶体和悬浮物是按杂质颗粒大小进行大致分类的，而实际上胶体和悬浮物之间没有一个明显的界限。悬浮物颗粒愈小，胶体性质就愈明显，因此，讨论胶体物质时，也包含了微小的悬浮物。

2. 水中胶体颗粒带电的原因

天然水中的胶体是某些低分子物质的聚合体，它具有较小的粒径和较大的比表面积。胶体颗粒的表面通常带有负电荷。

现将胶体带电的几种情况讨论如下：

（1）固体的表面基团可以与水反应，接受或献出氢离子。例如，硅的氧化物含有硅醇基团（$\equiv$SiOH），反应式如下

$$\equiv SiOH_2^+ \rightleftharpoons\, \equiv SiOH + H^+ \qquad (5\text{-}1)$$

$$\equiv SiOH \rightleftharpoons SiO^- + H^+ \qquad (5\text{-}2)$$

有机物可能含有羧基和氨基，反应式如下

$$R\!\!\begin{array}{c} COOH \\[4pt] NH_3^+ \end{array} \rightleftharpoons R\!\!\begin{array}{c} COO^- \\[4pt] NH_3^+ \end{array} + H^+ \qquad (5\text{-}3)$$

$$R\!\!\begin{array}{c} COO^- \\[4pt] NH_3^+ \end{array} \rightleftharpoons R\!\!\begin{array}{c} COO^- \\[4pt] NH_2 \end{array} + H^+ \qquad (5\text{-}4)$$

在这些反应中，固体颗粒表面带电与水中氢离子浓度或 pH 值大小有关。当 pH 值增大（氢离子浓度降低）时，反应式（5-1）~式（5-4）向右移动，而带负电的颗粒增多。pH > 2 时，硅在水中常带负电。蛋白质是含有羧基和氨基的混合物，pH > 4 时，通常带负电。

（2）表面基团能与水中溶质（非氢离子）反应。以硅的氧化物为例，说明如下：

$$\equiv SiOH + Ca^{2+} \rightleftharpoons\, \equiv SiOCa^+ + H^+ \qquad (5\text{-}5)$$

$$\equiv SiOH + HPO_4^{2-} \rightleftharpoons SiOPO_3H^- + OH^- \qquad (5\text{-}6)$$

反应式（5-5）和式（5-6）是固体表面化学基团（如硅醇基团）和吸附溶质（如磷酸离子）之间的特定反应。固体颗粒表面带电也与溶液中的化学性质有关。

（3）表面带电是由颗粒表面结构的不完整而引起的，称为同形置换，这是许多黏土矿物质带电的原因之一。黏土有多层结构，硅四面体（基本成分是 SiO_2）结构示意如下：

$$\begin{bmatrix} O & & O & & O \\ & Si & & Si & \\ O & & O & & O \end{bmatrix} \qquad （不带电）$$

如果在上述 SiO_2 结构形成期间，Al 原子取代了 Si 原子，则该结构带负电，示意如下：

$$\begin{bmatrix} & O & & O & & O \\ & \diagdown & & \diagup \diagdown & & \diagup \\ & Si & & & Al \\ & \diagup & & \diagdown \diagup & & \diagdown \\ & O & & O & & O \end{bmatrix}^{-} \quad （带负电）$$

同样，二价阳离子 Mg^{2+} 或 Fe^{2+} 可以取代八面体氧化铝结构中的 Al 原子，相应产生负电。

3. 双电层理论介绍

胶体带电结构由胶核、固定层和扩散层三部分组成。固定层和扩散层称为双电层。胶核即胶体的核心部分是由许多紧密吸附在一起的分子和离子组成的。靠近胶核的异电离子（又称反离子）同胶核紧密吸附，形成包围胶核的固定层。固定层之外的一层即为扩散层，扩散层外边缘之内的电荷互相平衡，使整个胶团呈中性，见图 5-1。固定层和胶核所构成的胶粒是带电的，其极性与胶核所带电荷的极性相同。当胶核运动时，固定层中异电

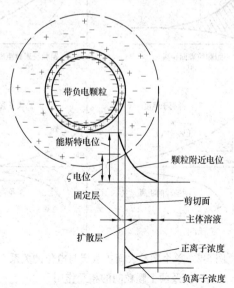

图 5-1　带负电颗粒的双电层和 ζ 电位

离子将与其一起运动，而扩散层中的异电离子则大都比固定层的运动滞后，这样，固定层和扩散层之间存在一个剪切平面，这就是胶体带电的原因。

胶核和扩散层外界面（即溶液本体）之间的电位差，称为能斯特（Nerst）电位，以 Ψ 表示。剪切平面与扩散层外界面（即溶液本体）之间的电位差，称为 Zeta 电位，以 ζ 表示。

ζ 电位愈高，胶体颗粒间静电斥力愈大，愈难以集结成大颗粒，胶体就愈稳定。ζ 电位是衡量胶体稳定的一个重要指标。

图 5-2 表示了在高、低离子强度下，单个颗粒表面的扩散层

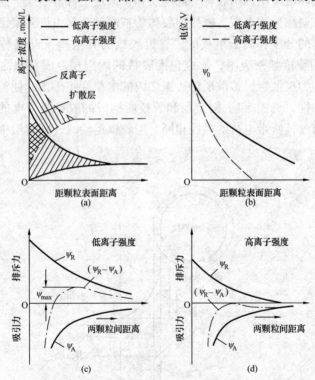

图 5-2　单个颗粒表面扩散层与电位的关系
及两个颗粒间的相互作用

（a）扩散层；（b）扩散层电位；（c），（d）双颗粒的相互作用能

与电位变化情况，以及两个胶体颗粒之间相互作用的情况。

扩散层的厚度与溶液中离子浓度、离子间引力的大小和热运动的强弱等有关。图 5-2 (a) 表明离子浓度越大，相应离子强度越大，扩散层越薄，相应 ζ 电位越低。

图 5-2 (b) 表明电位 Ψ 在颗粒表面有最大值，距颗粒表面越远，电位越低。电位降低程度与溶液中离子类型、离子浓度有关。溶液中离子强度越大，则电位 Ψ 降得越快，相应 ζ 电位降得越快，同时扩散层压得越薄。

图 5-2 (c)、(d) 表明，当两个胶体颗粒相互靠近时，它们的扩散层开始重叠和相互作用，由于颗粒间的静电作用，导致它们之间相互排斥，其位能 Ψ_R 产生了。两颗粒间的距离愈小，Ψ_R 越大。

两个颗粒之间还存在着吸引力，即范德华力。它们之间距离越大，范德华力越小。由于吸引力，产生吸引位能 Ψ_A。两颗粒间的距离愈小，Ψ_A 越大。

Ψ_R 和 Ψ_A 之差（$|\Psi_R| - |\Psi_A|$）就是胶体间的净相互作用能。当 $|\Psi_R| - |\Psi_A| > 0$ 时，说明颗粒间的静电斥力居于支配地位。从图 5-2 (c)、(d) 中也可看出，在高离子强度下，Ψ_R 曲线越陡，即 Ψ_R 下降越快，$|\Psi_R| - |\Psi_A|$ 之差越小，也就越有利于颗粒聚集在一起。

4. 胶体颗粒具有稳定性的原因

胶体具有稳定性的主要原因有以下几点。

(1) 胶体微粒的布朗运动。胶体微粒在水中做无规则的高速运动，并趋于均匀分散状态，即布朗运动。分散度越大，胶粒越小，布朗运动越剧烈，扩散能力越强，胶粒越不易下沉。胶体颗粒不因重力作用而下沉现象，称为胶粒的动力稳定性。

(2) 胶粒带电的稳定作用。由于胶体颗粒带有同性电荷（大多带负电荷），因此胶体颗粒间具有静电斥力，当 $|\Psi_R| - |\Psi_A| > 0$，即胶粒间静电斥力大于两胶粒之间的吸引力时，

不利于颗粒的聚集。胶粒具有一定的 ζ 电位值是胶粒稳定的主要原因。ζ 电位愈大，胶体愈稳定，当 ζ 电位为零时，胶粒就不带电，此时称为等电点。实验表明，加入电解质时，尚未达到等电点之前就能发生明显的聚结，到等电点时聚结的速度最大。

（3）胶粒的水化作用。因为胶体带有电荷，水分子具有极性，所以水分子被定向地吸引到胶体颗粒的周围，形成一层水化层。水化层具有定向排列结构，当胶粒相互接近时，水化层被挤压变形，因有力图恢复原定向排列结构的能力，水化层表现出具有弹性，成为胶粒相互接近时的阻力，防止胶粒聚集在一起而沉降。水化层是伴随胶体带电而产生的，当胶体 ζ 电位消除或减弱时，水化层作用也会消除或减弱。

5. 水中胶体颗粒失稳的几种方式

不同的化学混凝剂会引起胶体颗粒以不同形式失稳。胶体失稳是胶体聚集在一起而沉降的前提。在水处理中，常见的方式或方法有以下几种。

（1）双电层压缩作用。当向水中加入电解质时，电解质产生的大量导电离子（或称反离子）对胶体的扩散层有明显压缩作用，随着扩散层被压缩，胶粒的 ζ 电位下降，胶粒间的相互作用力下降，当范德华力在两颗粒作用中占支配地位时，胶粒能很快聚集成大颗粒而沉降下来。

对某种水源，四种类型的混凝剂的投加与水中浊度的关系如图 5-3 所示。从图 5-3（a）中可看出，使带电胶体失稳的 Na^+、Ca^{2+} 和 Al^{3+} 浓度几乎是 $1:10^{-2}:10^{-3}$。

一般来说，离子价数越高，对扩散层的压缩作用越强烈。

（2）吸附而产生的电性中和作用。对于一些聚合物如十二烷胺 $C_{12}H_{25}NH_3^+$ 作为混凝剂用于水处理时，它们吸附带电的胶体，产生异电中和作用，使颗粒聚集而沉降，从而使水中浊度下降。

从图 5-3（a）、（b）可看出，Na^+（或 Ca^{2+}）与 $C_{12}H_{25}NH_3^+$ 作为

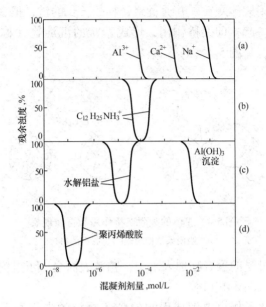

图 5-3　四种类型混凝剂的
混凝曲线（烧杯试验结果）

混凝剂的区别在于：

1）Na$^+$ 的浓度大于 0.1mol/L 时，可使水中浊度明显下降，即此时 Na$^+$ 可成为有效的混凝剂，而 $C_{12}H_{25}NH_3^+$ 的剂量仅需为 6×10^{-5} mol/L时，便可使胶体失稳。

2）从图 5-3 中曲线可知，Na$^+$ 的过剂量是没有必要的，只会增加水中电解质的含量，而 $C_{12}H_{25}NH_3^+$ 超过一定剂量（大于 4×10^{-4} mol/L）时，反而会使胶体重新稳定（称再稳）。这一现象可以解释为由于胶体颗粒表面吸附过量的异电离子而使其负电变为正电，造成胶体的再稳。

此外，水解铝盐和阳离子聚电解质等作为混凝剂时也会出现类似的情况，见图 5-3（c）。

（3）吸附而产生颗粒间的架桥作用。向水中投加高分子量的阳离子或非离子或阴离子聚合物（聚电解质），聚合物的活性基因会吸附胶体颗粒，并通过聚合物的长长的链，把多个胶体颗粒聚集在一起，即架桥作用，形成絮状的沉淀物（称矾花）而沉降下来，见图5-4（a）。

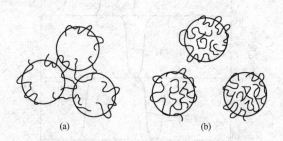

(a)   (b)

图 5-4　胶体的吸附架桥作用和再稳现象

（a）吸附架桥作用；（b）胶粒的再稳

如果过量的聚合物加入水中，颗粒表面会由于过饱和而使颗粒再稳，见图5-4（b）。

由阴离子聚合电解质引起的胶体颗粒的失稳和再稳，见图5-3（d）。

（4）沉淀物的网捕作用。当水中的胶体颗粒含量很少（即所谓低浊度水）时，需向水中加入能产生大量沉淀物的混凝剂［如 $Al_2(SO_4)_3$、$FeCl_3$］。在这些沉淀物沉降过程中，悬浮于水中的胶体颗粒因吸附而随这些沉淀物一起沉降，好像沉淀物把颗粒网住一样，这一过程称为沉淀物的网捕作用。

6. 影响混凝效果的因素

影响混凝效果的因素很多，现将主要因素分析如下。

（1）水温。水温低时，因无机盐类混凝剂的水解是吸热反应，不利于混凝剂如硫酸铝的水解，且水温低时水的黏度大，颗粒的布朗运动强度减弱，不利于胶体脱稳和絮凝物的成长。

铝盐作为混凝剂时，水温对混凝效果有较大的影响；铁盐作为混凝剂时，水温对混凝效果影响不大。

（2）pH 值。水中 pH 值对混凝剂的水解及其形成的难溶盐溶解度、凝聚效果等有直接影响。不同的混凝剂，对其产生混凝作用时的最佳 pH 值有不同的要求。

（3）混凝剂的用量。向水中加入混凝剂，是除去水中胶体杂质的前提。至于加入混凝剂量的范围多少为合适，则视不同的水质而定，应做烧杯试验决定。

（4）水中离子或杂质。水中离子量的多少和种类、浊度高低，以及水中 TOC（总有机碳）和 DOC（溶解有机碳）或色度的大小等对混凝剂量的确定和混凝效果也有直接的影响。

（5）水力条件。混凝剂、助凝剂的加入地点，以及药品加入后的混合效果，在加药点和澄清设备中形成的水力条件等，对混凝效果均有影响。

7. 混凝效果的控制技术

不同水源的水质情况也不尽相同。水中的许多因素会影响胶体的失稳及凝聚颗粒的物理性能和化学性能。对特定水源的最佳混凝剂量可通过烧杯试验加以确定。在烧杯试验中，除测定出水残余浊度外，还可测定其他参数（如 ζ 电位值）作为衡量混凝效果的手段。

（1）出水浊度的测定。混凝效果好坏可以用出水浊度来衡量。浊度可以用杰克逊蜡烛浊度计（单位 JTU）或散射浊度计（单位 NTU 或 ATU）或福马肼浊度法（单位 FTU）测定。

对原水做烧杯试验，应确定或模拟出如下参数，确保出水浊度。这些参数包括：

1）混凝剂的选择；

2）混凝剂剂量的确定；

3）助凝剂的选择及其剂量的确定；

4）最优 pH 值范围的确定；

5）用于调节 pH 值的化学药品和助凝剂的最优加入点的确定；

6）药剂与水混合的最优转速和混合时间的确定；

7）混凝剂等药剂稀释浓度的确定；

8）原水温度范围。

（2）ζ电位的测定。ζ电位是双电层内剪切平面的电位，它与带电颗粒的迁移数（称淌度）有关。ζ电位取决于颗粒表面电位（能斯特电位）和双电层的厚度（见图5-1）。ζ电位可用Zeta电位计来测定，其值的大小取决于带电颗粒间的静电斥力。

在天然水中颗粒的ζ电位常在 $-20 \sim -40mV$ 之间，依靠中和作用失稳的胶体物质的ζ电位接近于零，此时混凝剂量可确定为最佳值。但是，当混凝过程是在有挡板的澄清器内形成时，并不能单独依靠ζ电位确定最佳的混凝剂量值。应注意的是ζ电位表明颗粒带电的程度，但不一定表明是否有充足的矾花形成。由于影响混凝的因素很多，在整个混凝模拟过程中，应由出水质量（如浊度值）来确定混凝最优条件。

（3）SCD仪。混凝效果的另一个监测方法是利用流动电流监测仪（SCD）。该装置是使用机械堵塞器产生较高的水流速，引起环绕在相反电性的悬浮颗粒（通常带负电）周围的带电离子的运动，从而测出这些带电离子产生的电流。如果悬浮物电性已被加入的混凝剂中和，则在悬浮物周围没有太多的游离离子，因而SCD仪能测到的电流值很小。

8. 常见的混凝剂和助凝剂

在目前的水处理工艺中，常用的混凝剂有硫酸铝、聚合氯化铝（PAC）、硫酸亚铁、氯化铁、聚合铁（PFS）等。

常用的助凝剂有用于调节pH值的石灰（CaO）或纯碱（Na_2CO_3）；作为氧化剂的氯（Cl_2）或漂白粉（$CaOCl_2$）；作为絮凝物加固剂的水玻璃（Na_2O、$xSiO_2$、yH_2O）；用作高分子吸附剂的聚丙烯酰胺（PAM）等。

助凝剂是为了提高混凝效果而投加的辅助药剂，助凝剂单独作为混凝剂使用的情况极少。

（1）铝盐混凝时的适宜条件。

1）Al^{3+}的水化学特性。有关Al^{3+}水解平衡的热力学数据如表5-1所示。

表 5-1   **Al^{3+} 水解平衡的热力学数据**

序 号	反 应 式	lg$K$[①] (25℃)
1	$Al^{3+} + H_2O \rightleftharpoons AlOH^{2+} + H^+$	−4.97
2	$AlOH^{2+} + H_2O \rightleftharpoons Al(OH)_2^+ + H^+$	−4.3
3	$Al(OH)_2^+ + H_2O \rightleftharpoons Al(OH)_3 + H^+$	−5.7
4	$Al(OH)_3 + H_2O \rightleftharpoons Al(OH)_4^- + H^+$	−8.0
5	$2Al^{3+} + 2H_2O \rightleftharpoons Al_2(OH)_2^{4+} + 2H^+$	−7.7
6	$3Al^{3+} + 4H_2O \rightleftharpoons Al_3(OH)_4^{5+} + 4H^+$	−13.94
7	$13Al^{3+} + 28H_2O \rightleftharpoons Al_{13}O_4(OH)_{24}^{7+} + 32H^+$	−98.73
8	$Al(OH)_3(am)$[②] $\rightleftharpoons Al^{3+} + 3OH^-$	−31.5
9	$Al(OH)_3(c)$[③] $= Al^{3+} + 3OH^-$	−33.5

① K 为水解平衡常数。
② am 为非晶体态的氢氧化铝。
③ c 为晶体态的氢氧化铝。

根据上述数据所作的铝盐溶解曲线见图 5-5。

图 5-5（a）表示晶体氢氧化铝 [Al(OH)$_3$（c），lg$K$ = −33.5] 生成区域。pH > 8 时，主要溶解物质有阴离子 Al(OH)$_4^-$；pH 值小于 6 时，主要溶解物质有阳离子 Al^{3+}、

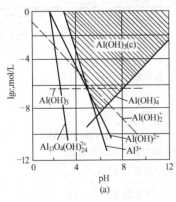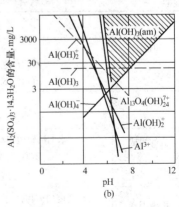

图 5-5　铝盐水解平衡图

（a）生成晶体 Al(OH)$_3$(c)；（b）生成非晶体 Al(OH)$_3$(am)

$Al(OH)^{2+}$ 等。在 pH 值为 6~8 时，水中铝盐的存在形态是动态的，并取决于许多因素。

图5-5（b）表示非晶体氢氧化铝 $[Al(OH)_3(am)，\lg K = -31.5]$ 生成区域。从平衡常数 K 可以看出，非晶体态氢氧化铝比晶体态易溶。铝盐加到水中新形成的沉淀固体，通常是非晶体态 $Al(OH)_3(am)$。有的学者认为，在铝盐水解过程中，与新沉淀的 $Al(OH)_3(am)$ 共存在于平衡中的聚合物形态有三种，单体形态有五种。聚合物形态有 $Al(OH)_2^{4+}$、$Al_3(OH)_4^{5+}$ 和 $Al_{13}O_4 \cdot (OH)_{24}^{7+}$；单体形态有 Al^{3+}、$Al(OH)^{2+}$、$Al(OH)_2^+$、$Al(OH)_3$ 和 $Al(OH)_4^-$ 等。从图 5-5 中可以看出，Al^{3+} 的浓度为 10^{-4} mol/L $[$相应铝盐 $Al_2(SO_4)_3 \cdot 14.3H_2O$ 的剂量为 30mg/L$]$ 时，能在 pH 值为 5.8~8 时沉淀出 $Al(OH)_3(am)$。

从铝盐水解的平衡反应式中可看出，水解过程中产生出氢离子，这将降低水的 pH 值，消耗水中碱度。当 pH 值较低时，有必要加入助凝剂如石灰，调节水中 pH 值。

2）铝盐混凝时的适宜条件。铝盐混凝时的适宜条件如表 5-2 所示。

表 5-2　　　　　　　　　　铝盐混凝时的适宜条件

因　素	除去水中悬浮物时的条件
pH 值	5.7~7.8 （pH < 8.2 时，胶体粒子带正电荷） （pH > 8.2 时，胶体粒子带负电荷）
水温[1]	在 20~40℃时，效果较好 在 35~40℃时，效果最好
盐的组成	水的溶解残渣小于 100mg/L 时，则混凝过程缓慢 HCO_3^- 离子对水解过程起很好的作用 SO_4^{2-} 离子对混凝过程起很好的作用
机械因素	进行适度的搅拌，对于形成絮状沉淀起很大作用，但是如搅拌太剧烈，则形成极细微的和比较紧密的絮状物

[1]　水温必须恒定，否则因水密度差引起对流而破坏澄清过程。

3）不同悬浮物含量时铝盐的加药量。表 5-3 提供了不同悬浮物含量对应的铝盐加药量，供参考。因原水水质各不相同，而影响混凝因素又较多，故实际运行时，混凝剂的加入量应在烧杯试验的基础上作些调整。当用于脱色时，$Al_2(SO_4)_3$ 的剂量 ρ（mg/L）可按式（5-7）估算

$$\rho[Al_2(SO_4)_3] = 4\sqrt{C} \qquad (5\text{-}7)$$

式中 C——原水色度，以度计。

表 5-3 水中悬浮物与硫酸铝的剂量

水中悬浮物含量	硫酸铝的用量 [mg/L $Al_2(SO_4)_3$]	水中悬浮物含量	硫酸铝的用量 [mg/L $Al_2(SO_4)_3$]
100	25 ~ 35	600	45 ~ 70
200	30 ~ 45	800	55 ~ 80
400	40 ~ 60		

（2）铁盐混凝时的适宜条件。

1）Fe^{3+} 的水化学特性。有关 Fe^{3+} 水解平衡的热力学数据如表 5-4 所示。

表 5-4 Fe^{3+} 水解平衡的热力学数据

序 号	反应式	lg$K$（25℃）
1	$Fe^{3+} + H_2O \Longrightarrow FeOH^{2+} + H^+$	-2.2
2	$FeOH^{2+} + H_2O \Longrightarrow Fe(OH)_2^+ + H^+$	-3.5
3	$Fe(OH)_2^+ + H_2O \Longrightarrow Fe(OH)_3 + H^+$	-6
4	$Fe(OH)_3 + H_2O \Longrightarrow Fe(OH)_4^- + H^+$	-10
5	$2Fe^{3+} + 2H_2O \Longrightarrow Fe_2(OH)_2^{4+} + 2H^+$	-2.9
6	$3Fe^{3+} + 4H_2O \Longrightarrow Fe_3(OH)_4^{5+} + 4H^+$	-6.3
7	$Fe(OH)_3(am) \Longrightarrow Fe^{3+} + 3OH^-$	-38.7（估计值）
8	$\alpha-Fe(OH) + H_2O \Longrightarrow Fe^{3+} + 3OH^-$	-41.7

根据上述有关数据，所作的铁盐溶解曲线如图5-6所示。

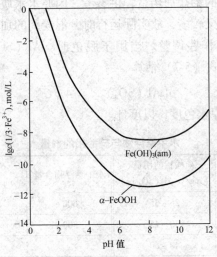

图5-6　三价铁盐水解平衡图

图5-6表示$Fe(OH)_3$和$\alpha - FeOOH$两种物质的平衡曲线。从图中可看出在pH为6~10范围时，$Fe(OH)_3$和$\alpha - FeOOH$的溶解度均较小。

2）铁盐混凝时的适宜条件。铁盐混凝时的适宜条件如表5-5所示。

表5-5　　　　　　　　铁盐混凝时的适宜条件

因　素	除去水中悬浮物时的条件
pH值	6.0~10.0（三价铁盐）
	8.5~10.0（二价铁盐）
水　温	在30~40℃时,效果最好,但在较低的温度时,混凝作用也很令人满意
盐的组成	含盐量较低时必须用石灰碱化
机械因素	必须进行搅拌

当用二价铁盐作混凝剂时，水解产生的$Fe(OH)_2$溶解度较大[$Fe(OH)_2$溶度积为4.8×10^{-16}，而$Fe(OH)_3$溶度积为$3.8 \times$

10^{-38} ］，混凝效果不好，因此，必须在混凝过程中将 Fe^{2+} 氧化成 Fe^{3+}。通常，当水的 $pH > 8.5$ 时，Fe^{2+} 就易于在水中溶解氧化成 Fe^{3+}。

（3）关于助凝剂。当采用正电聚合物作为助凝剂时，把它们加进水中可以中和带负电的悬浮物，有助于悬浮固体的混凝；它们也起絮凝剂的作用，把已混凝的颗粒聚集起来，加速沉降。

前面已知，Zeta 电位可用来监测混凝效果，理论上讲，当加入混凝剂和助凝剂，使水中 Zeta 电位为零时，混凝效果最好。

过滤器不能100%除去带电的聚合物，当它们渗透过过滤器进入 RO 装置时，会吸附到 RO 膜表面上，因为大多数复合膜带负电。一旦带电聚合物吸附到膜表面上，清洗将十分困难。阳离子聚合物也可能与带负电的阻垢剂反应，生成不溶解的聚合物，污染反渗透膜，因此，加入水中的药剂应与其他药剂和膜互相兼容。

在设计时，混凝剂和助凝剂与水中悬浮杂质应有足够的接触时间，以便形成大颗粒，通过过滤器除去，尽量减少带电助凝剂对反渗透膜的影响。

有文献认为，如果把阳离子聚合物作为助凝剂加入到 RO 预处理中，则强烈建议在介质过滤器后面使用软化器。软化器中阳离子交换树脂将吸附透过介质过滤器的残余聚合物。如果软化器仅以去除残余的聚合物为目的，则不必用盐（NaCl）再生，根据助凝剂的性质，临时用1%氯处理，则足以除去吸附的聚合物。

9. 常用的（沉淀）澄清设备

沉淀或澄清设备就是利用凝聚沉降的原理，把原水中的微小悬浮物和胶体杂质经过混凝处理后，从水中分离出来的装置。实际上，经过混凝处理的原水水中微小悬浮物和胶体杂质凝聚成较大的颗粒，这些大的颗粒依靠重力作用从水中分离出来，这一过程习惯称为沉淀。水中细小杂质沉淀出来后，水就得到了澄清。因此，常说的沉淀池（器）又称澄清池（器）。

常用的澄清器类型有平流式澄清器、斜管式和斜板式沉淀池、机械加速澄清器、水力循环澄清器等。

（1）平流式澄清器见图 5-7。平流式澄清器是早期的澄清器。进行混凝或其他加药沉淀处理时，应另设混合器和反应器，将加有药品的水先通过此混合器和反应器进行快速混合，混合时间约为 20s 左右，然后进入澄清器，通过桨式搅拌器的慢速搅拌促进絮凝物的成长，搅拌时间约 15min 左右，水中的絮凝物在重力作用下沉降下来，水在澄清器内停留时间一般为 2～6h。

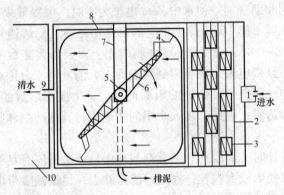

图 5-7　平流式澄清器

1—快速混合室；2—挡板；3—桨叶；4—转角桨叶（弹簧加荷）；5—驱动装置；6—耙臂和桨叶；7—行桥；8—出口集水堰；9—堰；10—清水池

（2）斜管式和斜板式澄清器见图 5-8。为了提高平流式澄清器的澄清效果，在平流式澄清器里放置斜管（或板）沉淀装置的设备。斜管式和斜板式澄清器加大了沉降面积，促进了絮凝物的沉降，缩短了颗粒沉降时间。在现有的澄清器上加装斜管式沉淀装置，一般可以使它的出力增加 80% 左右。

（3）固体接触式澄清器。利用新生成的沉淀物与先前沉淀的泥渣相互接触形成更大的颗粒，加快沉降速度，提高了澄清器的效率，缩小了澄清器的外形尺寸，缩短了水在澄清器里的停留时间。从其结构型式可分为两种类型，即悬浮泥渣式和渣泥再循

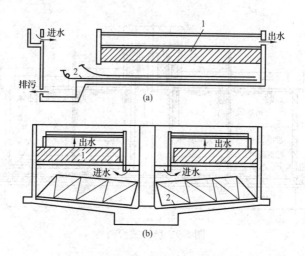

图 5-8　装有斜管沉淀装置的澄清器
（a）矩形；（b）圆形
1—斜管沉淀装置；2—刮泥装置

环式。

　　脉冲式澄清器是一种悬浮泥渣式澄清器，见图 5-9。它在脉冲发生器的作用下，加药后的原水在进水室内上升。当达到高水位时，液位开关自动打开空气阀，进入室内的水通过澄清器底部的配水装置进入澄清器内。上升的水流将泥渣层托起。当进水室内的水位降到低水位时，液位开关自动关闭空气阀。在脉冲发生器的作用下，加药后的原水又沿进水室上升，而底部的配备水装置不再进水，泥渣层在重力作用下被压缩。当水位到达高水位时，空气阀再度打开，水又进入澄清器内，将泥渣层又托起到原来的高度。这样，使澄清器内活性泥渣层有规律地上下运动，形成周期性的膨胀和收缩，自动调整悬浮层浓度的均匀分布，有助于矾化颗粒的接触、碰撞，从而提高净水效果。

　　脉冲式澄清器的优点是澄清效率高；构造简单且可随场地的布置而制作成方形、圆形、矩形；维修保养简便；适应性强。

　　机械加速澄清器是一种泥渣循环式澄清器，见图 5-10。它利

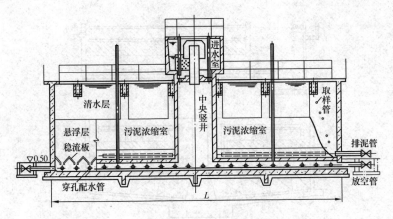

图 5-9 脉冲式澄清器

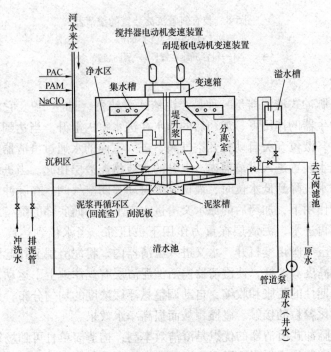

图 5-10 机械搅拌澄清器示意图

1—第一反应室；2—第二反应室；3—回流室

用泥渣从沉降区返回到絮凝区的再循环，达到较高的絮凝度，使水中的杂质和泥渣相互凝聚吸附并结成更大的颗粒，提高澄清效果。一般流程为进水通过配水装置进入第一反应室，在安装在同一根轴上的机械搅拌装置和提升叶轮的作用下，与添加的凝聚剂和助凝剂以及泥渣相混合，并一起被提升到第二混合室继续混凝反应以结成更大的颗粒，再折回向下经过导流室进入分离区。大而重的颗粒便很快沉降下来，而一些较轻的絮凝物再随水流上升。随着澄清器横截面积逐渐扩大，上升流速渐渐降低，较轻的絮凝体绒粒与清水因密度差而分离，到达顶部的清水经集水槽收集流出。沉下的泥渣除部分通过泥渣浓缩室排出以保持泥渣平衡外，大部分泥渣则通过搅拌、提升装置在池内不断与原水再度混凝循环。

机械加速澄清器的优点是对原水浊度、温度及负荷的变化适应性较强，运行稳定，效率较高。

水力循环澄清器也是一种泥渣再循环式澄清器，典型的水力循环式澄清器如图 5-11 所示。它利用进水本身具有的能量来完成泥渣再循环。进水从喷嘴喷出，利用喷嘴喷射所产生的负压，将先前生成的泥渣吸入喉管，并在其中使之与进水和凝聚剂进行

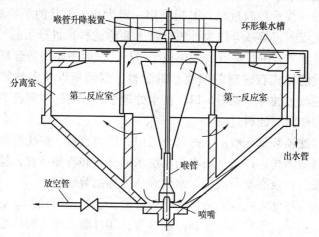

图 5-11　水力循环澄清器构造图

剧烈而均匀的瞬间混合，然后进入反应区，此时，由于活性泥渣中的絮凝体具有较大的吸附原水中悬浮固体及颗粒的能力，因而在反应室中能迅速结成较大的团绒体进入分离室，较大的絮凝物迅速沉降，较小的絮凝物由于泥渣层的过滤作用而被去除。清水向上流动，经顶部集水装置收集后排出。沉下的泥渣除部分通过污泥浓缩室排除以保持泥渣平衡外，大部分泥渣再与进水相混合循环使用。

水力循环澄清器的优点是省去了机械驱动设备，节省了能量，减少了维护工作量。

二、水的过滤处理

(一) 粒状滤料过滤

1. 过滤的选择和分类

过滤的目的就是进一步除去水中的悬浮物。一般情况下，进水浊度不大于 100mg/L 时，出水浊度可保证小于 5mg/L；进水浊度小于 10mg/L（最大 30mg/L）时，出水浊度可小于 1mg/L；进水浊度小于 1mg/L 时，可使出水浊度小于 0.5mg/L。粒状滤料过滤（简称粒料过滤）是指利用一定大小、形状的颗粒材料，如磺化煤、石英砂等作为过滤材料（简称滤料）进行水的过滤。

过滤方式的选择既要考虑技术可行，又要考虑经济合理。常见的过滤型式有常规的顺流、单滤料、双滤料以及多滤料、双流、逆流过滤等，见图 5-12。在水处理中，常用的有顺流单滤料过滤和顺流双滤料过滤。

过滤器装置一般由下列部分组成：压力容器，粒状滤料，支撑滤料的结构，进水、出水与反洗水的分布和收集装置，辅助的清洗设备以及必要的流量、水位和压力控制装置等。

选择过滤方式应充分考虑下列参数：①过滤型式；②滤料的种类、粒径、不均匀系数和滤层厚度；③过滤速度（简称滤速）；④最终水头损失（压力降）；⑤流量控制方式；⑥滤料清洗（即

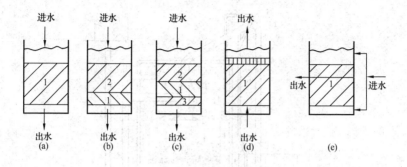

图 5-12　常见的过滤型式
（a）常规砂过滤；（b）双滤料过滤；（c）三滤料过滤；
（d）逆流过滤；（e）双流过滤
1—石英砂；2—磺化煤；3—柘榴石

反洗）方法；⑦进水水质和出水质量与用途。

在过滤器造价中，最主要的参数是滤速，它决定过滤器直径的大小。运行成本直接与滤速、最终水头损失、滤料特性和反洗方法等有关。反洗方法决定成本，如反洗水量、反洗水泵、空气擦洗所需空气量（压缩机或罗茨风机运行）和反洗脏水的处理等。

过滤分类有多种方法。按水流经滤料时的压力情况可分为重力式过滤（见图5-13）和压力式过滤（见图5-14）。重力式过滤是水流对大气敞开，它流经滤料是靠其自身重力来完成的。压力式过滤是水流在压力作用下，流经装在压力容器内的滤料，并以比进水压力稍低的压力流出压力容器。

压力式过滤可根据过滤用的压力容器型式不同，分为立式过滤和卧式过滤（见图5-15）。卧式过滤器中的滤料宽度（截面积）从顶部到底部不是相同的，通常顶部较宽。这使得在反洗期间，沿罐壁的滤料没法获得充分浮起以便清洗，而是留有死角。但卧式过滤器可垂直分成两格或多格（如三格、四格），由于仅需单一压力容器，该构型成本较低，此外，过滤器的一格可以用另一格产生的水来反洗，当然要求运行一格的过滤速度足够

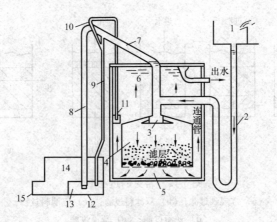

图 5-13　重力式无阀滤池

1—进水槽；2—进水管；3—挡板；4—过滤室；5—集
水室；6—冲洗水箱；7—虹吸上升管；8—虹吸下降管；
9—虹吸辅助管；10—抽气管；11—虹吸破坏管；12—
锥形挡板；13—水封槽；14—排水井；15—排水管

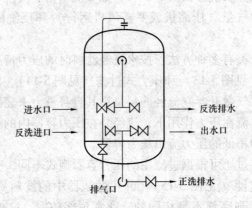

图 5-14　压力式过滤器（立式）

高，以便浮起另一格的滤料进行反洗。压力式过滤相对重力式过
滤，它可以利用其出水足够的压力直接把水输送至下一流程中，
节省中间水箱和水泵。

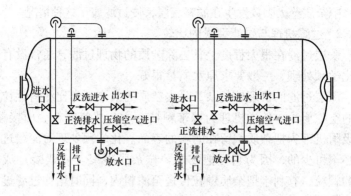

图 5-15　双格单滤料石英砂压力过滤器（卧式）

按过滤速度大小，过滤可分为快速过滤和慢过滤。通常快速过滤流速为 5～25m/h。一般情况下，对快速过滤，原水应经混凝处理方可获得满意的过滤效果。慢过滤速度一般为 0.04～0.4m/h 之间（最常用的为 0.07～0.12m/h），因其占地面积较大，生产效率低，现在已愈来愈少使用。在电力系统中，快过滤建议的滤速见表 5-6。

表 5-6　　　　　　　　过滤器（池）滤速　　　　　　　　m/h

过滤器（池）型式		滤　　速		
		混凝澄清		直流混凝
		正常滤速	强制滤速	
细砂过滤		6～8	—	—
单层滤料	单　流	8～10	10～14	6～10
	双　流	15～18	—	
双层滤料		10～14	14～18	
三层滤料		18～20	20～25	

按过滤杂质除去机理，过滤可分为深度过滤和表层过滤（又称块状过滤）。深度过滤去除水中杂质，不仅发生在滤料表层，而且发生在滤料颗粒的深层，快速过滤属于这种情况。表层过滤去

129

除水中杂质绝大多数发生在滤料表层，慢过滤属于这种情况。

2. 过滤机理与过滤型式的比较

表层过滤在很大程度上是去除杂质的物理过滤，通常没有使用化学预处理，一般要求原水质量很好。

深层过滤的机理较复杂，除去杂质的大小通常比滤料颗粒之间的空隙要小。传送机理为携带颗粒杂质与滤料颗粒表面接触。而吸附机理为把杂质截留在滤料的表面。化学预处理对深层过滤是必不可少的，因为它可把胶体颗粒杂质凝聚（或絮凝）成较大的颗粒，有利于把杂质颗粒传送至滤料内，同时增加过滤过程中截留颗粒杂质的吸附力。

对于顺流过滤，滤料较理想的排列应是大颗粒滤料在上，而较小颗粒滤料在下，即沿着水流方向，滤料由大至小。但对单层滤料，如石英砂在反洗之后，石英砂颗粒的排列总是根据其质量大小，沿着水流方向由小至大，这样，由于上部砂层最细，下部砂层截污能力难以充分发挥出来，且水流阻力增大较快。而双层或多层滤料过滤则能较好地克服这一缺点。因为对于石英砂-磺化煤为滤料的双层床过滤器，尽管同一种滤料的排列仍是按水流方向由小至大，但利用不同滤料的密度差（石英砂的大于磺化煤的），使粒径较大的磺化煤层在上部，而较细的石英砂层在下部，固体杂质可以渗透到床层深度，而床层也就更好地被利用了。实践证明，双层床比单层床具有滤速增大、截污能力提高、水头损失增长速度减小、运行周期延长等明显的优点。

3. 滤料的特性

（1）常用的滤料。在粒状滤料过滤中，常用的滤料有石英砂（密度约为 $2.65g/cm^3$）、磺化煤（密度在 $1.4 \sim 1.7g/cm^3$ 之间）和柘榴石（密度为 $3.6 \sim 4.2g/cm^3$）或钛铁矿（密度为 $4.2 \sim 4.6g/cm^3$ 之间），并常以磺化煤和石英砂作为双层滤料，石英砂、磺化煤和柘榴石或钛铁矿作为三层滤料。还有特殊用途的滤料，如活性炭（GAC），可以起过滤和吸附作用。

柘榴石是几种不同矿物质的通称，主要是铁铝榴石、钙铁榴石和钙铝榴石，它是铁、铝、钙硅酸盐的混合物。钛铁矿是一种铁钛矿石，它与赤铁矿和磁铁矿有关，都是铁的氧化物。

某厂生产的石英砂滤料粒径规格及其质量分别见表5-7和表5-8。

表 5-7　　　　　福建某厂生产的石英砂滤料粒径规格一览表　　　　　mm

常规滤料	均质滤料	支撑垫层（砾石）	常规滤料	均质滤料	支撑垫层（砾石）
0.4~0.8	0.3~0.5	2~4	0.6~1.25	1.0~1.25	16~32
0.5~1.0	0.6~0.8	4~8	1.0~2.0	1.25~1.44	
0.5~1.2	0.8~1.0	8~16			

表 5-8　　　　　　　　福建某厂生产的石英砂质量

名　　称	检测结果	名　　称	检测结果
粒径范围（mm）	0.5~1.0	UC80	1.56
破碎率（%）	0.46	磨损率（%）	0.20
密度（g/cm³）	2.65	含泥量（%）	0.47
轻物质含量（%）	0.12	灼烧减量（%）	0.51
盐酸可溶率（%）	0.93		

注　检测结果符合部颁标准。

（2）滤料的特性。内容如下：

1）有效粒径和不均匀系数。滤料颗粒的大小以有效粒径（d_e）来表示。它是指有10%（以质量计）滤料能通过的筛孔孔径，它可以从筛网曲线上的10%这个点上读出，并以d_{10}表示。

滤料颗粒的大小分布以不均匀系数（UC）来表示，它是指滤料粒径分布的范围。在我国，不均匀系数为d_{80}与d_{10}的比值，即 UC80 $= d_{80}/d_{10}$［d_{80}指有80%（以质量计）滤料能通过的筛孔孔径］。在美国及一些国家，不均匀系数为d_{60}与d_{10}的比值。不均匀系数一般要求在1.5~2.0之间。

d_{10}和UC值可以从筛网分析曲线上求得。滤料的筛网分析曲线见图5-16。筛目尺寸对照表见表5-9。

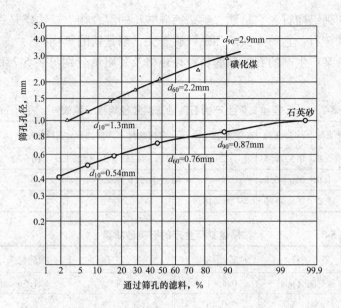

图 5-16　两种滤料的典型筛网分析曲线

表 5-9　　　　　　　　　　　筛目尺寸对照表　　　　　　　　　mm

筛　目	孔　径	筛　目	孔　径
8	2.38	40	0.42
10	2.00	45	0.35
12	1.68	50	0.297
14	1.41	60	0.25
16	1.19	70	0.21
18	1.00	80	0.177
20	0.84	100	0.149
25	0.71	200	0.074
30	0.59	325	0.044
35	0.50	400	0.038

　　一般情况下，d_e 值的 ±10% 的误差可被接受。例如，希望 d_e 为 0.5mm，则规范中 d_e 可为 0.45～0.55mm 之间；又如 d_e 值 为 1.0mm，则规范中可为 0.9～1.10mm 之间。

2）球形度。过滤颗粒的形状和粗糙度可以用球形度 ψ 来表示。球形度指相同体积的球体（直径以 d_{eq} 表示）的表面积与滤料颗粒的表面积之比。它影响滤料的反洗要求、固定床孔隙率、水通过滤料时的水头损失、过滤效果和滤料通过筛网时的流畅性。石英砂一般有较高的球形度，而磺化煤、柘榴石的则较低。

3）滤料密度。滤料密度（或比密度）是指单位滤料体积所具有的滤料质量，以"g/cm^3"表示。它影响滤料的反洗要求。粒径相同而密度较大的滤料要求有更高的反洗速度，以完成滤料的充分浮起。

4）滤料强度。滤料强度对滤料长期运行十分重要。它反映滤料的机械耐磨程度。一般来说，石英砂、柘榴石、磁铁矿的强度是较大的，而对于磺化煤、活性炭则应引起重视，应选择合适的粒径以满足过滤所需的强度。

5）床层孔隙率。床层孔隙率指过滤床层中孔隙体积与总床层体积之比，以分数或百分数表示。孔隙体积为床层体积减去滤料的体积。松散床层孔隙率是指滤料自由放置在水中而没有人为压实所测得的孔隙率，此时孔隙率值最大。该指标影响反洗流量、固定床层的水头损失和滤料对固体杂质的截留容量等。球形度影响孔隙率，低球形度有较高的孔隙率。

6）化学稳定性。滤料要求有足够的化学稳定性，以防污染水质。滤料的化学稳定性指在一定条件下，滤料用中性、酸性和碱性水溶液浸泡后，水溶液被污染的情况。例如，对碱性较强的水（如经石灰处理的水），不能用石英砂作滤料，因为 SiO_2 会溶解。

4. 快速过滤

（1）运行原理。当水通过粒状滤料床层进行过滤时，随着过滤出水的增多，床层中截留的固体杂质也增多，这样，过滤器进出水（或滤料床层间）的压力降增大，或者床层除去悬浮固体杂质能力下降，当压力降增大到一定程度或过滤出水水质下降到一定程度时，过滤器的床层需进行反洗，以恢复运行水头和可接受的出水质量。过滤器两次反洗之间的运行时间称为运行周期，需要反洗时的运行水头称为最终水头损失。

水的过滤要考虑两个最重要的因素：出水质量和出水数量。影响这两个指标的因素是进水特性和过滤器本身的特性。后者包括滤料特性、滤速、运行水头损失和反洗方法等。

出水质量与下列因素有关：进水固体杂质的浓度、矾花强度与大小，以及控制颗粒间相互粘附或颗粒杂质粘附到滤料表面的物理-化学性能。过滤器出水质量与数量，在过滤过程中呈辨证统一关系，过滤既要保证一定的出水数量，又要确保所需的出水质量。

要获得合理的出水质量和合适的出水数量，除选择合适的过滤器外，需确定恰当的运行参数，如滤速、运行周期、最终水头损失。对运行周期，一般要求最低不低于 6~8h，以获得合理的净产水量；最高不高于 36~48h，以避免过滤器内杂质在水流不畅通处发生厌氧分解，影响水质。对水头损失，重力式过滤器通常低于 29.4kPa，压力式过滤器设计水头损失大于 29.4kPa。滤速应保持平稳，因为滤速突然改变比采用较高滤速运行更影响出水质量。

过滤器运行监控项目主要有：

1）水头损失；

2）出水质量；

3）自动反洗时的起始状态与运行周期；

4）滤速（流量）；

5）反洗强度、反洗持续时间等。

（2）反洗。首先应了解反洗条件，反洗是过滤运行中的一个重要步骤，通过反洗清除滤料中截留的杂质，确保下一周期过滤的顺利进行。

一般发生下列情况之一时，需要进行反洗：

1）过滤器水头损失达到规定值（或建议值）；

2）过滤器出水水质变坏或达到设定的水质上限；

3）过滤器运行达到规定（或建议）的运行时间。

其次是反洗参数的确定，在确定反洗参数时，应考虑如下因素：

1）滤料的大小与分布、滤层高度和滤料的密度；

2）除去的固体杂质的性质，主要是它们对滤料的吸附力和它们在滤料表面上压实的趋势；

3）提供的辅助清洗设施的类型。

一般情况下，反洗强度采用经验数值或小型试验来确定。电力系统采用的反洗强度值见表5-10。

表 5-10　　　　　过滤器滤料级配及反洗强度表

项目 过滤器(池)型式		滤　　料			反洗强度 $[L/(m^2 \cdot s)]$			备　注
		种类	粒径 φ （mm）	层高 （mm）	水反洗	空气擦洗		
						空气	水	
重力式滤池	单层滤料	无烟煤	0.8~1.5	700	10	—	—	
		石英砂	0.5~1.2	700	15	—	—	
		大理石	0.5~1.2	700	15	—	—	宜用于石灰处理
	双层滤料	普通快滤池	无烟煤	0.8~1.8	400~500	13~16	10~15	~10	
			石英砂	0.5~1.2	400~500			~10	
		接触滤池	无烟煤	1.2~1.8	400~600	15~17			
			石英砂	0.5~1.0	400~600				
压力式滤器	细砂过滤	石英砂	0.3~0.5	600~800	10~12	27~33		
	单层滤料	石英砂	0.5~1.2	1200	12~15	20		
		无烟煤	0.5~1.2	1200	10~12	10		
	双层滤料	石英砂	0.5~1.2	800	13~16	10~15	8~10	
		无烟煤	0.8~1.8	400				

注　1　表中所列为反洗水温20℃的数据。水温每增减1℃，反洗强度相应增减1%。

　　2　反洗时间根据过滤器（池）的型式和预处理方式而定，一般5~10min。

最后介绍反洗方法。反洗系统的选择、合理的设计和运行是保证过滤成功的关键。下面介绍几种常见的方法：

1）全浮动状态下的逆流反洗。反洗水通过滤层底部的排水系统引入。当反洗流速增大和滤层膨胀时，滤料逐渐呈浮动状态。典型反洗流量是 12～16L／（m²·s）或流速 37～49m/h，导致滤层膨胀率为 15%～45%。当反洗排水浊度等于反洗进水浊度时，可以慢慢关闭进水阀门，结束滤料浮动状态，并让滤料很好地分层。

2）表面清洗加全浮动状态的逆流反洗。该方法可用于改进反洗的效果。表面清洗系统从安装在固定滤层表面 2.5～5cm 之上的小孔注入水流。表面清洗在逆流反洗前运行 1～2min，通常在反洗期间连续进行，在此期间，表面清洗系统浸泡在浮动起来的滤料之中。表面清洗在反洗结束前 2～3min 结束。

表面清洗依靠安装在滤料上面的管簇或旋转的水分配臂来完成（即固定式或旋转式两种），且均含有用于喷出压力水流的管孔或喷嘴。运行压力一般为 350～520kPa，固定式管孔孔径一般为 2～3mm，喷出压力水流量为 1.6～3.3L／（m²·s）或流速 5～10m/h；旋转式喷嘴间距离为 10～20cm，喷出压力水流量为 0.4～0.8L／（m²·s）或流速 1.2～2.4m/h。

3）空气擦洗加全浮动状态下逆流反洗。该方法被认为是目前反洗效果最好的。在反洗水排出时，使用空气擦洗，存在着滤料被冲出过滤器的可能，因此该反洗系统需要合理的设计和运行。

对于较细的滤料，空气擦洗可在用水进行浮动反洗之前使用，其过程通常为 2～5min。空气擦洗停止后，在反洗水排出之前，反洗水进入过滤器，并慢慢从滤层中把空气排出，然后在全浮动状态下进行水的反洗，直至排出的反洗水清洁为止。

对较粗的滤料，在反洗水排出过滤器期间，空气擦洗可以与水反洗在浮动状态下同时进行，该方法会收到更好的效果。在同时反洗约 10min 后，停止空气供给，反洗水则继续进入，从滤层中把空气排出，并冲走滤料中的脏物。

一般情况下，对不同粒径的滤料，水和空气流量（速）应有所不同，以防止滤料排出体外。从石英砂表面至反洗水溢流口之间的垂直距离一般不少于0.5m。

对于先进行空气擦洗，后进行水反洗的情况，在美国，对双滤料过滤器（d_e为1.0mm磺化煤 + d_e为0.5mm石英砂），空气流速55～91m/h，根据水温，选用全浮动状态下水流量为12～16L/（$m^2 \cdot s$）或流速37～49m/h。

对于空气擦洗与水反洗同时进行的情况，在美国，对于d_e为1.0mm石英砂，空气流速为37～73m/h，水流速为15m/h；对d_e为2.0mm石英砂，空气流速为110～150m/h，水流速为15～20m/h。

（3）直流过滤。直流过滤（又称直流混凝过滤）是指对原水（地表水）悬浮物较低的水，不加设沉淀设备，把混凝剂（与助凝剂）直接加到过滤器的进水管道中，让水中杂质形成可过滤的细小矾花，以便在过滤器中除去杂质的过程，见图5-17。

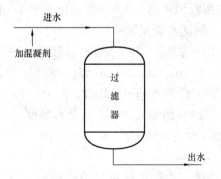

图5-17　直流过滤示意图

由于直流过滤没有另设沉淀设备，因此投资成本低，运行和维护成本也较低。该法所需的混凝剂量较少，因为它仅需要形成针状可过滤的细小矾花，而无需形成大量可沉淀的矾花，所以相对于常规处理所需的化学药品成本费用较低。但此法是在线混凝，要求运行监测较严格，并对原水和出水质量的变化做出迅速反应，以生产出合格的所需用水。

我国电力系统建议直流过滤滤速为 6 ~ 10m/h，见表 5 ~ 6。一些研究表明，混凝剂和阳离子助凝剂同时使用会收到较好的效果。典型的剂量为铝盐 2 ~ 10mg/L，阳离子聚合物为 0.2 ~ 2mg/L。一般要求加药地点设在进入滤池前的一定距离处，以便有 3 ~ 5min 的药液与水混合反应的时间。值得一提的是，当使用反渗透膜为复合膜时，应注意阳离子聚合物的使用，因为复合膜表面通常带负电，这有可能引起膜元件不可逆转的流量损失。

（二）滤芯滤料过滤

1. 概述

对于反渗透器进水，除了需要预先对原水进行常规的粒状滤料过滤外，还有必要使用滤芯滤料过滤（常用 5μm 滤芯），以除去水中微量的悬浮杂质，因为反渗透器对进水中悬浮杂质含量有严格的要求。如中空纤维反渗透器要求：进水浊度小于 0.3NTU，污染指数 SDI 小于 3，总含铁量小于 0.1mg/L，而使用滤芯滤料过滤，则能收到预期的效果。

目前，常用的滤芯类型有：聚丙烯线绕蜂房式管状滤芯，其公称精度有 1，5，10，20，30μm 等，外型尺寸为 $\phi65 \times 250$；褶页式滤芯，其公称精度有 0.45，1，3，5，10，30μm 等，外型尺寸为 $\phi70 \times 254$；熔喷式滤芯，其公称精度有 1，5，10，20，30μm 等，外型尺寸为 $\phi65 \times 250$ 和 $\phi65 \times 500$。

2. 滤芯性能

聚丙烯线绕蜂房式管状滤芯（简称蜂房式滤芯）是一种用聚丙烯线绕制在多孔管道上的外压式深层过滤元件。现以某设计研究院生产的蜂房式滤芯为例，分述其过滤性能和水力性能。

（1）过滤性能。具体内容如下：

1）去除颗粒杂质的效果。对各种精度的蜂房式滤芯截留颗粒杂质的效果进行了测试，结果如下：各精度滤芯透过大于该滤芯公称精度尺寸的颗粒的几率很小，即5μm滤芯透过大于5μm颗粒的几率小于0.05%（见图5-18）；10μm滤芯透过大于10μm颗粒的几率小于0.03%。但是，从概率分析来，透过大于该滤芯公称精度的颗粒毕竟是存在的，通过镜检法观测表明，透过5μm滤芯的最大颗粒粒径为15μm，透过10μm滤芯的则为20μm。

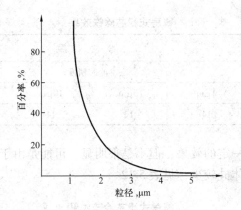

图5-18　5μm滤芯透过颗粒
的累计百分曲线

2）去除浊度的效果。试验证明，滤芯对水中浊度有明显的去除效果。滤芯精度与进出水浊度曲线关系见图5-19。

从图5-19中可看出，在相同进水浊度情况下，精度愈高的

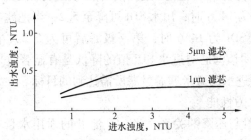

图5-19　滤速为0.5m³/h时，不同精度
滤芯与进、出水浊度关系曲线

滤芯，其出水浊度愈低；进水浊度愈低，出水浊度愈低；当进水浊度低于 1NTU 时，对 $1\mu m$、$5\mu m$ 滤芯，其出水浊度均低于 0.3NTU。

3）去除铁和硅等胶体物质的效果。试验证明，滤芯的除铁效果十分显著，而且不同精度滤芯除铁的效果大致接近，详见表 5-11。

表 5-11　　　　　　　　　蜂房式滤芯除铁效果　　　　　　　　$\mu g/L$

滤　前	滤　　　后			
	滤芯精度			
100	$1\mu m$	$5\mu m$	$10\mu m$	$20\mu m$
	14	13	14	14

除硅有一定的效果，但不是很明显，可能是由于试验用的自来水中的胶体硅较少，见表 5-12。

表 5-12　　　　　　　　　蜂房式滤芯除硅效果

公称精度（μm）	1	5	10	20	30
滤后水总硅（mg/L，以 SiO_2 计）	0.89	0.89	0.94	0.76	0.89

注　原水总硅量为 111mg/L，用 721 型分光光度计测定。

此外，利用 $5\mu m$ 滤芯对进出水 SDI 值进行测定。结果表明：当进水 SDI 为 14.6 时，出水 SDI 可降至 5.2；当把滤芯进行串联使用，进水 SDI 为 14.6 时，第一级滤后可为 5.2，第二级滤后降为 3。说明该滤芯对进水 SDI 值的降低是有显著效果的，这也正是反渗透进水用微米滤芯过滤所需达到的目标。

（2）水力性能。

1）流量与压降的关系。当一个滤芯的通用水量为 $0.5m^3/h$ 时，其压力降 Δp 值列于表 5-13 中，实际上该值就是滤芯在实际使用中的起始压差。

表 5-13   当 $q_V = 0.5 m^3/h$ 时各滤芯的 Δp 值

公称精度（μm）	1	5	10	20	30
Δp（kgf/cm²[①]）	0.15	0.085	0.040	0.024	0.018

①   1kgf/cm² = 0.098MPa。

单个 5μm 滤芯流量 q_V 与压力损失 Δp 关系见图 5-20。从该图可知，流量越大，压差越大。

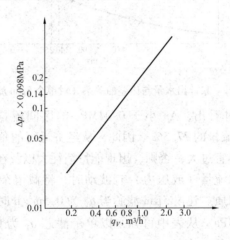

图 5-20   流量与压力降的
关系曲线（对 5μm 滤芯）

2）累计流量与压降的关系。对 5μm 滤芯，以某市自来水为水源，累计流量与压降的关系见图 5-21。

从该图可得到 5μm 滤芯不同压差范围的区间流量，见表 5-14。

表 5-14   滤芯不同压差范围的区间流量

压差变化范围（×0.098MPa）	<0.4	0.4~1	总 计
区间流量（m³）	242	68	310
占总流量的百分数（%）	77.5	22.5	100

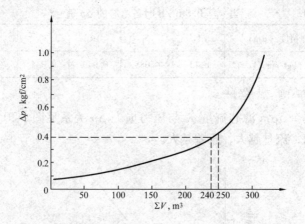

图 5-21　累计出水量与压差的关系（对单个 $5\mu m$ 滤芯）

从上表可看出，Δp 小于 0.04MPa 的区间流量占 Δp 小于 0.1MPa 时总流量的 77.5%。因此，从经济运行的角度看，滤芯的运行压差不宜过大，否则，出现能量消耗大以及在堵塞严重情况下，当进水流量（或压力）有波动时，将截留杂质带过滤芯而影响出水水质。建议 $5\mu m$ 滤芯当 q_V 为 $0.5m^3/h$ 时，使用压差不大于 0.05MPa。从表中可知，以单个滤芯 q_V 为 $0.5m^3/h$ 计，累计出水量为 $242m^3$ 时，运行时间为 $242/0.5 = 484h \approx 20d$。

（3）结论。蜂房式滤芯是一种效率高、阻力小的深层过滤元件，滤芯属于微米级的精密过滤，适用处理悬浮物含量较低（如浊度小于 1NTU）的水，以获得合适的运行周期和较佳的经济效果。建议单个滤芯出力为 $0.5m^3/h$ 时，使用压差最好小于 0.05MPa，以免因进水流量有较大波动时，影响出水质量，并达到经济运行的目的。

滤芯对水中的机械杂质、浊度和铁均有较高的去除效果。水中含有微量胶体时，能使水中 SDI 值有明显降低。同时注意到滤芯属于深层过滤范畴，滤后出水中也出现大于滤芯公称精度的颗粒，只是出现的几率很小。

此外，由于蜂房式滤芯在纺制过程中加有表面活性剂、去静电剂和纯碱（Na_2CO_3）等，因此在滤芯使用前，有必要用1%的盐酸将滤芯循环流动酸洗半小时，然后，用水进行冲洗。

3. 滤芯过滤器

滤芯过滤器根据滤芯的安装方式可分为蜡烛式（见图5-22）或悬吊式两种。但对于不能反洗的滤芯，制成蜡烛式结构的为多。

对于给定出水量的过滤器内所需滤芯的组合及数量，应根据厂家对滤芯性能的说明而定。过滤器的运行周期和压降也需根据滤芯性能和过滤器的结构进行测算。

（三）叠片式过滤

在 RO 水处理系统中，有用叠片式过滤器作为 RO 预处理的。现予以简单介绍。

该过滤器的叠片是基本的过滤单元，精度有 10，20，55，100，130，200，400μm 等多种规格。过滤模块由一组叠片、弹簧、活塞、隔膜、反冲洗喷嘴等组成。每个过滤模块的出力可为 5（叠片精度 20μm）~10m³/h（叠片精度 100μm）。

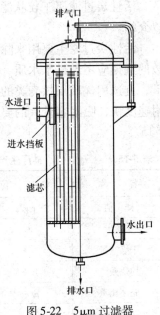

图5-22　5μm过滤器
（蜡烛式）

根据水量和出水水质的要求，确定过滤系统需要过滤模块的数量和叠片精度。

该过滤器的反洗可采取手动或自动方式。下面说明自动反洗叠片式过滤器的运行状态：在过滤状态下，原水从外侧通过叠片，过滤叠片在弹簧的弹力和原水水压的作用下紧紧地压在一起，把颗粒杂质截留在叠片交叉点上，原水经过叠片后流出过滤器，成为产品水。当过滤器的运行压差达到一定值或运行一定时间后，叠片过滤系统进入自动反洗状态，控制器的控制阀改变水流方向，反洗水的压力拉升弹簧，使叠片松开，水流通过喷嘴沿切线喷射，使叠片旋转，把截留在叠片上的颗粒杂质冲洗掉，随水流排出。

（四）活性炭过滤

活性炭过滤属于粒状滤料过滤的一种，因其功能特殊专门予以介绍。

活性炭过滤主要用来除去有机物和残余氯。活性炭过滤器参数的选择应考虑进水水质、处理要求和活性炭种类等。一般情况下，宜选用优质果核壳类的活性炭，以确保达到机械强度好，吸附速度快，吸附容量大的要求。某厂生产的活性炭技术指标见表5-15。

表 5-15　　　　　　　某厂生产的活性炭技术指标

名　称	单　位	标准规定值	实际平均值
碘　值	mg/g	≥1000	1194
强度[1]	%	≥90.0	97.4
干燥减量	%	≤10.0	3.3
灼烧残渣	%	≤5.0	2.1
充填比重	g/cm^3	≥0.32	0.40
pH 值		7.0～11.0	8.4
10～28 目		≥90	91.3
>28 目		≤5	0.5
亚甲基蓝	mL	≥8.0	11

[1]　活性炭强度指试样经一定机械磨损后，保持颗粒部分所占的百分数。

研究表明，用活性炭过滤法除去水中游离氯能进行得很彻底。活性炭脱氯并不是单纯的物理吸附作用，而是在其表面发生了催化作用，促使游离氯通过活性炭滤层时，很快水解并分解出原子氧，其反应如下：

$$Cl_2 + H_2O \rightleftharpoons HCl + HClO \qquad (5-8)$$

$$HClO \longrightarrow HCl + [O] \qquad (5-9)$$

原子氧与碳原子由吸附状态迅速地转变成化合状态

$$C + 2[O] \longrightarrow CO_2 \uparrow \qquad (5-10)$$

综上所述，氯与活性炭的反应可如下

$$C + 2Cl_2 + 2H_2O \longrightarrow 4HCl + CO_2 \uparrow \qquad (5-11)$$

从此反应式可看出，活性炭脱氯并不存在吸附饱和问题，只是损失活性炭而已，因此，活性炭用于脱氯时，可以运行很长时间。

某厂反渗透装置进水除氯使用活性炭过滤器，见图5-23。活性炭过滤器一般运行流速为 8~15m/h。

在医院渗析水处理中，要求除去残余氯。美国 DDHS（人类健康服务机构）建议在渗析水应用中利用活性炭除去游离氯或氯胺，提出一个空床接触时间（EBCT）概念，EBCT 是水流过过滤器内活性炭的时间。

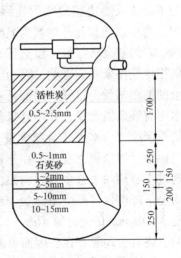

图 5-23　活性炭过滤器

对不同应用，提出一个建议的 EBCT 值，以便满足完全除去残余氯的要求。在渗析水处理中，建议 EBCT 值为：除去游离氯为 6min；除去氯胺为 10min。在其他应用中，通常要求除去氯胺为 3min。

对给定 EBCT 值，可按下式计算所需活性炭体积

$$V = q_V \cdot \text{EBCT} \qquad (5-12)$$

式中　V——活性炭体积，m^3；

　　　q_V——水处理流量，m^3/h；

EBCT——空床接触时间，h。

此外，活性炭也能除去水中的臭味、色度和有机物等，作为此功能使用时，活性炭使用到一定时间，为了恢复其吸附活性，需进行再生或更换。

值得指出的是，活性炭（GAC）过滤器内滤料的多孔结构，以及活性炭吸附的有营养的有机物，提供了细菌繁殖的环境，因此，GAC 过滤器的定期擦洗或化学处理是必要的。

三、水的氯化处理

氯气、次氯酸钠作为杀菌剂，广泛应用于水处理中。如为防止凝汽器铜管的微生物污染，对冷却水进行氯化处理；为提高澄清过滤效果，对澄清池的进水进行氯化处理；在反渗透系统中，为了防止反渗透膜的微生物污染，对反渗透进水要进行氯化处理，当反渗透膜元件材料为醋酸纤维素时，水中还要求有 $0.2 \sim 1 \mathrm{mg/L}$ 的残余含氯量，以防膜元件的再污染。在这种情况下，一般很少使用紫外线杀菌，因为经过紫外线杀菌后的水中，没有残余的消毒剂量，这样，醋酸纤维素膜的再污染难于避免。但是，水中有残余氯含量，并不意味着有较强的杀菌能力，水中残余氯的杀菌能力与水中残余氯含量、接触时间和水的 pH 值等有关。当使用反渗透膜为复合膜和芳香族聚酰胺中空纤维素膜时，反渗透进水必须除去残余氯。例如，FILMTEC FT30 复合膜在脱盐率明显下降前仅可忍受游离氯 $1000 \mathrm{mg/L} \ 1 \mathrm{h}$。虽然 FT30 膜可以忍受 $3 \times 10^{5} \mathrm{mg/L}$ 化合氯 1h，但氯胺是由氨与次氯酸反应而生成的，将有游离氯存在，因而也需考虑除去氯。

1. 衡量微生物污染程度的指标

一般来说，地表水的微生物含量比地下水高。天然水中含有细菌、水藻、真菌、高微生物等。在 RO 系统的预处理中，通过对水的氯化处理除去微生物。微生物对 RO 膜的污染程度与进水中的微生物（细菌）的浓度（数量）有直接的关系。衡量细菌的数量可用下列两个指标。

（1）总细菌数（TBC）。TBC 能反映水样中活的微生物总数，测定方法可参见 ASTMF60。该方法是让水样流过膜过滤器，把膜过滤器截留的有机物放在适当的营养介质上培养几天，使它们培养成细菌集群，然后，在低放大率下观察和计量细菌集群数，得出 TBC 值。该方法可用来监视 RO 系统中进水、浓水和产水的微生物活性。

（2）直接细菌数。该方法是把水样通过过滤器，在荧光显微镜下直接计量截留在过滤器盘上的微生物数量。在计量之前，先把过滤器盘上的微生物用丫啶橙染色或 INT 染色。INT 染色可区别开活细胞和死细胞。

2. 对水进行氯化处理中的几个概念

在工程实践中，经常讲残余氯含量为多少，游离氯含量为多少，实际上这两个概念是不同的。当说 NaClO 百分浓度为 5%，并不是指 100g 溶液中含有 5gNaClO 的量，它是指有效氯而言的。

（1）残余氯。指测量时水中氯的总和，即指化合氯与游离氯之和。

（2）化合氯。指一种或多种氯胺化合物，如一氯胺（NH_2Cl）、二氯胺（$NHCl_2$）等，它是由氯和存在于水中的氨化合物反应而生成的。反应如下

$$Cl_2 + H_2O \Longleftrightarrow HOCl + HCl \tag{5-13}$$

$$HOCl + NH_3 \Longleftrightarrow NH_2Cl + H_2O \tag{5-14}$$

$$HOCl + NH_2Cl \Longleftrightarrow NHCl_2 + H_2O \tag{5-15}$$

$$HOCl + NHCl_2 \Longleftrightarrow NCl_3 + H_2O \tag{5-16}$$

以上氯与氨的反应主要受水的 pH 值和氯与氮质量比的控制。

（3）游离氯。指水溶性分子氯、次氯酸或次氯酸根或它们的混合物，它们的相对比例取决于水的 pH 值和温度。

（4）有效氯。指氯化剂所含的氯中可起氧化作用的比例，是以 Cl_2 作为 100% 来进行比较的。Cl_2 含有两个氯原子，在起氧

化作用时夺取的电子数为$2e$，其有效系数可以认为等于$2e/2Cl = 1$。

NaClO 中的 ClO^- 在反应中得到 $2e$，有效系数为 $2e/Cl^- = 2$，因而理论有效氯含量为 $2 \times M$（Cl）$/M$（NaClO）$= 2 \times$（35.5/74.5）$= 2 \times 47.7\% = 95.4\%$。实际产品达不到理论有效氯含量，如天津某化工厂生产的 NaClO 的有效氯含量仅为 85g/L（约 8.5%，对稀溶液 NaClO 相对密度 $d \approx 1$）。

无论是测定氯水浓度、NaClO 浓度、有效氯、水中残余氯含量，实际上都是测定溶液中起氧化作用的氯含量。测定残余氯的含量的方法除了比色法外，也可应用碘量法等，结果均以 mg/L（Cl_2）表示。因此，5% NaClO 指 100g 溶液中有效氯含量为 5g（以"Cl_2"表示）。

如要求加入 x [mg/L（Cl_2）] 的 NaClO，则加入 NaClO 溶液的量可按式（5-17）计算

$$q = \frac{q_V x}{w（NaClO）\times 100} \cdot \frac{1}{\rho} \qquad (5\text{-}17)$$

式中　　q——每小时加入的 NaClO 溶液量，L/h；

　　　　q_V——水流量，m^3/h；

w（NaClO）——NaClO 的百分浓度，在 RO 系统中，一般配成 5% 的浓度；

　　　　ρ——NaClO 溶液的相对密度；

　　　　x——要求加入 NaClO 的量，mg/L（Cl_2）。

在工程实践中，除了上述几个有关氯的概念外，还出现过活性氯。活性氯一般用来指游离氯，为方便起见，建议应避免使用"活性氯"这个名称。由上可见，只有当水中化合氯为零时，游离氯的含量才等于残余氯的含量。

3. 残余氯与杀菌能力的关系

当向水中投加 NaClO 时，其氧化能力取决于水中 HClO 与 ClO^- 所占的比例。

NaClO 在水中发生水解：

$$NaClO + H_2O \xrightleftharpoons{\hspace{1cm}} HOCl + NaOH \qquad (5\text{-}18)$$

HClO 是弱酸，在水中电离为

$$HClO \Longleftrightarrow H^+ + ClO^- \qquad (5-19)$$

HClO 的电离常数 K（20℃）计算如下

$$K = \frac{[H^+][OCl^-]}{[HOCl]} = 3.3 \times 10^{-8} \qquad (5-20)$$

由上式可得

$$\frac{[HOCl]}{[HOCl] + [OCl^-]} = \frac{1}{1 + K/[H^+]} \qquad (5-21)$$

可见，HClO 与 ClO⁻ 在水中所占比例除了受温度影响外，主要取决于水的 pH 值。由式（5-21）可得表 5-16。

表 5-16　　　　　　　　pH 值与 HClO 和 ClO⁻ 的关系

pH	3	4	5	6	6.5	7	7.5	8	9	10
HClO (%)	99.997	99.967	99.671	96.805	90.544	75.188	48.438	23.256	2.941	0.302
ClO⁻ (%)	0.003	0.003	0.329	3.195	9.455	24.812	51.562	76.744	97.059	99.698

当 HClO 与 ClO⁻ 作为氧化剂时，它们均有较强的氧化能力，但 HClO 的氧化能力比 ClO⁻ 要强得多。这可从下列标准电极电位值看出。

$$HClO + H + 2e \Longleftrightarrow Cl^- + H_2O \qquad E = +1.49V$$

$$ClO^- + H_2O + 2e \Longleftrightarrow Cl^- + 2OH^- \qquad E = +0.94V$$

但当作为杀菌剂时，ClO⁻ 远不如 HClO。虽然氯的杀菌机理还不完全清楚，但一般认为起杀菌作用的主要是 HClO。ClO⁻ 杀菌作用一般只有 HClO 的 1% ~2%。

由上可知，为了达到良好的杀菌效果，pH 值不宜过高。pH 值在 5 ~6.5 时，水中 90% 以上氯均以 HClO 形式存在，具有较好的杀菌效果。当 pH 大于 9 时，尽管水中仍有 0.2 ~1mg/L 的残余氯，但此时水中氯主要以 ClO⁻ 形式存在，因而杀菌效果极差。

为了了解氯在水中的杀菌效果，除了应知道水中是否有残余氯含量外，还应了解水中的 pH 值大小。pH = 5 与 pH = 8 时水中残余氯含量相等，但其杀菌能力大不一样。为了得到相同的效果，pH 值越高，所需的残余氯含量也越高。可见水中残余氯含量并不是反映杀菌能力的唯一指标，为了得到满意的杀菌效果，应控制合适的 pH 值。

膜元件为醋酸纤维素材料时，反渗透进水 pH 值一般控制在 5 ~ 6 之间。对于杀菌效果而言，这具有明显的经济性，在此 pH 值下，膜的水解速度也较低。反渗透膜元件为复合膜时，因其运行 pH 允许在 3 ~ 10 之间，当对反渗透器进水进行预氯化处理时，pH 值不宜过高。在一些水处理系统中，为了达到良好的杀菌效果，适当加酸降低 pH 值也是必要的。

4. 氯的去除

（1）加亚硫酸钠。向含有残余氯的水中投加一定量的还原剂亚硫酸钠 Na_2SO_3，使之发生脱氯反应，反应式如下

$$Na_2SO_3 + HClO \Longrightarrow Na_2SO_4 + HCl \tag{5-22}$$

$$NaHSO_3 + HClO \Longrightarrow NaHSO_4 + HCl \tag{5-23}$$

亚硫酸钠的加药量可以按下式估算

$$\rho(Na_2SO_3) = 63\alpha\left[\frac{\rho(O_2)}{8} + \frac{\rho(Cl_2)}{71}\right] \tag{5-24}$$

式中　$\rho(Na_2SO_3)$——需投加纯净的亚硫酸钠量，mg/L；

α——加药系数，可取 2 ~ 3；

$\rho(O_2)$——水中溶解氧浓度，mg/L；

$\rho(Cl_2)$——水中残余氯含量，mg/L；

63，8，71——$1/2\ Na_2SO_3$，$1/2\ O_2$，Cl_2 的摩尔质量。

由于 Na_2SO_3 有较强的还原性，它还能与水中的溶解氧发生反应，反应式如下

$$2Na_2SO_3 + O_2 \Longrightarrow 2Na_2SO_4 \tag{5-25}$$

因此，在上述估算式中，应考虑溶解氧的含量。

亚硫酸钠的储存期限与其浓度有关，见表 5-17。

表 5-17

浓度（质量百分比）	最大储存期限	浓度（质量百分比）	最大储存期限
2	3 天	20	1 个月
10	1 周	30	6 个月

除向水中加入 Na_2SO_3、$NaHSO_3$ 外，还可以加入还原剂 $Na_2S_2O_5$（偏亚硫酸钠），除去游离氯，反应如下

$$Na_2S_2O_5 + H_2O + 2HOCl \longrightarrow 2NaCl + 2H_2SO_4 \quad (5-26)$$

$NaHSO_3$ 和 $Na_2S_2O_5$ 是反渗透水处理较常用的还原剂，$NaHSO_3$ 一般以液态供应，$Na_2S_2O_5$ 以固态颗粒供应。当 $Na_2S_2O_5$ 与水混合时，会产生有刺激的烟雾。

加入还原剂时，为确保 RO 给水中消除水中的氧化剂，可利用 ORP 计（氧化还原电位计）监测水，一般 ORP 读数应小于 175mV。还原状态的水环境能导致厌氧菌的繁殖，某种厌氧菌还会还原 SO_4^{2-} 为 H_2S，最佳还原电位为 $-100 \sim -200mV$，因此，维持稍正值的还原电位有助于控制该类微生物的活性。

加入还原剂量，除上面介绍方法估算外，还可以按加入 1mg/L 的富裕量估算。加入量见表 5-18。

表 5-18　　　　　除去游离氯需还原剂量

还原剂	分子重量	需加入量为游离氯的倍数
Na_2SO_3	126.1	1.8
$NaHSO_3$	104.1	1.5
$Na_2S_2O_5$	190.2	1.35

【例 5-1】　除去 0.3mg/L 的游离氯，在 RO 系统给水中需加入多少 $NaHSO_3$？

解　　　　$Cl_2(g) + H_2O \Longrightarrow HOCl + HCl$

　　　　　71g/mol

　　　　　0.3mg/L

$$HOCl + NaHSO_3 \longrightarrow NaHSO_4 + HCl$$

$$104.\,1\,g/mol$$

$$x$$

由上两式可得 $71 : 104.\,1 = 0.\,3 : x$

则 $x = \dfrac{0.\,3 \times 104.\,1}{71} = 0.\,44\,mg/L$

上值约为游离氯量 $0.\,3\,mg/L$ 的 $1.\,5$ 倍。为确保水中氯完全反应和增加反应速度，通常加入 $1\,mg/L$ 的富裕量，即需加入 $NaHSO_3$ 量为 $(1 + 0.\,44) = 1.\,44\,mg/L$。

（2）采用活性炭。利用活性炭过滤器除氯时，活性炭可能繁殖细菌，从而污染膜，因此活性炭的定期处理是必要的。

复合膜要求 RO 给水除去水中残余氯，这可能引发复合膜微生物污染的问题，使得某些为地表水的水源，复合膜的应用受到限制，这也是复合膜无法完全取代醋酸纤维素膜的原因之一。

四、水中铁的去除

反渗透进水对水中含铁量有严格的限制，水中铁进入 RO 系统会污染膜，还有可能在铁细菌存在时，形成铁锈软泥。除铁的方法有：混凝法、化学沉积法、锰砂过滤法、石灰碱化法等，其中前两种为较常用的方法。

1. 混凝法

水中铁盐以氢氧化铁胶体或有机化合物胶体（如腐植酸铁）形态存在时，可以使用混凝剂，使胶体失稳，凝聚成了大颗粒，在澄清过滤工艺中除去。

2. 化学沉淀法

该方法就是把水中的二价铁氧化成相对不溶解的三价铁，然后通过过滤方法除去其沉积物。

天然水中的铁离子有二价铁（Fe^{2+}）和三价铁（Fe^{3+}）两种形态，当水中溶解氧的浓度很低和水中的 pH 值较低时（深井水），水中一般含有的是二价铁盐，并常以 $Fe(HCO_3)_2$ 形式存在。当水通过曝气法溶入氧气后，由于 Fe^{2+} 具有较强的还原性，它容易被 O_2 氧化成 Fe^{3+}，Fe^{3+} 在水中发生水解反应，生成难溶化合物 $Fe(OH)_3$ 沉淀而析出，从而达到除铁的目的。反应如下：

$$4Fe^{2+} + O_2 + 10H_2O \Longrightarrow 4Fe(OH)_3\downarrow + 8H^+ \qquad (5\text{-}27)$$

此外，水中 CO_2 会随着曝气过程而散发至空气中。

在地面水中，由于溶解氧含量较大，当其 pH 在 7 左右时，其中铁几乎只有胶溶状的 $Fe(OH)_3$。

除了利用氧气作为氧化剂外，还可使用氯气和高锰酸钾作为氧化剂，反应式如下：

$$3Fe^{2+} + KMnO_4 + 7H_2O \Longrightarrow 3Fe(OH)_3\downarrow + MnO_2(S) + K^+ + 5H^+$$
$$(5\text{-}28)$$

$$2Fe^{2+} + Cl_2 + 6H_2O \Longrightarrow 2Fe(OH)_3\downarrow + 2Cl^- + 6H^+$$
$$(5\text{-}29)$$

从上面反应式可知，反应过程中均产生氢离子，因此，若仅有上述反应，又无足够的缓冲容量的活 pH 将会下降，上述反应所需氧化剂理论值见表 5-19。

表 5-19 氧化铁所需的氧化剂理论量

氧化剂种类	除去 1mg/L 铁需要氧化剂的量（mg/L）
需氧量（以"O_2"计）	0.14
需高锰酸钾量（以"$KMnO_4$"计）	0.94
需氯量（以"Cl_2"计）	0.63

从上面两个反应式表明，二价铁实际去除量与 $Fe(OH)_3$ 形成有关，即

$$Fe^{3+} + 3OH^- \Longrightarrow Fe(OH)_3\downarrow$$

$Fe(OH)_3$ 的溶度积为 $K_{SP} = 3.8 \times 10^{-38}$，从上式可知，pH 提高，$Fe(OH)_3$ 溶解度下降。实际上，并不总是这样，只有在 pH 约小于 10 范围内，pH 提高，$Fe(OH)_3$ 溶解度下降。pH 更高

时，会形成溶解离子 $Fe(OH)_4^-$。

实际应用中，需要高锰酸钾的量低于理论值，这可能是二价铁在氧化过程中，生成的二氧化锰起催化作用，机理可假设为

$$2Fe^{2+} + 2MnO_2(s) + 5H_2O \rightleftharpoons 2Fe(OH)_3(s) + MnO_2(s) + 4H^+$$
$$(5-30)$$

从表 5-19 可看出，氧化铁时需要的氧气量是较少的。一般只要提供充足的氧量，并有一定的反应时间，即可较好氧化二价铁。用来除去二氧化碳和其他气体的除气器，也可提供充足的氧气来氧化铁。

当使用氯作为氧化剂时，所需要的量往往大于表 5-19 所列的理论值，原因可能是氯在别的反应中消耗了部分量，一般要求水中含有 $0.2 \sim 0.5 mg/L$ 残余氯量，以确保铁的氧化完全。

当采用氧气作为氧化剂时，氧化速度可表示如下：

$$pH > 5, \quad \frac{d[Fe^{2+}]}{dt} = -kp_{o_2}[OH^-]^2[Fe^{2+}] \quad (5-31)$$

式中　$\dfrac{d[Fe^{2+}]}{dt}$——二价铁氧化速度，$mol/(L \cdot min)$；

　　　　k——反应速度常数，$20.5℃$ 时为 $(8.0 \pm 2.5) \times 10^{13}$，$L^2/[min \cdot atm \cdot (mol)^2]$；

　　　　$[OH^-]$——氢氧根离子浓度，mol/L；

　　　　$[Fe^{2+}]$——二价铁浓度，mol/L。

从式中可看出，二价铁反应速度与水中氧气量、pH、铁的浓度等有关。

有文献表明，在原水中充入空气或其他氧化剂（如氯气），即"接触氧化法"，它氧化 Fe^{2+} 的速率比自发性氧化反应快 60 倍。此外，自发性氧化需很大的建筑用地，以保证水流有足够的时间完成自发性的缓慢的氧化过程。

3. 锰砂过滤法

天然锰砂的主要成分是二氧化锰 MnO_2，它是二价铁氧化成三价铁良好的催化剂。只要水中 pH 值大于 5.5 时，与锰砂接触

即可将 Fe^{2+} 氧化成 Fe^{3+}，反应如下：

$$4MnO_2 + 3O_2 \Longrightarrow 2Mn_2O_7 \tag{5-32}$$

$$Mn_2O_7 + 6Fe^{2+} + 3H_2O \Longrightarrow 2MnO_2 + 6Fe^{3+} + 6OH^- \tag{5-33}$$

生成的 Fe^{3+} 立即水解生成絮状氢氧化铁沉淀，即

$$Fe^{3+} + 3OH^- \Longrightarrow Fe(OH)_3 \downarrow \tag{5-34}$$

$Fe(OH)_3$ 沉淀物经锰砂过滤后被除去，因此，锰砂滤层起着催化和过滤的双重作用。

由上可知，在 Fe^{2+} 氧化为 Fe^{3+} 的过程中，水中必须保持足够的溶解氧，所以，在用天然锰砂除铁时，需将原水充分曝气。

例如，某高含铁量深井苦咸水电导率大于 $5000\mu s/cm$，含铁大于 $10mg/L$，当清澈的井水暴露在空气中数分钟后就会变红。为生产生活饮用水，采取如下工艺流程：

井水→曝气→加药沉降除铁→锰砂过滤→活性炭过滤→$5\mu m$ 过滤器→高压泵→反渗透设备→产水箱

流程中，加药沉降除铁后可使水中含铁量小于 $0.5mg/L$，由于 RO 膜对铁含量有严格要求，经过锰砂过滤除铁后，可使水中铁含量小于 $0.05mg/L$。

4. 石灰碱化法

当水中 SO_4^{2-} 含量较大时，除去水中的铁不能用曝气法，而必须使用石灰碱化法。

石灰加入水中后，则与水中硫酸亚铁作用，反应如下：

$$FeSO_4 + Ca(OH)_2 = Fe(OH)_2 + CaSO_4 \tag{5-35}$$

当水的 pH >8 时，水中 $Fe(OH)_2$ 能迅速氧化成 $Fe(OH)_3$ 絮状沉淀物，从而把铁除去。

五、微滤（MF）和超滤（UF）

1. 微滤（MF）

悬浮物和胶体杂质可通过介质过滤器除去。当原水的 SDI 值

不是很大（如 SDI < 50）时，可采用交叉流式的微滤器除去。交叉流式的微滤器除去悬浮杂质的效果，与该装置微滤膜的孔径有关。一般选用微滤膜的孔径为 1 ~ 10μm。微滤器作为 RO 水处理系统的预处理，其污染比反渗透装置要严重，但其清洗比反渗透装置容易。微滤器可采用定期自动反洗，实践证明反洗效果是很好的，而 RO 膜元件是不能反洗的。

2. 超滤（UF）

超滤作为 RO 水处理系统的预处理，既可以除去悬浮物和胶体杂质，又可以除去可溶性的有机物和无机聚合物。根据原水类型，原水进入超滤之前，需要做一定的处理。超滤膜组件多为中空纤维膜，膜材料有醋酸纤维素、聚丙烯等。超滤制水系统在运行一定时间或压差达到一定值后，需要进行反洗，除去膜表面上聚集的杂质。为了更好地除去膜表面上的杂质，有的超滤厂商要求进行气反吹，气压控制在 0.25 ~ 0.3MPa。当超滤设备的产水量下降 10% ~ 15% 或系统压差升高 10% ~ 15% 时，需要进行化学清洗。某超滤厂商提出对进水水质的要求见表 5-20。其出水水质

表 5-20　　　　　某中空纤维超滤系统对进水水质的要求

名　　称		单　　位	指　　数
杂质粒径	内压式	μm	< 0.5
	外压式	μm	< 50
浊度	内压式	NTU	< 5
	外压式	NTU	< 20
COD		mg/L	< 50
BOD		mg/L	< 30
温　　度		℃	1 ~ 40
运行压力		MPa	< 0.25
承压能力		MPa	< 0.4

可达到：浊度小于 0.2NTU，污染指数 SDI < 1.5。

六、海水预处理

1. 海水的有关概念

（1）海水的氯度。指沉淀 0.3285233kg 海水中全部卤素（氯离子、溴离子、碘离子等）所需纯银的克数，即为氯度，以"Cl‰"表示。

（2）海水的盐度。指在 1000g 海水中，将所有的碳酸盐转变为氧化物，将所有溴化物和碘化物转变为氯化物，将所有的有机物完全氧化后，其所含固体物质的总克数，即为盐度，以 S‰表示。

（3）总含盐量。指海水中各个溶解盐类浓度的总和，以 Σ‰表示。

（4）上述有关量的关系。

盐度与氯度之间的关系为

$$S‰ = 0.030 + 1.8050 \times Cl‰ \qquad (5-36)$$

总含盐量与氯度之间的关系为

$$\Sigma‰ = 0.073 + 1.8110 \times Cl‰ \qquad (5-37)$$

如氯度为 19‰的海水，则盐度为 34.325‰，总含盐量为 34.482‰。

（5）海水密度与相对密度。海水密度是指单位体积海水的质量，单位为 g/cm^3。

海水相对密度是指某一温度的海水密度与 4℃纯水的密度之比。纯水在 4℃时的密度为 $1g/cm^3$，所以海水密度与比重的绝对数值相等。

海水的密度一般在 1.01000 ~ 1.03000g/cm^3 之间，其值随温度和盐度的变化而有显著的变化，见表5-21。压力对密度的影响较小，可忽略。

表 5-21　　　　　　　　　　海水密度表　　　　　　　　　g/cm³

温度（℃）	密度 纯水	海水含盐量（‰）				
		10	20	30	35	40
−2	0.99969	1.00792	1.01605	1.02415	1.02821	1.03233
0	0.99987	1.00801	1.01607	1.02410	1.02813	1.03222
5	0.99999	1.00796	1.01586	1.02374	1.02770	1.03172
10	0.99973	1.00756	1.01533	1.02308	1.02698	1.03093
15	0.99915	1.00684	1.01450	1.02215	1.02599	1.02990
20	0.99823	1.00585	1.01342	1.02098	1.02478	1.02865
25	0.99708	1.00461	1.01211	1.01959	1.02336	1.02720
30	0.99568	1.00314	1.01057	1.01800	1.02175	1.02555
35	0.99474	1.00216	1.00955	1.01696	1.02069	1.02448

2. 海水预处理

反渗透海水预处理有杀菌、沉降、过滤、软化等，现简单介绍如下。

（1）杀菌。海水中含有一定数量的菌藻、微生物等，它们能附着在管壁上生长繁殖，并有可能引起管道腐蚀；如在砂滤器中繁殖，则会增大过滤器的阻力；还会引起反渗透膜的污染。因此，杀菌通常是海水预处理的第一步。

杀菌通常是向海水中加入氯气，利用水中的次氯酸及次氯酸根的强氧化作用，杀灭各种菌藻类及微生物。通常氯气的加入量为 1~5mg/L。当采用 RO 聚酰胺膜或复合膜时，应先除氯，以防反渗透膜的损坏。

（2）沉降。海水中含有的悬浮颗粒在海水输送过程中会磨损管壁，加剧管道腐蚀，并会污染反渗透膜。沉降就是海水中较大的悬浮颗粒，利用其自身重力作用沉降下来。沉降分自然沉降和凝聚沉降。凝聚沉降与自然沉降区别在于：凝聚沉降向水中加入凝聚剂，使较小的悬浮颗粒、胶体也能聚集成大颗粒沉降下来。

（3）过滤。采用常规的粒料过滤及微米级的滤芯过滤，除去悬浮杂质，满足反渗透进水的要求。

（4）软化。在反渗透系统中，当采取措施，如加阻垢剂等，海水在反渗透装置浓缩时，仍会在膜上造成钙、镁垢的形成，必须对海水进行软化，如采用钠离子交换法等。

3. 海水淡化的理论耗能量

在反渗透海水淡化过程中，浓度为 c_f 的海水淡化成浓度为 c_p 的淡水和浓度为 c_b 的浓水，则海水淡化理论耗能量计算公式如下

$$W_1 = 2RT\left[n_p\ln\frac{c_p}{c_f} + n_b\ln\frac{c_b}{c_f}\right] \tag{5-38}$$

式中　W——耗能量，J/L；

　　　R——气体常数，8.314J/（mol·K）；

　　　T——绝对温度，K；

　　n_p，n_b——分别为淡水和浓水的溶质摩尔数。

淡水密度为 $1.0g/cm^3$，因 $1J = 1/（3.6 \times 10^6）$ kW·h，则生产1t淡水所需电量为

$$W_2 = \frac{W_1}{3.6 \times 10^6} \quad （kW·h/t） \tag{5-39}$$

【例5-2】 某海水淡化厂利用反渗透设备进行除盐，海水浓度为34000mg/L，系统回收率为40%，脱盐率为99%，计算25℃时生产1t淡水所需的理论耗电量。

解　（1）假定海水盐均为NaCl，反渗透系统给水、淡水、浓水的浓度 C_f、C_p、C_b 可分别计算如下：

$c_f = 34000mg/L \approx 0.582mol/L$

$c_p = SP \times c_f(2 - Y)/2(1 - Y)$

$\quad = （1 - 99\%）\times 3400 \times （2 - 40\%）/2（1 - 40\%）$

$\quad = 454mg/L \approx 0.00775mol/L$

$c_b = c_f/（1 - Y）= 34000/（1 - 40\%）$

$\quad = 56667mg/L \approx 0.969mol/L$

（2）计算 n_p 和 n_b：

取淡水 1L 作为计算基准，则

$$n_p = 0.00775\text{mol}$$

$$Y = (Q_p/Q_f) \times 100\%$$

$$Q_f = Q_p/Y = 1/40\% = 2.5\text{L}$$

$$Q_b = Q_f - Q_p = 2.5 - 1 = 1.5\text{L}$$

$$n_b = C_b Q_b = 0.969 \times 1.5 = 1.4535\text{mol}$$

（3）计算耗电量：

$$W_1 = 2RT\left(n_p\ln\frac{c_p}{c_f} + n_b\ln\frac{c_b}{c_f}\right)$$

$$= 2 \times 8.314 \times 298.2 \times (0.00775\ln0.00775/0.582$$

$$+ 1.4535\ln0.969/0.582)$$

$$= 4958.4696 \times (0.00775\ln0.0133162 + 1.4535\ln1.664948)$$

$$= 4958.4696 \times (-0.03347 + 0.740985)$$

$$= 3508\text{J/L}$$

$$W_2 = 3508/(3.6 \times 10^3) = 0.974\text{kW}\cdot\text{h/t}$$

$$\approx 1\text{kW}\cdot\text{h/t}$$

即在给定条件下，利用反渗透每生产 1t 淡水需理论耗电量约为 1kW·h/t，实际上，反渗透装置所需能量远大于此值，说明海水淡化在降低能耗方面，还有很大潜力可以发掘。

4. 海水淡化的工艺系统

某海水淡化厂采用 RO 复合膜制备饮用水，系统回收率为 40%，工艺流程如下：

$$\text{深井取海水} \xrightarrow[\text{PAC}]{\text{NaClO}} \text{海水沉淀池} \rightarrow \text{增压泵} \rightarrow \text{细砂过滤器} \rightarrow$$

$$\xrightarrow[\text{NaHSO}_3]{\text{H}_2\text{SO}_4} \text{保安过滤器} \rightarrow \text{高压泵 + 能源回收装置} \rightarrow \text{RO 装置} \rightarrow \text{淡化水}$$

（供饮用）

系统加入 NaClO 用来杀死细菌、微生物、藻类等，NaClO 可以海水为水源，利用次氯酸钠发生器产生；加入凝聚剂 PAC 是为了使悬浮颗粒等沉降下来，使出水更清澈；加入 H_2SO_4 为了降低水中 pH 值，防止某些难溶盐在 RO 膜上析出；由于采用复合膜，给水进入反渗透装置前需要除去残余氯；由于反渗透浓水压力较高，有必要采用能源回收装置以节省能源。

控制反渗透膜结垢

反渗透预处理中，无论何种药品加入水中，均需考虑反渗透膜的兼容性问题，因而本章首先叙述膜的兼容性。

一、膜的兼容性

如果给水中某种成分足以侵害反渗透膜或侵害构成膜元件的任何材料，则该成分需要从给水中除去，或者选用别的膜元件，以适应该给水。这就是反渗透膜的兼容性。例如，聚酰胺 RO 膜系统的给水要求除去残余氯，否则将会损坏或缩短膜的使用寿命。

1. CA 膜

CA 膜可容忍水中正常浓度的氧化剂，如 CA 膜与高达 1.0mg/L 的残余氯持续接触而不会损坏。

中空 PA 膜和复合膜有较广的 pH 适应范围，CA 膜通常要求运行 pH5.0～pH6.0 之间，pH 值过高或过低均会造成 CA 膜中乙酰基团损失，也即常称的水解，水解速度与给水的 pH 值和温度有关。为了使 CA 膜有较长的使用寿命，通常要求调节水的 pH 值。

对大多数水源，RO 浓水 pH 高于给水 pH，由于浓水中有较高的碳酸氢盐浓度，RO 系统后面部分膜元件将与比给水 pH 更高的浓水接触，因而这部分 CA 膜的性能损失是常见的。在 75% 水回收率时，RO 浓水 pH 通常高于给水 0.5。

CA 膜系统要求运行 pH 值通常不是严格建立在 CA 膜水解最低（pH 约为 4.8）的基础上。因为在 pH4.8 左右运行系统，要求加入较多的酸，既不经济，调节也较难。有时系统中考虑加酸是为了使 RO 浓水不会析出碳酸钙垢。一般情况下，CA 膜系统加酸，一是为了防止膜水解，另一目的是为了防止碳酸钙垢在 CA 膜上形成。

对于低回收率的小型 CA 膜系统，给水 pH 高达 8.0 运行，可能也是经济的。但是，如果没有膜元件及时更换，则需控制给水 pH 值。

加硫酸调节水的 pH 值，比起盐酸来，它具有成本较低，对金属腐蚀性小的优点。此外，RO 膜对二价硫酸根离子的去除率比氯离子更高，因而对产品水质量的影响也小些。不过，硫酸对皮肤和大多数衣服有腐蚀性，并且水中硫酸根离子的增加，可能形成硫酸钙、硫酸钡、硫酸锶垢等。

2. 中空 PA 膜和复合膜

中空 PA 膜和复合膜不能忍受氧化剂，如残余氯、碘、溴、臭氧等，这些氧化剂对膜有侵蚀破坏作用。当水中存在铁、锰、铜等金属时，它们会起催化剂作用，加速残余氯的氧化侵蚀作用。

RO 膜对残余氯的忍受度，一般以 ppm·h 表示，它是水中残余氯的含量（ppm）乘以膜接触该水的时间（h）得到的。例如，中空 PA 膜对残余氯的忍受度为 1000ppm·h，表示该膜可接触 0.1ppm 残余氯 10000h，不会有明显的降解。当使用中空 PA 膜和复合膜时，大多数膜制造商要求给水中氯浓度为零。

许多市政水系统用氯胺作为杀菌剂。氯胺不如游离氯活性大，因而稳定些，它的优点是不会与水中某些有机物反应生成 THMs（三卤甲烷），THMs 被认为对人的健康有害。

二、给水的加酸处理

在反渗透除盐过程中，由于反渗透膜对水中 CO_2 的透过率几乎为 100%，而对 Ca^{2+} 的透过率几乎为零，因此给水被浓缩时，例如，当回收率为 75% 时，浓水浓度约比进水浓度高四倍（忽略渗透过反渗透膜的离子浓度），将会导致浓水侧的 pH 值升高和 Ca^{2+} 浓度增加，而 pH 值的升高，会引起水中 HCO_3^- 转化为

CO_3^{2-}，这样极容易造成碳酸钙 $CaCO_3$ 在反渗透膜上析出，损坏膜元件，造成反渗透膜透水率和脱盐率的下降。反渗透系统中，通常防止 $CaCO_3$ 在膜上沉淀的方法是加酸调节水的 pH 值，加酸量的大小就是要使浓水中朗格里尔指数 LSI≤0，使 $CaCO_3$ 无法在膜上沉淀出来。一般情况下，所加的酸为盐酸或硫酸。根据反渗透膜的特性，氯离子 Cl^- 透过膜的量比硫酸根离子 SO_4^{2-} 的要大，向水中加入硫酸调节 pH 值为好。但是，加入硫酸会增大 Ca^{2+} 和 SO_4^{2-} 的浓度乘积，造成硫酸钙 $CaSO_4$ 在膜上的沉淀，因此在反渗透系统中，是加盐酸还是加硫酸调节水的 pH 值应根据具体情况而定。

1. LSI 值的计算

难溶盐例如 $CaCO_3$ 必须达到一定的过饱和度，即离子浓度乘积超过溶度积 K_{sp} 许多倍（如需大于 35 倍以上），才会析出沉淀。判断水中 $CaCO_3$ 的结垢倾向常用朗格里尔指数 LSI 来近似地判断，方法如下

$$LSI = pH - pH_s \qquad (6-1)$$

式中　pH——运行温度下，水的实际 pH 值；

　　　pH_s——$CaCO_3$ 饱和时，水的 pH 值。

若 LSI < 0，则水中有溶解 $CaCO_3$ 的倾向；若 LSI > 0，则水中有形成 $CaCO_3$ 的倾向。

pH_s 值计算方法如下

$$pH_s = (9.30 + A + B) - (C + D) \qquad (6-2)$$

$$A = (lg [TDS] - 1) / 10$$

$$B = -13.12 \times lg (t + 273) + 34.55$$

$$C = lg [Ca^{2+}] - 0.4$$

$$D = lg [AlK]$$

式中　A——与水中溶解固形物有关的常数，见表6-1；

[TDS]——总溶解固形物，mg/L；

　　　B——与水的温度有关的常数，见表6-2；

t——水温,℃;

C——与水中钙硬度有关的常数, 见表6-3;

$[Ca^{2+}]$——Ca^{2+}的浓度, mg/L $CaCO_3$;

D——与水中全碱度有关的常数, 见表6-4;

$[AlK]$——碱度, mg/L $CaCO_3$。

表 6-1 常 数 A 值

溶 解 固 形 物 (mg/L)														
50	75	100	150	200	300	400	600	800	1000	2000	3000	4000	5000	6000
0.07	0.08	0.10	0.11	0.13	0.14	0.16	0.18	0.19	0.20	0.23	0.25	0.26	0.27	0.28

表 6-2 常数 B 值(温度,℉[①])

		(个位数)			
		0	2	4	6	8
	30		2.60	2.57	2.54	2.51
	40	2.48	2.45	2.43	2.40	2.37
	50	2.34	2.31	2.28	2.25	2.22
	60	2.20	2.17	2.14	2.11	2.09
	70	2.06	2.04	2.03	2.00	1.97
	80	1.95	1.92	1.90	1.88	1.86
(十位数)	90	1.84	1.82	1.80	1.78	1.76
	100	1.74	1.72	1.71	1.69	1.67
	110	1.65	1.64	1.62	1.60	1.58
	120	1.57	1.55	1.53	1.51	1.50
	130	1.48	1.46	1.44	1.43	1.41
	140	1.40	1.38	1.37	1.35	1.34
	150	1.32	1.31	1.29	1.28	1.27
	160	1.26	1.24	1.23	1.22	1.21
	170	1.19	1.18	1.17	1.16	

① t (℃) $= \dfrac{5}{9}$ ($t_F - 32$)。

表 6-2 中, 水温以华氏度(℉)表示, 华氏温度 t_F 换算成摄氏温度 t(℃)可用下式

$$t = 5/9 \ (t_F - 32) \qquad (6-3)$$

表 6-3   常数 *C* 值（钙硬，以"mg/L CaCO₃"表示）

（个位数）

（十位数）	0	1	2	3	4	5	6	7	8	9
0				0.08	0.20	0.30	0.38	0.45	0.51	0.56
10	0.60	0.64	0.68	0.72	0.75	0.78	0.81	0.83	0.86	0.88
20	0.90	0.92	0.94	0.96	0.98	1.00	1.02	1.03	1.05	1.06
30	1.08	1.09	1.11	1.12	1.13	1.15	1.16	1.17	1.18	1.19
40	1.20	1.21	1.23	1.24	1.25	1.26	1.26	1.27	1.28	1.29
50	1.30	1.31	1.32	1.33	1.34	1.34	1.35	1.36	1.37	1.37
60	1.38	1.39	1.39	1.40	1.41	1.42	1.42	1.43	1.43	1.44
70	1.45	1.45	1.46	1.47	1.47	1.48	1.48	1.49	1.49	1.50
80	1.51	1.51	1.52	1.52	1.53	1.53	1.54	1.54	1.55	1.55
90	1.56	1.56	1.57	1.57	1.58	1.58	1.58	1.59	1.59	1.60
100	1.60	1.61	1.61	1.61	1.62	1.62	1.63	1.63	1.64	1.64
110	1.64	1.65	1.65	1.66	1.66	1.66	1.67	1.67	1.67	1.68
120	1.68	1.68	1.69	1.69	1.70	1.70	1.70	1.71	1.71	1.71
130	1.72	1.72	1.72	1.73	1.73	1.73	1.74	1.74	1.74	1.75
140	1.75	1.75	1.75	1.76	1.76	1.76	1.77	1.77	1.77	1.78
150	1.78	1.78	1.78	1.79	1.79	1.79	1.80	1.80	1.80	1.80
160	1.81	1.81	1.81	1.81	1.82	1.82	1.82	1.82	1.83	1.83
170	1.83	1.84	1.84	1.84	1.84	1.85	1.85	1.85	1.85	1.85
180	1.86	1.86	1.86	1.86	1.87	1.87	1.87	1.87	1.88	1.88
190	1.88	1.88	1.89	1.89	1.89	1.89	1.89	1.90	1.90	1.90
200	1.90	1.91	1.91	1.91	1.91	1.91	1.92	1.92	1.92	1.92

（十位数）

（百位数）	0	10	20	30	40	50	60	70	80	90
200		1.92	1.94	1.96	1.98	2.00	2.02	2.03	2.05	2.06
300	2.08	2.09	2.11	2.12	2.13	2.15	2.16	2.17	2.18	2.19
400	2.20	2.21	2.23	2.24	2.25	2.26	2.26	2.27	2.28	2.29
500	2.30	2.31	2.32	2.33	2.34	2.34	2.35	2.36	2.37	2.37
600	2.38	2.39	2.39	2.40	2.41	2.42	2.42	2.43	2.43	2.44
700	2.45	2.45	2.46	2.47	2.47		2.48	2.49	2.49	2.50
800	2.51	2.51	2.52	2.52	2.53	2.53	2.54	2.54	2.55	2.55
900	2.56	2.56	2.57	2.57	2.58	2.58	2.58	2.59	2.59	2.60

表6-4　　常数 D 值（碱度，以"mg/L $CaCO_3$"表示）

（个位数）

（十位数）	0	1	2	3	4	5	6	7	8	9
0		0.00	0.30	0.48	0.60	0.70	0.78	0.85	0.90	0.95
10	1.00	1.04	1.08	1.11	1.15	1.18	1.20	1.23	1.26	1.29
20	1.30	1.32	1.34	1.36	1.38	1.40	1.42	1.43	1.45	1.46
30	1.48	1.49	1.51	1.52	1.53	1.54	1.56	1.57	1.58	1.59
40	1.60	1.61	1.62	1.63	1.64	1.65	1.66	1.67	1.68	1.69
50	1.70	1.71	1.72	1.72	1.73	1.74	1.75	1.76	1.76	1.77
60	1.78	1.79	1.79	1.80	1.81	1.81	1.82	1.83	1.83	1.84
70	1.85	1.85	1.86	1.86	1.87	1.88	1.88	1.89	1.89	1.90
80	1.90	1.91	1.91	1.92	1.92	1.93	1.93	1.94	1.94	1.95
90	1.95	1.96	1.96	1.97	1.97	1.98	1.98	1.99	1.99	2.00
100	2.00	2.00	2.01	2.01	2.02	2.02	2.03	2.03	2.03	2.04
110	2.04	2.05	2.05	2.05	2.06	2.06	2.06	2.07	2.07	2.08
120	2.08	2.08	2.09	2.09	2.09	2.10	2.10	2.10	2.11	2.11
130	2.11	2.12	2.12	2.12	2.13	2.13	2.13	2.14	2.14	2.14
140	2.15	2.15	2.15	2.16	2.16	2.16	2.16	2.17	2.17	2.17
150	2.18	2.18	2.18	2.18	2.19	2.19	2.19	2.20	2.20	2.20
160	2.20	2.21	2.21	2.21	2.21	2.22	2.22	2.23	2.23	2.23
170	2.23	2.23	2.23	2.24	2.24	2.24	2.24	2.25	2.25	2.25
180	2.26	2.26	2.26	2.26	2.26	2.27	2.27	2.27	2.27	2.28
190	2.28	2.28	2.28	2.29	2.29	2.29	2.29	2.29	2.30	2.30
200	2.30	2.30	2.30	2.31	2.31	2.31	2.31	2.32	2.32	2.32

（十位数）

（百位数）	0	10	20	30	40	50	60	70	80	90
200		2.32	2.34	2.36	2.38	2.40	2.42	2.43	2.45	2.46
300	2.48	2.49	2.51	2.52	2.53	2.54	2.56	2.57	2.58	2.59
400	2.60	2.61	2.62	2.63	2.64	2.65	2.66	2.67	2.68	2.69
500	2.70	2.71	2.72	2.72	2.73	2.74	2.75	2.76	2.76	2.77
600	2.78	2.79	2.79	2.80	2.81	2.81	2.82	2.83	2.83	2.84
700	2.85	2.85	2.86	2.86	2.87	2.88	2.88	2.89	2.89	2.90
800	2.90	2.91	2.91	2.92	2.92	2.93	2.93	2.94	2.94	2.95
900	2.95	2.96	2.96	2.97	2.97	2.98	2.98	2.99	2.99	3.00

利用上式可作出华氏与摄氏温度换算曲线,见图6-1。

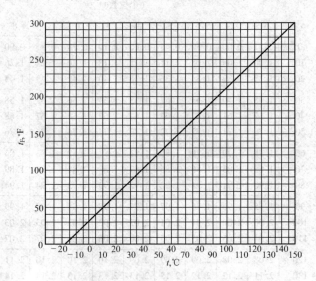

图6-1 华氏温度与摄氏温度换算曲线

【例6-1】 在124℉时,水中溶解固形物为400 mg/L,钙硬为240mg/L(以"$CaCO_3$"表示),碱度为196 mg/L(以"$CaCO_3$"表示),pH值为7.2。试问该水有无 $CaCO_3$ 的结垢倾向?

解 由溶解固形物含量,从表6-1可得 $A = 0.16$;

由124℉,从表6-2可得 $B = 1.53$;

由钙硬值,从表6-3可得 $C = 1.98$;

由碱度值,从表6-4可得 $D = 2.29$。

$$pH_s = (9.30 + A + B) - (C + D)$$
$$= (9.30 + 0.16 + 1.53) - (1.98 + 2.29)$$
$$= 6.72$$

$$LSI = pH - pH_s = 7.2 - 6.72 = 0.48 > 0$$

说明该水有 $CaCO_3$ 结垢倾向。

2. 加酸量的计算

(1) α_0、α_1、α_2 与水的 pH 值的关系。天然水的 pH 值通常

认为是由碳酸化合物控制的，有关平衡反应式如下

$$CO_2 + H_2O \Longrightarrow H_2CO_3 \Longrightarrow H^+ + HCO_3^- \tag{6-4}$$

$$HCO_3^- \Longrightarrow H^+ + CO_3^{2-} \tag{6-5}$$

由于溶解在水中的 CO_2 仅有很少一部分水解成 H_2CO_3，因此为方便起见，一般把溶解 CO_2 和 H_2CO_3 浓度之和定义为$H_2CO_3^*$。式（6-4）和式（6-5）的平衡常数可表达如下

$$K_1 = [H^+][HCO_3^-] / [H_2CO_3^*] \tag{6-6}$$

$$K_2 = [H^+][CO_3^{2-}] / [HCO_3^-] \tag{6-7}$$

式中 K_1、K_2——碳酸的一级和二级电离平衡常数。

Rossum 和 Merrill 把 K_1、K_2 均表示为温度的函数，列式如下：

$$K_1 = 10^{14.8435 - 3404.71/T - 0.032786T} \tag{6-8}$$

$$K_2 = 10^{6.498 - 2909.39/T - 0.02379/T} \tag{6-9}$$

式中 T——开尔文温度，它与摄氏温度 t 的关系为 $T = t + 273$。

设碳酸化合物总浓度为 c_T，则

$$c_T = [H_2CO_3^*] + [HCO_3^-] + [CO_3^{2-}] \tag{6-10}$$

以 α 表示各种碳酸化合物占总碳酸化合物的量，则

$$\alpha_0 = [H_2CO_3^*] / c_T \tag{6-11}$$

$$\alpha_1 = [HCO_3^-] / c_T \tag{6-12}$$

$$\alpha_2 = [CO_3^{2-}] / c_T \tag{6-13}$$

因此可得

$$\alpha_0 = \frac{1}{1 + \dfrac{K_1}{[H^+]} + \dfrac{K_1 K_2}{[H^+]^2}} \tag{6-14}$$

$$\alpha_1 = \frac{1}{\dfrac{[H^+]}{K_1} + 1 + \dfrac{K_2}{[H^+]}} \tag{6-15}$$

$$\alpha_2 = \frac{1}{\dfrac{[H^+]^2}{K_1 K_2} + \dfrac{[H^+]}{K_2} + 1} \tag{6-16}$$

当 25℃ 时，由式（6-8）、式（6-9）计算出 $K_1 = 4.45 \times 10^{-7}$，$K_2 = 4.42 \times 10^{-11}$。由式（6-14）~ 式（6-16）可作出 $H_2CO_3^*$、HCO_3^-、CO_3^{2-} 占碳酸化合物的百分数与 pH 值之间的关系曲线，即 α_0、α_1、α_2 与水中 pH 值的关系见图 6-2。

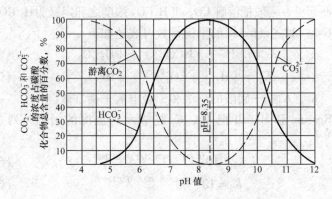

图 6-2　碳酸的电离度与水中 pH 值的关系

从图 6-2 可看出，水中的重碳酸盐是不稳定的，它可以 HCO_3^-、CO_3^{2-} 以及 $CO_2 + H_2CO_3$ 三种形式存在。当水的 pH < 4 时，水中实际上没有 HCO_3^- 离子，而完全以 CO_2 和 H_2CO_3 形式存在。当 pH 值为 6~10 时，HCO_3^- 离子是碳酸化合物在水中的主要形式。当 pH ≈ 8.4 时，溶液中几乎只含有 HCO_3^-。在弱碱性水中有 CO_3^{2-} 离子存在，同时其含量随 pH 值增大而增强，当 pH > 10.5 时，则 CO_3^{2-} 是碳酸在水中的主要形式。由上可知，为防止水中 $CaCO_3$ 沉淀的形成，可以调节水的 pH 值。

（2）调节 pH 值加酸量的计算。现举例说明。

【例 6-2】　对于使用醋酸纤维素膜的反渗透器，其原水水质为 pH7.3，TDS 507mg/L，COD 2.24mg/L，阴阳离子浓度见表 6-5。试计算把原水 pH 调节为 5.5 时需要的加酸量及酸化后的溶解固形物含量。

解　考虑活度系数时，由式（6-6）可列为

表6-5 阴阳离子浓度

阴离子			阳离子		
名称	mg/L	mmol/L	名称	mg/L	mmol/L
SO_4^{2-}	99.216	1.012	Mg^{2+}	23.6925	0.987
NO_3^-	10.973	0.177	Ca^{2+}	76.0	1.9
SiO_3^{2-}	15.58	0.205	Na^+	74.221	3.227
Cl^-	68.2665	1.923			
HCO_3^-	268.4	4.4			
合计	462.44	7.717	合计	173.91	6.114

$$K_1 = f_1 [H^+] f_1 [HCO_3^-] / [H_2CO_3^*]$$

式中 f_1——1价离子的活度系数。

对上式两边取对数并整理可得（$[H_2CO_3^*]$ 以"$[CO_2]$"表示）

$$pH = pK_1 + lg[HCO_3^-] - lg[CO_2] + 2lgf_1$$

（1）对较稀的溶液，$f_1 \approx 1$，$lgf_1 \approx 0$；由式(6-8)得25℃时，$K_1 = 4.45 \times 10^{-7}$，$pK_1 = -lgK_1 = 6.35$，则

$$pH = 6.35 + lg[HCO_3^-] - lg[CO_2] \qquad (6-17)$$

（2）需考虑 f_1 值时，则在25℃时有

$$pH = 6.35 + lg[HCO_3^-] - lg[CO_2] + 2lgf_1 \qquad (6-18)$$

首先计算原水中 CO_2 的含量。由

$$pH = 6.35 + lg[HCO_3^-] - lg[CO_2]$$

得

$$lg[CO_2] = 6.35 + lg[HCO_3^-] - pH$$
$$= 6.35 + lg268.4/61 - 7.3$$
$$= -0.3065$$

则游离 CO_2 的量 $[CO_2] = 21.7mg/L$。

其次计算把水的pH7.3调节为5.5时的加酸量。由

$$pH = 6.35 + lg[HCO_3^-] - lg[CO_2]$$

$$5.5 = 6.35 + lg[HCO_3^-] - lg[CO_2]$$

得 $[HCO_3^-] = 0.1413[CO_2]$

而总量 $[HCO_3^-] + [CO_2] = 4.8937$ mmol/L

故 $0.1413[CO_2] + [CO_2] = 4.8937$

得 $[CO_2] = 4.2879$ mmol/L $= 188.66$ mg/L

设需加 100% HCl x（mg/L），由反应式

$$HCO_3^- + HCl \rightarrow H_2O + CO_2 + Cl^-$$

$$36.5 \qquad\qquad 44$$

$$x \qquad\qquad (188.66 - 21.7)$$

$$36.5 : 44 = x : 166.96$$

$$x = 138.5 \text{ mg/L}$$

即所需加 100% HCl 量为 138.5mg/L。

此外，由图 6-2 可更直观地计算出加酸量。查图 6-2，当 pH = 5.5 时 HCO_3^- 为 13%，CO_2 为 87%，由总量 $[HCO_3^-]$ + $[CO_2]$ = 4.8937 mmol/L，加酸至 pH = 5.5 时有

$[CO_2] = 4.8937 \times 87\% = 4.2575$ mmol/L = 187.33mg/L

由反应式

$$HCO_3^- + HCl \rightarrow H_2O + Cl^- + CO_2$$

$$36.5 \qquad\qquad 44$$

$$x \qquad\qquad (187.33 - 21.7)$$

$$36.5 : 44 = x : 165.63$$

$$x = 137.4 \text{ mg/L}$$

即需加 100% HCl 量为 137.4mg/L。

下面考虑有活度系数情况下的加酸量。活度系数由德拜－尤格尔公式计算

$$\lg f_A = \frac{-Z_A^2 K \sqrt{\mu}}{1 + \sqrt{\mu}} \qquad (6\text{-}19)$$

式中 f_A——A 离子的活度系数；

Z_A——A 离子的价数；

μ——离子强度；

K——常数，25℃时为 0.5056。

μ 值可按下式计算

$$\mu = \frac{1}{2} \left\{ [A] Z^2_A + [B] Z^2 B + \cdots \right\} \qquad (6\text{-}20)$$

式中　$[A]$，$[B]$，$\cdots$——A，B，$\cdots$离子的浓度，mol/L。

把有关数据代入式（6-20），可得离子强度 $\mu = 0.0131$。由式（6-19）可得一价离子活度系数为

$$\lg f_1 = \frac{-1^2 \times 0.5056 \sqrt{0.0131}}{1 + \sqrt{0.0131}} = -0.0519$$

$$f_1 = 0.8874$$

1）计算 $[CO_2]$ 的量。由式（6-18）可得

$$\lg [CO_2] = 6.35 + \lg [HCO_3^-] + 2\lg f_1 - pH$$
$$= 6.35 + \lg 4.4 + 2\lg 0.8874 - 7.3$$
$$= -0.4103$$

$$[CO_2] = 0.38888 mmol/L = 17.11 mg/L$$

2）计算加酸量。加酸后引起 μ 值的变化忽略不计，μ 仍取 0.0131，$f_1 = 0.8874$，pH7.3 加酸调节至 5.5。

$$pH = 6.35 + \lg [HCO_3^-] - \lg [CO_2] + 2\lg f_1$$
$$\lg [HCO_3^-] / [CO_2] = pH - 6.35 - 2\lg f_1$$
$$= 5.5 - 6.35 - 2\lg 0.8874$$
$$= -0.7462$$

$$[HCO_3^-] / [CO_2] = 0.1794$$

而总量为 $[HCO_3^-] + [CO_2] = 4.7888 mmol/L$

得 $0.1794 [CO_2] + [CO_2] = 4.7888 mmol/L$

$$[CO_2] = 4.0604 mmol/L = 178.66 mg/L$$

由反应式　$HCO_3^- + HCl \rightarrow H_2O + Cl^- + CO_2$

$$36.5 \qquad\qquad 44$$
$$x \qquad\qquad (178.66 - 17.11)$$
$$36.5 : 44 = x : 161.55$$

$$x = 134\text{mg/L}$$

即需加 100% HCl 量 134mg/L。

综上所述，考虑活度系数时加酸量为 134mg/L（HCl 100%）；不考虑活度系数时加酸量为 138.5mg/L（HCl 100%）。可见，对于这种水质(较稀溶液)不考虑活度系数来计算加酸量是可以的。

下面进行加酸后溶解固形物的计算。

（1）加酸后有关离子的增减。设加酸时水中有 HCO_3^- x（mmol/L），CO_2 y（mmol/L），Cl^- z（mmol/L）。

$$HCO_3^- + HCl \rightarrow H_2O + CO_2 + Cl^-$$

$$\begin{array}{cccc} 61 & 36.5 & 44 & 35.5 \\ z & 138.5 & y & x \end{array}$$

式中 138.5mg/L 是加药量，得

$x = 134.7\text{mg/L} = 3.7945$ mmol/L

$y = 166.96\text{mg/L} = 3.7945$ mmol/L

$z = 231.47\text{mg/L} = 3.7945$ mmol/L

由此可见，加酸后：

HCO_3^- 量减少至（268.4 – 231.47）mg/L = 0.6054 mmol/L

Cl^- 量增加至（68.2665 + 134.7）mg/L = 5.7174 mmol/L

CO_2 量增加至（21.7 + 166.96）mg/L = 4.2877 mmol/L

（2）加酸后各离子的量及 TDS 的量。见表 6-6。

表 6-6　　　　　加酸后各离子的量及 TDS 的量

阴离子			阳离子		
名称	mmol/L	mg/L	名称	mmol/L	mg/L
SO_4^{2-}	1.012	99.216	Mg^{2+}	0.987	23.6925
NO_3^-	0.177	10.974	Ca^{2+}	1.9	76.0
SiO_3^{2-}	0.205	15.58	Na^+	3.227	74.221
Cl^-	5.7174	202.97			
HCO_3^-	0.6054	36.93			
合计	7.717	365.67	合计	6.114	173.914

溶解固形物 = 阳离子总量 + 阴离子总量 − 0.49 [HCO$_3$$^-$]
+ R$_2$O$_3$ + 有机物 = 365.67 + 173.91 − 0.49×36.93 + 0 +
2.24 = 523.72 mg/L

比加酸前增加 523.72 − 507 = 16.72mg/L。

3. 反渗透浓水中 CaCO$_3$ 结垢倾向的计算

对给水为苦咸水，为了计算反渗透浓水中的 LSI 值及判断其他难溶盐的结垢倾向，需建立如下前提条件：

（1）浓水的温度等于给水的温度。

（2）浓水的离子强度等于给水的离子强度乘以浓缩系数，即

$$\mu_b = \mu_f \cdot CF \tag{6-21}$$

$$CF = 1/(1-Y) \tag{6-22}$$

式中　Y——反渗透装置的回收率,%；

　　　CF——浓缩系数。

（3）RO 浓水结垢倾向最大，因为这里盐浓度最高。浓水中钙、钡、锶、硫酸根、硅和氟的离子浓度等于其给水中的浓度乘以 CF，浓水 TDS 也可由给水 TDS 乘以 CF。

实际上，膜表面上盐浓度大于给水浓度乘以 CF，因为水渗透过 RO 膜后，将有更高的盐浓度直接留在膜表面上。这些盐扩散回主体水流的状况，将决定膜表面盐浓度将比主体水流浓度高多少。这种现象称为浓差极化。

浓差极化的程度将取决于主体水流紊动情况，以及该紊流对盐产生作用的效果。对卷式膜元件，估计膜表面浓度高于主体水流浓度 13% ~ 20%。当计算结垢形成倾向时，浓差极化可作考虑，此时浓缩系数 CF 可表达如下

$$CF = \frac{CPR}{1-Y} \tag{6-23}$$

$$CPR = c_s/c_b \tag{6-24}$$

式中　CPR——浓差极化比值，即膜表面浓度 c_s 与主体水流浓度
　　　　　　　c_b 之比值。

根据某公司资料，CPR 也可用下式表示

$$CPR = K_p e^{2Y/(2-Y)}$$

式中 K_p——与系统特性有关的常数；

Y——回收率。

（4）浓水中HCO_3^-浓度按下式计算

$$[HCO_3^-]_b = \frac{[HCO_3^-]_f \cdot [1 - Y \cdot SP]}{1 - Y} \quad (6-25)$$

式中 $[HCO_3^-]_b$——浓水中HCO_3^-浓度，以 mg/L $CaCO_3$ 计；

$[HCO_3^-]_f$——给水中HCO_3^-浓度，以 mg/L $CaCO_3$ 计；

SP——HCO_3^-对反渗透膜的透过率，%。

对于杜邦公司 B-9 反渗透器（芳香族聚酰膜）HCO_3^-透过率见图 6-3。

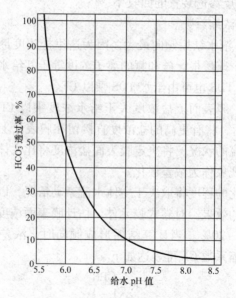

图 6-3 B-9 反渗透器的HCO_3^-透过率
与给水 pH 值的关系

（5）CO_2 或其他气体不能被反渗透膜除去，因此，假定浓水中 CO_2 浓度等于给水浓度，可推算如下

$$[CO_2]_b = [CO_2]_f \cdot [1 - Y \cdot SP] / (1 - Y)$$

而对 CO_2，$SP = 1$，故

$$[CO_2]_b = [CO_2]_f \cdot [1 - Y] / (1 - Y) = [CO_2]_f$$

即
$$[CO_2]_b = [CO_2]_f$$

因此，根据公式（6-1）得

$$pH_s = (9.30 + A + B) - (C + D)$$

需要算出 pH_b（浓水的 pH）值、A、B、C、D 值，分析如下：

由 $[C_a^{2+}]_b = CF \cdot [C_a^{2+}]_f$，查出 C 值；由水温查出 B 值；由 $[HCO_3^-]_b$（全碱度）查出 D 值；由 $TDS_b = CF \cdot TDS_f$，查出 A 值；由 $[HCO_3^-]_b$、$[CO_2]_b$ 计算出 pH_b 为

$$pH_b = 6.35 + \lg[HCO_3^-]_b - \lg[CO_2]_b + 2\lg f_1；$$

从而可计算出 LSI 值。

此外，根据有关资料介绍，一般要求 LSI < 0，方可避免 $CaCO_3$ 垢的形成，但如水中加了阻垢剂如六偏磷酸钠，则 LSI < 1 即可，对其他类型阻垢剂，LSI 限制值见厂商说明书。

【例 6-3】 水质如［例 6-2］，假定反渗透回收率为 75%，HCO_3^- 对膜的透过率与 B-9 渗透器相同（见图 6-3），试问反渗透膜是否有 $CaCO_3$ 垢析出。

解 $[Ca^{2+}]_b = 4[Ca^{2+}]_f = 4 \times 1.9 = 7.6\text{mmol/L} = 760\text{mg/L}$（以 $CaCO_3$ 计），可查得 $C = 2.84$。

查 pH = 7.3 时，HCO_3^- 的 SP = 5%，

$$[HCO_3^-]_b = [HCO_3^-]_f \cdot [1 - Y \cdot SP] / (1 - Y)$$
$$= 4.4(1 - 0.75 \times 0.05) / (1 - 0.75)$$
$$= 16.94 \text{ mmol/L}$$
$$= 847\text{mg/L（以 } CaCO_3 \text{ 计）}$$

pH = 7.3 时，水中几乎无 CO_3^{2-} 形态存在，碱度 = $[HCO_3^-]_b$，查得 $D = 2.92$。

25℃时查得 $B = 2.0$，$TDS_b = TDS_f / (1 - Y) = 507 / (1 - 75\%) = 2028mg/L$，可查得 $A = 0.23$。

$$pH_s = (9.30 + A + B) - (C + D) = 6.13$$

$$pH_b = 6.35 + lg[HCO_3^-]_b - lg[CO_2]_b + 2lgf_1$$

$$[CO_2]_b = [CO_2]_f = 0.4937 \text{ mmol/L}$$

给水离子强度 $\mu_f = 0.0131$

浓水离子强度 $\mu_b = 0.0131 \times 1 / (1 - Y)$

$$= 0.0131 \times 1 / (1 - 75\%)$$

$$= 0.0524$$

$$lgf_A = \frac{-Z_A^2 K\sqrt{\mu}}{1 + \sqrt{\mu}}$$

$$lgf_1 = \frac{-1^2 \times 0.5056\sqrt{0.0524}}{1 + \sqrt{0.0524}}$$

$$f_1 = 0.805$$

则　　$pH_b = 6.35 + lg16.94 - lg0.4937 + 2lg0.805 = 7.702$

$$LSI = pH_b - pH_s = 7.702 - 6.13 = 1.57 > 0$$

水中有形成 $CaCO_3$ 垢的倾向，并且 $LSI > 1$，即使加了六偏磷酸钠也需加酸调节。

【例6-4】 某反渗透系统使用高脱盐率的卷式膜，系统回收率为60%，水源水质为 pH 8.2，Ca^{2+} 35mg/L（以 $CaCO_3$ 计），HCO_3^- 浓度 134mg/L（以 $CaCO_3$ 计），TDS 380mg/L，温度 16.7℃，假定 CPR = 1.13，试计算浓水有无 $CaCO_3$ 结垢形成？

解 首先，计算式（6-2）中的 A、B、C、D 值，求出 pH_s。

$$CF = CPR / (1 - Y)$$

$$= 1.13 / (1 - 60\%)$$

$$= 2.825$$

浓水膜表面 $[TDS]_b = CF \times [TDS]_f = 2.825 \times 380 = 1073 \text{ mg/L}$

$$A = (\lg [TDS]_b - 1) / 10$$
$$= (\lg 1073 - 1) / 10 = 0.203$$
$$B = -13.12\lg (t + 273) + 34.55$$
$$= -13.12\lg (16.7 + 273) + 34.55$$
$$= -2.25$$

浓水膜表面上钙离子浓度 $[Ca^{2+}]_b = 35$ mg/L $\times 2.825 = 98.9$ mg/L

$$C = \lg [Ca^{2+}]_b - 0.4 = \lg 98.9 - 0.4 = 1.60$$

因给水 pH 较高，假定 SP≈ 0，膜表面上碱度为

$$[HCO_3^-]_b = 134 \times 2.825 = 379 \text{ mg/L}$$
$$D = \lg [HCO_3^-]_b = \lg 379 = 2.58$$
$$pH_s = (9.3 + A + B) - (C + D)$$
$$= (9.3 + 0.203 + 2.25) - (1.60 + 2.58)$$
$$= 7.57$$

其次，求出浓水 pH_b。

$$pH = 6.35 + \lg [HCO_3^-]_f - \lg [CO_2]_f$$
$$\lg \frac{[HCO_3^-]_f}{[CO_2]_f} = pH - 6.35$$
$$[CO_2]_f = \frac{[HCO_3^-]_f}{10^{(pH-6.35)}} = \frac{134}{10^{(8.2-6.35)}} = \frac{134}{70.8}$$
$$= 1.89$$

因为 $\quad [CO_2]_b = [CO_2]_f$

所以 $\quad pH_b = 6.35 + \lg [HCO_3^-]_b - \lg [CO_2]_b$
$$= 6.35 + \lg \frac{[HCO_3]_b}{[CO_2]_b} = 6.35 + \lg \frac{379}{1.89}$$
$$= 6.35 + 2.30 = 8.65$$

最后，计算出 LSI 值。

$$LSI = pH_b - pH_s = 8.65 - 7.57 = 1.08$$

LSI > 0，表明 RO 浓水有碳酸钙结垢形成的倾向。

4. S&DSI 值的计算

反渗透浓水含盐量 TDS $< 10^4$ mg/L 时，可用 LSI 值估算 $CaCO_3$ 结垢倾向，但对浓水含盐量 TDS $> 10^4$ mg/L 的高含盐量苦咸水和海水，需计算 S&DSI（Stiff&Davis Stability Index）值，估算产生 $CaCO_3$ 垢的可能性。

$$S\&DSI = pH_b - pH_s$$

首先，计算 pH_s。

$$pH_s = pCa + pAlk + K$$

说明如下：

（1）浓水 Ca^{2+} 浓度 $[Ca^{2+}]_b = [Ca^{2+}]_f CF$，由图 6-4 查出 pCa；

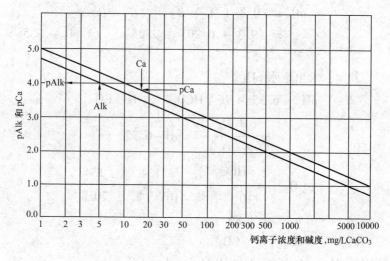

图 6-4　钙浓度与 pCa、碱浓度与 $pAlk$ 关系曲线

（2）由给水碱度 $[Alk]_f$（以"mg/L $CaCO_3$"计）得 $[AlK]_b = [Alk]_f \cdot CF$，由图 6-4 查出 $pAlk$；

（3）浓水离子强度 $\mu_b = \mu_f \cdot CF$，μ_f 计算见式（6-20）。由 μ_b 和水温可通过图 6-5 查出 K 值。

其次，计算 pH_b，它可由（6-18）来计算。

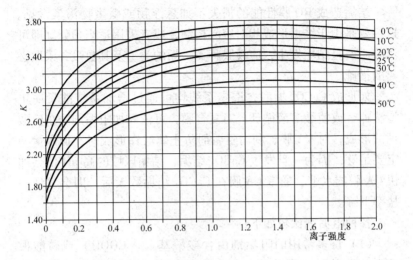

图 6-5　*K* 值与离子强度和温度的关系

三、给水的加阻垢剂处理

在海水反渗透处理中，通常不会出现硫酸盐结垢问题。但在给水为苦咸水的反渗透系统中，对此应加以重视。一般情况下，需要对反渗透浓水中硫酸钙（$CaSO_4$）结垢倾向进行计算。特殊情况下，还需做硫酸钡（$BaSO_4$）、硫酸锶（$SrSO_4$）结垢倾向的计算。防止硫酸盐等结垢的方法，通常是在给水中加入阻垢剂（如六偏磷酸钠，简写为 SHMP）。

（一）阻垢剂的种类

阻垢剂对防止难溶盐析出（即结垢）在反渗透膜上是十分有效的。它们通过延缓盐晶体成长来推迟沉淀的过程，促使晶体不会形成一定大小和足够的浓度而沉降下来。大多数阻垢剂有一些分散剂的作用，防止颗粒聚集成足以沉积下来的大颗粒。也就是说，反渗透浓水中难溶盐来不及沉积在膜表面上，并已随浓水排到 RO 装置外。

结垢造成 RO 膜性能的损失不如悬浮物或微生物污染常见。这主要是由于结垢形成相对容易控制，或者采用适当预处理即可消除。一旦结垢发生，应视膜种类、垢的类型及其数量，采取必要的措施。

如形成 $CaCO_3$ 垢时，许多系统均可通过增加系统酸量简单清洗掉，或使酸溶液循环。对复合膜，可依靠加阻垢剂防止硫酸钙的形成；对 CA 膜，利用阻垢剂防止硫酸钙形成时，加入量一定要足够，因为一旦发生 $CaCO_3$ 结垢，结垢区域的高 pH 值会加快 CA 膜的水解，通常 CA 膜在 $CaCO_3$ 结垢数天后，即会发现脱盐率下降。

各种阻垢剂比较如下：

（1）许多常用的阻垢剂由含羧酸基（－COOH）或磷酸根（PO_4^{3-}）基团的分子组成。低分子质量的聚丙烯酸酯分子（分子质量 1000~5000）含有多个羧酸基团，它们能极好阻止碳酸盐垢的形成，但在作为分散剂作用上有一定局限。

（2）六偏磷酸钠（SHMP）是低成本的阻垢剂。它的缺点是不稳定，混合（溶解）难些。实际上，如果它每三天不再混合一次，则六偏磷酸盐会水解成磷酸盐，从而在 pH 中性或碱性状态下，会与钙离子形成磷酸钙沉淀，该传统阻垢剂已日益被其他阻垢剂代替。

（3）有机磷酸盐是在 SHMP 基础上的改进，它更稳定，与 SHMP 类似，具有阻垢和分散剂的作用，但又与 SHMP 不同，其官能基团互相吸引。

（4）高分子量的聚丙烯酸酯（分子质量 6000~25000）是最好的分散剂，但其阻垢性能方面不如低分子质量的丙烯酸酯。

（5）混合阻垢剂比单一化学阻垢剂具有以下优点：使用单一化学阻垢剂时，如果加入量太大时，就可能导致阻垢剂与水中多价阳离子形成结垢析出；而对于混合阻垢剂，一种阻垢剂会阻止另一种阻垢剂的沉积，同时每种阻垢剂的单独成分浓度也小些。

低分子质量和高分子质量的聚丙烯酸酯的混合阻垢剂，既有良好的阻垢性能，也有较好的分散剂的性能；低分子质量的聚丙烯酸酯和有机磷酸盐的混合阻垢剂，也具有良好的阻垢和分散剂特性。

（二）难溶盐结垢倾向的计算

1. 总的判断原则

在反渗透膜上析出的难溶盐常见的有：$CaCO_3$、$CaSO_4$、$SrSO_4$、$BaSO_4$、CaF_2、$Si(OH)_4$、$CaSiO_3$、$MgSiO_3$、$FeSiO_3$ 等。LSI 值用来判断碳酸钙的结垢倾向，而其他难溶盐，如 $CaSO_4$、$BaSO_4$、CaF_2 等是否在 RO 膜上析出，则需用溶度积 K_{sp} 来判断。一般来说，这些难溶盐的析出没有碳酸钙那么快，但是一旦它们在膜上沉淀，清洗则较困难。

溶度积是多相离子平衡的平衡常数，可根据下式表达

$$A_n B_m (s) \rightleftharpoons nA + mB \tag{6-26}$$

$$K_{sp} = [A]^n [B]^m \tag{6-27}$$

溶度积常数 K_{sp} 与水中 pH、温度和溶液中其他盐的特性有关。然而，作为估算，这些变量对 K_{sp} 的影响可忽略不计。常见难溶盐溶度积见表 6-7。

表 6-7　　　　　　　　　常见难溶盐的溶度积

盐	K_{sp}（离子以"mol/L"表示）	K_{sp}（离子以"mg/L"表示）
$CaSO_4$	2.5×10^{-5}	96300
$SrSO_4$	6.3×10^{-7}	5300
$BaSO_4$	2.0×10^{-10}	2.64
CaF_2	5.0×10^{-11}	723
$Si(OH)_4$	2.0×10^{-3}	96（mg/L SiO_2）

注　硅随 pH 而改变其化学结构，其溶度积与其结构及温度有关，如果硅存在于 RO 浓水中的量超过 20mg/L，其结垢倾向应作估算。

溶度积 K_{sp} 与反渗透浓水中的离子积 IP_b 有如下关系：

$IP_b > K_{sp}$，沉淀从溶液中析出；

$IP_b = K_{sp}$，溶液为饱和溶液，并与沉淀之间建立了多相离子平衡；

$IP_b < K_{sp}$，溶液为不饱和溶液，无沉淀析出，若有沉淀存在，则沉淀将溶解。

这就是溶度积规则，用来判断沉淀的生成和溶解。为慎重起见，为防止 RO 膜上结垢，一般要求 $IP_b \leqslant 0.8 K_{sp}$。

2. 计算步骤

以 $CaSO_4$ 为例，具体步骤如下：

（1）计算浓水中 Ca^{2+}、SO_4^{2+} 浓度（mol/L）：

$$[Ca^{2+}]_b = CF \cdot [Ca^{2+}]_f$$

$$[SO_4^{2+}]_b = CF \cdot [SO_4^{2-}]_f$$

式中　$[Ca^{2+}]_b$、$[SO_4^{2-}]_b$——浓水中 Ca^{2+}、SO_4^{2+} 浓度；

　　　　$[Ca^{2+}]_f$、$[SO_4^{2+}]_f$——给水中 Ca^{2+}、SO_4^{2+} 浓度；

　　　　　　　　CF——反渗透装置的浓缩系数。

（2）计算离子乘积：

$$IPb = [Ca^{2+}]_b \cdot [SO_4^{2-}]_b$$

（3）浓水中离子强度的计算如下：

$$\mu_b = CF \cdot \mu_f$$

$$\mu_f = 1/2 \sum c_i z_i^2$$

式中　μ_f——给水离子强度；

　　　c_i——i 离子浓度（mol/L）；

　　　z_i——i 离子的价数。

（4）由 μ_b 值查离子强度 μ 与 K_{sp} 曲线图。$CaSO_4$、$BaSO_4$、$SrSO_4$、CaF_2 的溶度积与离子强度关系分别见图 6-6 ~ 图 6-9。

（5）比较 IP_b 与 $0.8K_{sp}$ 值：

如果 $IP_b \leqslant 0.8K_{sp}$，可不加阻垢剂；

如果 $IP_b > 0.8K_{sp}$，则要加阻垢剂。

（6）$BaSO_4$、$SrSO_4$、CaF_4 结垢倾向计算参照上述步骤。

【例 6-5】　水质如 [例 6-2]，假定反渗透水回收率为 75%，

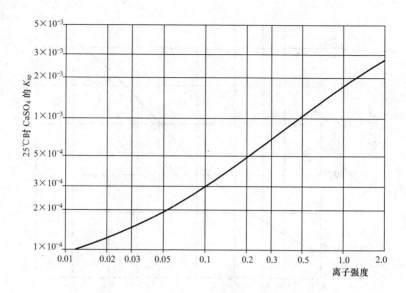

图 6-6　CaSO$_4$ 的溶度积 K_{sp} 与离子强度的关系

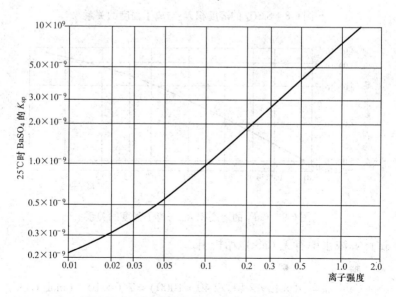

图 6-7　BaSO$_4$ 的溶度积 K_{sp} 与离子强度的关系

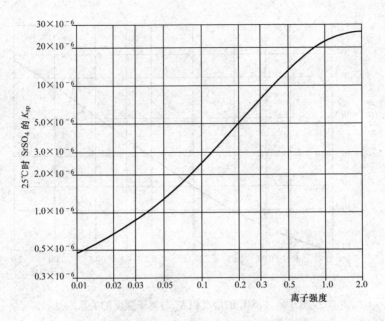

图 6-8 $SrSO_4$ 的溶度积 K_{sp} 与离子强度的关系

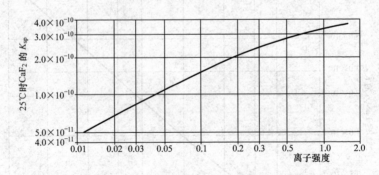

图 6-9 CaF_2 的溶度积 K_{sp} 与离子强度的关系

试计算浓水中有无 $CaSO_4$ 垢析出。

解

$$[Ca^{2+}]_b = (4 \times 1.9 \times 40)/(40 \times 1000) = 7.6 \times 10^{-3}(mol/L)$$

$$[SO_4^{2-}]_b = (4 \times 1.012 \times 48)/(96 \times 1000) = 2.02 \times 10^{-3}(mol/L)$$

见【例 6-2】，可得 $\mu_f = 0.0131$（加 HCl 后，Cl^- 增多，HCO_3^- 减少，从 μ_f 计算式可知，不影响 μ_f 值），$\mu_b = 4 \times 0.0131 = 0.0524$。

由 μ_b 值可得 $CaSO_4$ 的 $K_{sp} = 2.1 \times 10^{-4}$，则

$$0.8K_{sp} = 1.68 \times 10^{-4}$$
$$IP_b = 0.154 \times 10^{-4} < 0.8K_{sp}$$

由此可见，不会在膜表面上形成 $CaSO_4$ 垢。

【例 6-6】 某使用高脱盐率的 RO 系统，水回收率为 80%，钙离子浓度为 230mg/L，氟离子浓度为 0.6mg/L，请问浓水中有无 CaF_2 结垢析出（假定 CPR = 1.13）。

解 膜表面上浓缩系数为

$$CF = CPR / (1 - Y) = 1.13 / (1 - 0.8) = 5.65$$

浓水中钙离子浓度为

$$[Ca^{2+}]_b = 230mg/L \times 5.56 = 1300mg/L$$

浓水中氟离子浓度为

$$[F^-]_b = 0.6mg/L \times 5.56 = 3.39mg/L$$

浓水中钙离子与氟离子的离子积为

$$IP_b = [Ca^{2+}][F^-]^2 = 1300 \times (3.39)^2 = 14940mg/L$$

查表 6-7 可知氟化钙溶度积 $K_{sp} = 723 \ mg/L$。

由此，IP_b 远大于 $0.8 K_{sp}$，浓水中会有 CaF_2 析出。

值得注意的是，在作难溶盐结垢倾向计算时，一般可不考虑浓差极化的影响，因为这类盐（如 CaF_2）的沉积析出速度是较慢的。

3. 加药量的计算

用于调节 pH 的硫酸和阻垢剂同时使用，而硫酸盐溶度积被超过时，阻垢剂的加药点应在加酸点之前。如果阻垢剂浓度过高，有可能形成阳离子与阻垢剂的混合物沉积时，建议采用混合阻垢剂，这样可把发生沉积的可能性降到最低，一种阻垢剂还可以使另一种阻垢剂存在于溶液中不析出。

阻垢剂的加药量可按下式计算

$$q = \frac{q_V \rho}{W \times 1000} \cdot \frac{1}{d} \qquad (6\text{-}28)$$

式中　q_V——水流量，m^3/h；

　　　q——每小时加药量，L/h；

　　　W——阻垢剂浓度。对 SHMP，一般配成 10%；其他阻垢剂，见厂家说明；

　　　d——阻垢剂的溶液密度；

　　　ρ——加药量，mg/L。

当计算出难溶盐会结垢析出，选用 SHMP 时，对一般水质，加药量以维持浓水 SHMP 为 12~20mg/L 较适宜。当加药量过大时，应注意聚磷酸盐水解转为正磷酸盐而在膜上形成磷酸盐垢。比较准的加药量应根据原水水质做动态模拟试验，以确保最佳运行条件。选用其他类型阻垢剂时，加药量根据生产厂家说明书确定。

当选用阻垢剂加入水中防垢时，反渗透浓水的允许离子乘积 IP_b 值见表 6-8。

表 6-8　　　　　　　　加阻垢剂后允许的 IP_b 值

盐 类	离子乘积 IP_b		
	不加阻垢剂	加 SHMP	加其他阻垢剂
$CaSO_4$	$<0.8K_{sp}$	$<1.5K_{sp}$ 及 $IP_b<1.0\times10^{-3}$	
$BaSO_4$	$<0.8K_{sp}$	$<50K_{sp}$	按厂家要求确定
$SrSO_4$	$<0.8K_{sp}$	$<50K_{sp}$	
CaF_2	$<0.8K_{sp}$	$<50K_{sp}$	

（三）阻垢剂的应用

由于反渗透原水水量的波动和地表水的季节性（如丰水期和枯水期），对阻垢剂的投加方案及预处理方案应根据不同情况做适当的调整。

一般情况下，根据反渗透系统的进水量和加药浓度来选择加药计量泵。加药计量泵的出口压力应大于水流压力，以便向水流中加入药剂；加药计量泵的出力（L/h）不应是该计量泵的极限值，而应留有裕量，以便准确计量。

对于已有的反渗透水处理系统，因加药计量泵已经选定，此时应调节加药计量泵的冲程、脉冲及药剂的稀释倍数来满足加药的需要。

下面以清力公司生产的高效阻垢剂为例说明。该公司除生产高效阻垢剂外，还生产杀菌剂、清洗剂等。其生产的PTP-0100和PTP-2000型号的高效阻垢剂在我国已得到广泛的应用。不同类型的高效阻垢剂有其偏重的功能，各具特色。

1. PTP-0100 阻垢剂

PTP-0100 阻垢剂是一种取代常规"酸 + 六偏磷酸钠"的高效阻垢剂。该药剂是以 8 倍的浓缩液状态供应，使用时稀释 8 倍成为标准溶液。该药剂适用范围宽，特别适用于金属氧化物、硅和无机垢类含量高的水质，且不会与残存的混凝剂、絮凝剂等形成不溶性的聚合物。高效阻垢剂的使用可以降低反渗透水处理系统及其他膜处理系统（如超滤系统）的一次投资费用和运行费用。

（1）特点：

1）为各膜元件厂家推荐使用，适用不同类型的膜，如反渗透 CA 膜、反渗透复合膜、纳滤膜、超滤膜。

2）在较宽的浓度范围内可有效地控制无机垢，最大 LSI 允许值为 2.8。

3）能有效地控制铁、铝和其他重金属，反渗透进水侧铁的浓度允许达 8ppm。

4）能有效地控制硅的析出，反渗透浓水侧硅的浓度允许达 290mg/L（以"SiO_2"计）；

5）在反渗透水处理系统进水 pH5 ~ 10 之间均有效；

6）该药剂有很好的溶解性和稳定性，且符合 ANSI/NSF60 饮用水标准。

（2）主要的理化指标：

1）标准溶液：澄清浅棕色液体，pH1.5±0.5，比重1.08±0.05；

2）浓缩溶液:澄清无色透明液体,pH2.5±0.5,比重1.45±0.05。

2. PTP-2000 阻垢剂

（1）特点：

1）为各膜元件厂家推荐使用，适用不同类型的膜，如反渗透CA膜、反渗透复合膜、纳滤膜、超滤膜；

2）能有效地控制碳酸钙、硫酸钙、硫酸钡、硫酸锶等，浓水中LSI最大允许值为3.2,硫酸钙浓度允许达10倍 K_{sp}（溶度积），硫酸钡浓度允许达2500倍 K_{sp},硫酸锶浓度允许达1200倍 K_{sp}；

3）在反渗透水处理系统进水pH5~10之间均有效。

4）该药剂有很好的溶解性和稳定性，且符合ANSI/NSF60饮用水标准。

（2）主要的理化指标：

1）标准溶液：澄清浅棕色液体，pH（10.0±0.5），相对密度（1.08±0.05）；

2）浓缩溶液：澄清浅棕色液体，pH（10.5±0.5），相对密度（1.25±0.05）。

四、硅垢的确定

1. 硅的存在形式

水中胶体硅可通过水的混凝沉淀等方法除去，如不除去，则有可能污染RO膜。而水中溶解硅浓度超过一定值时，则会沉积在RO膜表面上。

在水质全分析中，通过测定全硅和活性硅（可溶硅），非活性硅（胶体硅）由全硅减去活性硅可得，测定结果一般以"mg/L SiO_2"表示。如氢氟酸转化分光光度法测定全硅和活性硅：在沸腾的水浴锅上加热已酸化的水样，并用氢氟酸把非活性硅转化为氟硅酸，然后加入三氯化铝或者硼酸，除了掩蔽过剩的氢氟酸外，还将所有的氟硅酸解离，使硅成为活性硅。用钼蓝（黄）

法进行测定，就可得全硅的含量。采用先加三氯化铝或硼酸后，加氢氟酸，再用钼蓝（黄）法即可测得活性硅含量。

pH < 8 时，溶解硅以硅酸形式存在，以分子式"Si（OH）$_4$"表示，也可表示为 H_4SiO_4。如硅酸溶解度被超过，硅将以下式沉积出来：

$$Si（OH）_4 \rightarrow SiO_2 + 2H_2O$$

在饱和状态时溶度积常数可表示如下

$$K_{sp} = [Si（OH）_4]$$

式中　　[Si（OH）$_4$]——以"mg/L SiO$_2$"表示的浓度。

在 15℃ 和中性 pH 时，硅的溶度积 $K_{sp} = 2.0 \times 10^{-3}$，或 96mg/L SiO$_2$（见表 6-7）。当硅酸浓度大于 96 mg/L 时，硅可能开始沉淀析出，但是，硅以结晶析出是缓慢的。实践表明，许多 RO 系统的浓水硅酸浓度达 140 mg/L 时仍可安全运行，而没有形成结垢。

硅的溶解度与温度和 pH 值关系很大，图 6-10 表示温度对 SiO$_2$ 溶解度的影响。由该图可列出表 6-9。图 6-11 表示 pH 值对 SiO$_2$ 溶解度的影响，该图表明 pH 低于 7.0 时或高于 7.8 时，SiO$_2$ 溶解度增加。

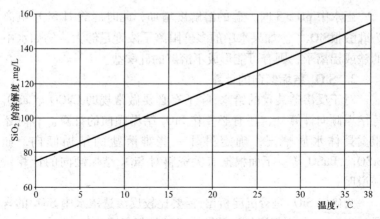

图 6-10　温度对 SiO$_2$ 溶解度的影响

表 6-9		温度对 SiO_2 溶解度的影响					
温度（℃）	5	10	15	20	25	30	35
SiO_2 溶解度（mg/L）	85	96	106	118	128	138	148

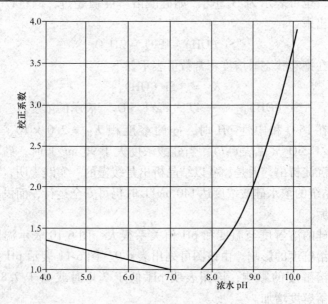

图 6-11　SiO_2 的 pH 值校正系数

当水中 pH > 8 时，硅的溶解度增加，此时硅酸 H_4SiO_4 电离为硅酸根 SiO_3^{2-}。如果水中的多价阳离子浓度足够大，例如水中的铁或铝离子，则有可能形成不溶解的硅酸盐。

2. SiO_2 结垢倾向的计算

对于反渗透装置的给水，除了有必要做常规的 $CaCO_3$、$CaSO_4$ 等结垢倾向计算外，还有必要作 SiO_2 结垢倾向的计算。有时还根据具体水质情况，确定另外一些难溶盐的结垢倾向，如 $SrSO_4$、$BaSO_4$ 等。下面根据有关资料对 SiO_2 结垢倾向的计算做一说明。

为确定 SiO_2 是否沉淀析出，需要比较反渗透浓水中 SiO_2 的含量（$[SiO_2]_b$）与文献资料中提供的 SiO_2 溶解极限值（$[SiO_2]_{lit}$）。

当 $[SiO_2]_b < [SiO_2]_{lit}$ 时，将不会发生 SiO_2 沉淀；当 $[SiO_2]_b > [SiO_2]_{lit}$ 时，将会发生 SiO_2 沉淀。其中

$$[SiO_2]_b = [SiO_2]_f \frac{1-Y \cdot SP}{1-Y} \tag{6-29}$$

$$[SiO_2]_{lit} = [SiO_2]_t \cdot \alpha \tag{6-30}$$

式中 $[SiO_2]_f$——给水中 SiO_2 含量，mg/L（以"SiO_2"计）；

          Y——系统回收率；

          SP——SiO_2 对膜的透过率，资料向膜生产商索取；

    $[SiO_2]_t$——与温度有关的溶解度，见图 6-10；

          α——与 pH 值有关的校正系数，见图 6-11，注意使用的 pH 值应为反渗透浓水的 pH 值。

五、反渗透预处理小结

对于反渗透预处理，一方面要防止悬浮杂质、胶体、微生物污染膜；另一方面要防止难溶盐在膜上析出，在采用化学方法处理原水时，还应注意膜与药品兼容性的问题。

对于小型 RO 系统，以较低回收率运行，把浓水中离子浓度降至较低，尽可能防止碳酸钙的析出；对于大型 RO 系统，从经济上考虑要求水的回收率较高，防止碳酸钙结垢可采用给水加酸处理。碳酸钙的溶解度很大程度上取决于碳酸氢盐的浓度和水的 pH 值。加入足量的酸进入给水，可降低碳酸氢盐浓度（转化为二氧化碳）和降低水的 pH 值，从而增加 $CaCO_3$ 溶解度，防止碳酸钙的形成。如果加酸系统失灵，导致 $CaCO_3$ 析出，则一旦又有合适的酸量加入系统，则该垢又会溶解。

对 CA 膜 RO 系统，加酸调节合适的 pH 值，既可降低膜水解速度，也是防止 $CaCO_3$ 析出的主要手段。加酸处理给水的 RO 系统停机时，过饱和 CO_2 将会从水中逸出，一旦发生此情况，水中 pH 将上升，因在 RO 系统后面部分的膜元件接触的盐浓度最高，pH 的升高将有可能形成 $CaCO_3$ 结垢，当 RO 系统投入并降低水的 pH 至一定值后，形成的 $CaCO_3$ 会很快溶解返回溶

液中。但是，如果停机时间长，膜表面上形成 $CaCO_3$ 的区域将引起 CA 膜水解速度加快，从而影响 CA 膜的性能。

除钙离子外，其他多价阳离子也会形成难溶的碳酸盐垢。控制碳酸钙垢的方法对其他碳酸盐垢的形成也是有效的。除非其他多价阳离子浓度大于钙离子浓度（在天然水中此情况是很少的），利用计算碳酸钙的结垢倾向足以反映碳酸盐垢是否沉淀析出。

利用加酸处理防止 $CaCO_3$ 结垢析出时，一般来说，LSI 值应小于零。当给水加阻垢剂处理时，可以使 RO 系统浓水在较高 LSI 值运行，并延缓沉淀析出。有的阻垢剂可使 LSI 值高达 2~3 运行而不沉淀 $CaCO_3$。

阻垢剂计量箱的微生物滋生问题应引起注意，微生物生长会堵塞加药计量泵的进口和出口部分。许多配制好的有机或混合阻垢剂含有微生物生长抑制剂，如果药液有一定的浓度，则可有效地抑制微生物生长，药液需稀释时应咨询供应商，以防抑制剂的作用失效。

由于阻垢剂一般只是简单延续 $CaSO_4$ 等难溶盐的沉积过程，因此，在 RO 装置停机后，应低压冲洗系统，把过饱和的盐溶液冲出系统。

预处理常用的方法作一简单小结，见表6-10。

表 6-10   **预处理常用的方法**

名　称	方　法	运　行　方　式
悬浮物杂质、胶体	混凝沉淀	沉降除去
	过　滤	截留吸附除去
	微滤、超滤	截留除去
微生物	氯化处理	杀死或降低微生物活性
	微滤、超滤	截留除去
铁	混凝沉淀	沉降除去
	氧化及过滤	过滤沉积物

名　称	方　法	运　行　方　式
碳酸盐垢	加　酸	HCO_3^- 转化为 CO_2
	加阻垢剂	延缓沉积，在高 LSI 或 S&DSI 值运行
	软　化	除硬度
	低回收率运行	降低有关离子浓度
硫酸盐垢、氟化钙垢等	加阻垢剂	延缓沉积
	软　化	除去高价离子
	加　酸	降低 pH、增加硫酸盐等溶解度
	低回收率运行	降低有关离子浓度
硅　垢	增加水温	增加硅的溶解度
	较高或较低 pH 值运行	增加硅的溶解度
	低回收率运行	降低硅的浓度
	加分散剂	延缓硅垢的沉积

反渗透膜的清洗

一、清洗的必要性

在正常运行条件下，反渗透膜可能被无机物垢、胶体、微生物、金属氧化物等污染，这些物质沉积在膜表面上，将会引起反渗透装置出力下降或脱盐率下降；有时反渗透水处理系统的误操作或故障，如系统回收率过高、加阻垢剂系统故障，可能引起反渗透膜的污染及结垢。因此，为了恢复反渗透膜良好的透水和除盐性能，需对膜进行化学清洗。当膜有损伤时，可采用膜制造商提供的修复溶液，对膜进行修补，以恢复 RO 膜的脱盐率。

值得指出的是，RO 装置设计合理、运行正确，就无需经常清洗，但是，若每个月需清洗一次，则预处理工艺显然是不合适的。

二、清洗条件

清洗条件应根据膜制造商提供的清洗导则进行，如果膜制造商未提供清洗导则，则应遵循下列原则，即凡是具备下列条件之一，均需对膜元件进行清洗：

（1）标准渗透水流量下降 10% ~ 15%；

（2）标准系统压差增加 10% ~ 15%；

（3）标准系统脱盐率下降 1% ~ 2% 或产品水含盐量明显增加；

（4）已证实有污染或结垢发生。

一般情况下，给水温度降低、给水压力降低等均会引起渗透水流量的下降，因而，把渗透水流量核算到具有可比的标准渗透水流量是十分重要的，便于决定何时进行清洗。也应指出，对CA 膜的 RO 系统，由于压密会造成一些不可逆转的流量损失，一般膜压密主要发生在系统刚投运的 8～10d 内（200h），此后膜的性能将趋于稳定。

三、常见的膜污染物与清洗药剂

1. 常见的膜污染物

反渗透膜上常发生的污染有碳酸盐垢、硫酸盐垢、铁/锰、硅、微生物、有机物等，现分别说明如下：

（1）碳酸盐垢。在不少的 RO 系统中，碳酸钙和碳酸镁的溶解度会被超出。如果防止该沉积的预处理方法不当，它们会沉积下来。碳酸盐垢主要趋向于发生在 RO 系统后面的膜元件中，因为该处溶液浓度较高。碳酸盐垢在膜上形成，表现为标准渗透水流量下降，除非膜是 CA 膜，且同时发生水解；也表现为脱盐率的下降，因为膜表面浓差极化增加了。最可能发生的情况是，仅靠阻垢剂防止碳酸盐垢的形成，或者预处理软化器故障。

（2）铁/锰。如果溶解金属被残余氯氧化，或由于与空气接触被氧化，则锰和铁的沉积物会污染膜表面。浓度低至 0.05mg/L的铁/锰也足以污染膜表面，表现为标准压差升高（主要发生在系统前面的膜元件），也可能引起标准渗透水流量的下降。通常锰存在时，铁也会存在。

（3）硫酸盐垢。一些水源的硫酸盐浓度较高，其结垢倾向可通过水质分析预测。如果沉积发生，首先影响系统中盐浓度最高的、最后面的膜元件。严重的硫酸盐垢污染是极难清洗的，专用清洗液可用于这些垢的清洗。

（4）硅。硅在 RO 给水中以颗粒硅、胶硅（也称非活性硅或非晶体硅）或溶解硅（也称钼酸盐活性硅）形式存在。

颗粒硅可存在于黏土和土壤中，它们通过径流引入地表水。颗粒硅通过污堵膜元件水流通道污染 RO 系统，导致系统压差增加。0.4%二氯化铵在溶解严重污染的硅垢上是有效的。二氯化铵是有害的化学药品，应妥善处置。

胶硅趋向存在于酸性水条件下，它可由 RO 膜除去。在给水浓缩的 RO 系统中，胶硅浓度高时，会在膜表面上析出。胶硅对 RO 性能的影响与颗粒硅类似。

溶解硅的溶解度与水中 pH 和温度有关。一旦其溶解度被超过，硅垢将慢慢析出。它一旦沉淀在膜表面上，较难清洗，也要求使用二氯化铵清洗。给水 pH > 8 时，溶解硅由 H_2SiO_3 电离为 SiO_3^{2-} 离子。该离子会与多价阳离子，如钙、镁、铁、铝等形成不溶的硅酸盐，当这些垢污染不严重时，可采用标准酸性溶液清洗。当污染严重时，酸性溶液会引起硅酸盐转化为晶体 SiO_2，此时应采用二氯化铵清洗。

（5）悬浮物/有机物。如果水源是地表水，且 RO 系统发生标准渗透水流量下降，极有可能悬浮物/有机物污染。给水 SDI > 4 或浊度大于 1 时，表明给水悬浮物有较大的污染倾向。

该污染可用含有表面活性剂的碱性清洗液清洗。对 CA 膜，建议清洗液最大 pH 为 7.5，以降低 CA 膜在清洗期间的水解。对复合膜，清洗液 pH 可高达 11，这可使有机油和脂肪等有较好的溶解度。

（6）微生物。如果 RO 给水不含杀菌剂（如残余氯），则细菌和其他类型微生物污染可能发生。由于复合膜要求给水除氯，微生物污染通常发生在这些 RO 系统中，特别是水源为地表水时。这些污染会引起标准压差增加或标准渗透水流量下降。细菌数超过 100 个/mL 认为是过量的。

对复合膜，使用的杀菌剂可为甲醛、过氧化氢和过乙酸，但不应使用季铵消毒剂、碘和酚化合物，因为它们会引起反渗透膜的流量损失。甲醛的有效浓度为 0.5% ~ 3%，应小心处置甲醛，它被认为是致癌物。400mg/L 过乙酸溶液（也含 2000mg/L 的过氧化氢）可用来消毒 RO 系统。过乙酸的杀菌效果比过氧化氢强很多。这两种化合物的总浓度不应超过 0.2%，且只能定期使用。使用过乙酸作杀菌剂，不需调节 pH。单独使用 0.2% 过氧化氢作杀菌剂，最好调节 pH = 3，此时杀菌效果最好、对膜的损害最小。过氧化氢在 25℃以上及有暂态金属，如铁、锰存在时，对膜的侵蚀较大。

（7）铁细菌。它们是由存活于铁、不锈钢管道及其附件内壁中的细菌组成。铁细菌能在酸性环境中溶解管道或附件中的铁。这些细菌能产生一种菌落的外层，阻止它们被除去。严重的铁细菌可见到棕色的黏泥，会很快引起标准系统压差的增加。由于铁细菌能从管道和附件中获得铁，即使铁浓度较低它们也会存在。

EDTA 钠盐在高 pH 下清洗铁细菌可能是有效的。EDTA 用来螯合铁，而高 pH 条件可分解有机物。

2. 清洗药剂

不同的膜生产厂商对上述污染物采用的药剂有不完全一致的要求。具体清洗配方或专利清洗液向膜制造商索取。但是总的来说，酸清洗液除去无机沉淀物，如 Fe、$CaCO_3$，pH 值调至 2 ~ 4；碱清洗液除去有机物、微生物，一般 pH 值调至 10 ~ 12，参见表 7-1。某膜公司建议的清洗药剂见表 7-2。

表 7-1 清洗药剂的选择

污染物	防止方法	清洗药剂
金属氧化物 $CaCO_3$	给水酸化，控制运行回收率	柠檬酸 pH = 2.5 ~ 3.5
$CaSO_4$	运行中加阻垢剂	柠檬酸 pH = 2.5 ~ 3.5
有机物	预处理中除去	EDTA 钠盐 + Na_3PO_4，pH = 10 ~ 12
微生物细菌	预处理中除去，给水加氯杀菌	0.5% ~ 1%甲醛

表 7-2 某膜公司建议使用的清洗剂

污染物	清洗剂	效果
无机盐 （如 $CaCO_3$、 $CaSO_4$、$BaSO_4$）	0.2%盐酸	佳
	0.5%磷酸	好
	2%柠檬酸	好
金属氧化物 （如铁）	0.5%磷酸	好
	1%亚硫酸氢钠	好

污染物	清洗剂	效果
无机胶体（淤泥）	0.1% NaOH，30℃	好
	0.025% 十二烷基硫酸钠/0.1% NaOH，30℃	好
微生物	0.1% NaOH，30℃	佳
	1% EDTA	好（仅微生物）
	Na_4 EDTA + 0.1% NaOH，30℃	好（含无机垢）
有机物	0.025% 十二烷基硫酸钠/0.1% NaOH，30℃	好
	0.1% 三磷酸钠/1% Na_4 EDTA	好
细菌/霉菌	0.5% ~ 3% 甲醛	好
硅	0.1% NaOH，30℃	好
	1% EDTA/（Na_4 EDTA + 0.1% NaOH），30℃	好

注 如使用专门阻垢剂厂家生产的阻垢剂，应考虑它们与膜兼容的问题；同时，该阻垢剂不应含有阳离子或非离子表面活性剂，清洗 pH 也不应超过在特定温度下的极限值。

当系统有多种污染物存在时，应选用的清洗液类型和清洗顺序见表 7-3。复合膜的性能会受到较高或较低 pH 的影响，pH > 11

表 7-3　多种污染物存在时，建议的清洗液类型和清洗顺序

污染物	铁	碳酸盐	硫酸盐	硅酸盐	有机物	微生物
铁	铁	铁	酸	酸	铁、碱	铁、碱、灭菌剂
碳酸盐	铁	酸	酸	酸	酸、碱	酸、碱、灭菌剂
硫酸盐	酸	酸	酸	酸	碱、酸①	碱、酸①、灭菌剂
硅酸盐	酸②	酸②	酸②	酸②	碱、酸②	碱、酸②、灭菌剂
有机物	铁、碱	酸、碱	碱、酸②	碱、酸②	碱	碱、灭菌剂
微生物	铁、碱、灭菌剂	酸、碱、灭菌剂	碱、酸①、灭菌剂	碱、酸②、灭菌剂	碱、灭菌剂	碱、灭菌剂

注 铁——用除铁清洗液；酸——适用无机物的酸清洗液；碱——适用有机物的碱清洗液。
①在碱和酸清洗之间，要求附加清洗循环，以恢复膜的性能；
②如果恢复膜原有性能是不成功的，应使用专门清洗液。

的碱清洗液会引起膜的"伸张"，渗透水流量将大于原来渗透水流量，并有稍低的脱盐率，不过这种状况持续时间不长，一般膜性能会在几天内恢复至正常；pH < 3 的酸清洗液会引起膜的"压紧"，标准渗透水流量可能低于原来的值，并有稍高的脱盐率，当膜与较高 pH 给水接触后，会在几天内恢复至正常。清洗效果可见图 7-1。

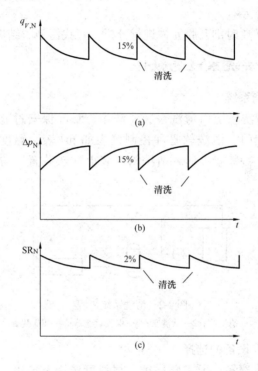

图 7-1　清洗效果示意图
（a）标准渗透水流量与时间的关系；（b）标准系统压差
与时间的关系；（c）标准系统脱盐率与时间的关系

　　根据反渗透膜的污染、结垢的具体情况，选择有针对性的清洗剂是十分重要的。分析反渗透膜的污染、结垢情况可采用下列途径：

（1）分析设备性能数据。

（2）分析给水中潜在污染、结垢成分。

（3）分析 SDI 仪的膜过滤器收集的污染物。

（4）分析滤芯过滤器的污染物。

（5）检查管道内表面和膜元件两端的状况。如果污染物呈红棕色，则可能是铁污染；如果呈粘性或凝胶状，则可能是微生物或有机物污染。

（6）必要时剖开膜元件进行分析，查找污染、结垢成分。

四、清洗系统的设计

1. 清洗系统

一般清洗系统由清洗泵、清洗箱、$5\mu m$ 保安过滤器、所需的管道、阀门、清洗软管和控制仪表如 pH 表、温度计、流量表等组成。特殊要求时，清洗箱可装上加热装置。清洗流程见图 7-2。

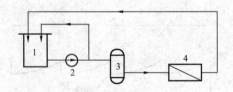

图 7-2　清洗系统流程

1—清洗箱；2—清洗泵；3—保安过滤器；4—RO 装置

2. 清洗设备的选择

（1）清洗箱。要求防腐蚀，材料可选用玻璃钢、聚氯乙烯塑料、钢罐内衬橡胶等。由于 RO 膜对温度有具体要求，在一些特别寒冷或炽热的地区，应考虑箱内安装加热或冷却装置。一般要求清洗温度不低于 15℃，因为温度较低时，将影响清洗效果。

确定清洗箱的体积时，应考虑压力容器的体积、保安过滤器的体积、有关流通管道的体积等。

【例 7-1】　某厂 RO 装置膜组件采用 6－3 排列，即第一段有

6 个 ϕ8in 膜组件，第二段有 3 个 ϕ8in 膜组件，每个膜组件内装 6 个 1m 长的膜元件。

清洗箱体积可计算如下：

1）每个压力容器体积：

$$V_1 = \frac{1}{4}\pi D^2 L = \frac{3.14}{4} \times \left(\frac{25.4 \times 8}{1000}\right)^2 \times 6 = 0.1884\text{m}^3$$

9 个压力容器体积：

$$V_2 = 0.1884 \times 9 = 1.6956\text{m}^3$$

假设膜元件占压力容器体积为 30%，则 9 个压力容器内贮存水的体积：

$$V_3 = 1.6956 \times 70\% = 1.1869\text{m}^3$$

2）以 50m 管道长计（ϕ89×3.5 衬胶管），管道内储存水体积：

$$V_4 = \frac{1}{4}\pi D^2 L = \frac{3.14}{4} \times 0.082^2 \times 50 = 0.264\text{m}^3$$

3）以 ϕ600，有效高度 1.3m 计，保安过滤器内储存水体积：

$$V_5 = \frac{1}{4}\pi D^2 H = \frac{3.14}{4} \times 0.6^2 \times 1.3 = 0.3674\text{m}^3$$

以滤芯占过滤器体积的 5% 计，则过滤器内储存水体积：

$$V_6 = 0.3674 \times 95\% = 0.349 \text{m}^3$$

4）总体积：

$$V = V_3 + V_4 + V_6 = 1.1869 + 0.264 + 0.349 = 1.80\text{m}^3$$

考虑到未可预见因素，总体积乘以系数 1.2，即

$$V' = 1.2V = 1.2 \times 1.80 = 2.16 \text{m}^3$$

考虑清洗循环过程中，清洗箱内应有贮存体积 0.5 m^3，故计算体积为

$$V'' = 2.16 + 0.5 = 2.66 \text{m}^3$$

由上可知，清洗箱可选择体积为 3m^3。

（2）清洗泵。选用的清洗泵应耐腐蚀，如玻璃钢泵。清洗泵压力应能克服保安过滤器的压降、膜组件的压降、管道阻力损

失等，一般选用压力可为 0.3 ~ 0.5MPa。

膜生产厂家对清洗流速有一定限制，见表7-4（表中数据可供参考，具体数据向生产厂商索取）。

表7-4　　　　　　　　　单个压力容器最高清洗进水流量

压力容器直径（in）	清洗流量（m³/h）	最高清洗流量（m³/h）	清洗压力（MPa）
2		0.6	
2.5	0.7 ~ 0.9	0.9	
4	1.8 ~ 2.3	2.3	0.3 ~ 0.5
6	3.6 ~ 4.5	4.5	
8	6.8 ~ 9.1	9.1	
12		18.2	

注　　1in = 25.4mm。

上例中清洗泵流量可为

$$6.8 \times 6 ~ 9 \times 6 = 41 ~ 54m^3/h。$$

五、清洗要求

对多段 RO 装置，原则上清洗应分段进行，清洗水流方向与运行方向相同。当污染比较轻微时，可以多段一起进行清洗。

膜元件污染严重时，清洗液在最初几分钟可排地沟，然后再循环。一般情况下，清洗液可不排地沟，直接循环。

在清洗膜元件时，有关的清洗系统应用水冲洗干净，以免污染膜元件，应认真检查有关阀门是否严密。

清洗过程中应监测清洗温度、pH 值、运行压力以及清洗液颜色的变化。系统温度一般不应超过 40℃，运行压力以能完成清洗过程即可，压力容器两端压降不应超过 0.35MPa（单个膜元件压降不超过 10psi）。在清洗循环过程中，清洗液 pH 升高较多时，需加酸使 pH 恢复到设定值。清洗液 pH 升高，说明酸在溶解无机垢。

一般情况下，清洗每一段循环时间可为 1.5h，污染严重时应延长时间，清洗完毕后，应用反渗透出水冲洗 RO 装置，时间不少于 20min。当膜污染严重时，清洗第一段的溶液不要用来清洗第二段，应重新配制清洗液。为提高清洗效果，可以让清洗液浸泡膜元件，但时间不应超过 24h。

六、清洗液的配制

清洗液原则上应用 RO 出水配制，清洗剂应充分溶解并混合均匀。对于固体清洗药品，如柠檬酸，因为其溶解度有限（见表 7-5），所以可以在一个小容器内先搅拌溶解后，再倒入清洗箱内，一般应用 NH_4OH，而不是 $NaOH$ 来调节清洗液的 pH 值。例如 24.4% NH_4OH 10mL 加进 1 L2% 的柠檬酸中，可把 pH 值调节至 4.0。由于氨水对人体器官有明显的刺激作用，要求清洗药间有良好的通风设备。

表 7-5　　　　　　　　水中柠檬酸的溶解度

温　度 （℃）	柠檬酸溶液溶解度 （质量分数,%）	温　度 （℃）	柠檬酸溶液溶解度 （质量分数,%）
10	54	60	74
20	60	70	76
30	64	80	79
40	69	90	81
50	71	100	89

第八章

反渗透系统的调试、运 行 与 维 护

反渗透水处理系统的调试是系统设备交付使用前的重要环节。调试必须根据各设备的性能参数及出水水质要求进行。整个系统调节出最优的技术参数，包括最优加药量、仪表，可为系统长期安全的运行奠定良好的基础。训练有素的运行管理，可以延长 RO 系统的清洗周期及使用寿命。运行不当可能引起 RO 系统的机械损伤和化学侵蚀，加速 RO 系统的污染，甚至结垢。设备维护的重要性是不言而喻的。完整的运行记录是设备维护的基础，也是向设备供应商或工程公司索赔的依据。为了使运行数据具有可比性，还需对有关数据进行标准化处理，以此诊断设备的性能状况，找出排除故障的方法。

一、反渗透装置的调试

反渗透装置的调试是进入生产运行阶段前的重要环节，正确的调试是保证 RO 装置技术指标的重要基础。

1. 反渗透系统调试前的准备工作

在反渗透系统调试前应做好如下工作：

（1）各有关电源连接完好（含各种计量泵、高压泵）。

（2）反渗透装置前的所有管道与设备冲洗完毕，并且这些设备调试完毕并运行正常。

（3）各有关药液均已配备妥当。

（4）运行监督用的有关试剂和仪器均已准备好。

（5）反渗透高压泵前的连锁、报警和在线分析控制仪表正常，报警点已设定好。

2. 反渗透装置的调试步骤

反渗透装置的调试步骤如下（以卷式 RO 装置为例）：

（1）利用低压水流冲洗反渗透压力容器及 RO 装置的有关部件。

（2）安装人员戴上合适的手套、安全眼镜，并穿上安全靴，把膜元件从密封的塑料袋中取出，按照水流方向依次推入压力容器内，装在膜元件和压力容器两边端板上的密封圈应涂上甘油以作润滑。对 $\phi 8in$（203mm）膜元件，最好有两个人在两端抬起膜元件，再将其推入压力容器内，以防因膜元件质量太大而扭伤员工。

（3）膜元件在未使用前是装在密封的塑料袋中，袋内膜元件一般使用含有 1.4%（以质量计）亚硫酸钠溶液消毒，并有 18%（以质量计）的甘油，该消毒溶液可能引起眼睛刺激和皮肤过敏，因此，把膜元件从塑料袋中取出时应注意保护眼睛和皮肤，以免损伤。如果不小心眼睛受伤，应立刻用大量的清洁水冲洗 15min，并送往医院。有的厂家生产的膜元件采用干式保存，据说与湿法保存相比，保存期更长，且便于运输和安装。此外，对使用过的旧膜元件宜采用填埋处理，而不应采用焚化处理。

在反渗透装置调试之前，应用符合 RO 进水水质要求的水（不加阻垢剂）按表 8-1 中的要求冲洗膜元件。冲洗应根据膜生产厂商提供的资料进行。

表 8-1　　　　　　　对某 CA 膜建议的冲洗时间

膜元件直径 （in）	冲洗时间 （h）	压力 （kPa）	最小浓水流速/每个膜元件 [m³/（h·个）]
4	12~16	276~552	0.14
4	1.5~2	2760	0.89
8	1.2~16	276~552	0.57
8	1.5~2	2760	3.53

（4）根据 RO 装置的脱盐率、回收率、流量等要求，调节 RO 装置各有关参数，同时对使用的仪器、仪表再做必要的校正。

进行反渗透系统整体调试时，除应严把质量关外，还要控制好调试进度。进度计划可用横道图，也可用网络图来表示，下面仅以横道图为例说明。

例如，某工程调试顺序为：清水泵→ 压力过滤器 →5μm 保安过滤器 → RO 高压泵 → 反渗透装置。进度计划参见表 8-2。

表 8-2　　　　　　　　　　　　　RO 系统调试进度

调试过程	工　作　日														
	1	2	3	4	5	6	7	8	9	10	11	12	13	14	15
压力过滤器	■	■													
保安过滤器			■												
高压泵				■											
反渗透装置					■	■	■	■	■	■					

3. 使用 RO 系统调试进度图时的注意事项

使用表 8-2 时，应注意以下几点：

（1）所示时间仅为示意，应根据具体情况确定工作进度。

（2）压力过滤器调试含滤料的冲洗、各阀门的使用、压力表的校正、反洗强度的调整。

（3）对保安过滤器应先冲洗罐体，再装入微米滤芯，然后冲洗滤芯，直至进出水的电导率相同，并应包含压力表的校正。

（4）反渗透装置调试含压力容器及连接件的冲洗、膜元件的装入，膜元件的冲洗，高压泵的运行，各阀门的调节，就地仪器、仪表的使用和调节（如在线流量表、压力表、pH 表、电导率表），集中控制盘的使用，如记录仪、报警点的设定，各加药装置的使用与调整等。

二、反渗透装置的运行

反渗透系统调试完毕后，即可移交生产运行。以某厂使用 CA 膜为例（见图 8-1），说明反渗透装置的启动、运行和停机保护步骤。

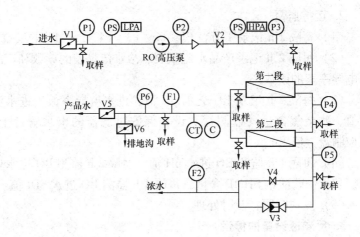

图 8-1 某厂反渗透装置流程

1. 启动与运行

（1）反渗透运行前的各项准备工作已完毕。

（2）反渗透进水 pH 值为 5～6，温度（25±2）℃，残余氯含量 0.2～1mg/L，SDI<4 等已符合运行条件。

（3）一旦预处理系统运行达到稳定状态，即可按下列步骤启动高压泵和运行反渗透装置：

1）打开阀门 V1，关闭阀门 V2、V4、V5，打开阀门 V3、V6；

2）按下启动按钮启动高压泵，当高压泵运行达额定转速数秒后将慢慢打开阀门 V2，使压力慢慢升高，一直升高到压力表 P3 指示为 2.6MPa；

3）调节阀门 V3、V2、V1，使压力表 P3 维持在 2.6MPa，并使产品水流量表 F1 指示为 $q_{V,产}$，浓水流量表 F2 指示为 $q_{V,浓}$；

4）当 RO 出水水质合格后，打开阀门 V5，关闭阀门 V6，向系统输送产品水；

5）反渗透设备投入运行后，监测 RO 各有关指标，如余氯量、pH 值等，不合格时应及时调整，使运行处于平稳状态。

2. 运行监督

（1）每隔 2 h 记录压力表 P1、P2、P3、P4、P5、P6 的读数。

（2）每隔 2 h 记录产品水流量表、浓水流量表的读数和产品水电导率表的读数。

（3）每隔 2 h 记录 RO 进水 pH 值、进水电导率值、进水温度值、残余氯含量（监测探头设在保安过滤器的出水管道上，在控制盘上读出）。

（4）每隔 1 h 监测 RO 进水 pH 值，每隔 2 h 监测 RO 进水残余氯和六偏磷酸钠 SHMP 含量，每隔 4 h 监测 RO 进水 SDI 值。

（5）发现问题，及时处理。

3. 反渗透设备的停运

（1）反渗透停运前，应先打开产品水排地沟阀门 V6，关闭阀门 V5，V2，V3。

（2）按下按钮，停高压泵。

（3）打开阀门 V2，V4。

（4）停 SHMP 泵，HCl、NaClO 泵仍运行。

（5）低压冲洗 RO 设备 10min 后关闭进水阀 V1，V4，V6。

4. 反渗透设备短期停机保护

若停机 7 d 以内，则应采用以下停机保护措施：

（1）用 pH 值为 5.5±0.5，残余氯含量为 0.1~0.5mg/L 的水冲洗系统。

（2）一旦系统充满该溶液，关闭所有进出口阀，确保系统充满氯化水。

（3）当系统温度大于 20℃时，应每 2d 重复一次水冲洗步骤；当温度低于 20℃时，应每 7d 重复一次水冲洗步骤。

当系统正常停机时，关 SHMP 泵，用 pH 值为 5.5±0.5，残余氯为 0.1~0.5mg/L 的水低压冲洗 10min 后，让该水充满 RO 系统，即达到短期停机的保护目的。

5. 反渗透设备长期停机保护

当停机超过 7 d 时，应采用以下停机保护措施：

（1）用0.5%~0.7%的甲醛溶液（pH值调至5~6）冲洗系统。当RO设备的浓水含有0.5%的甲醛时，冲洗过程即可结束。冲洗流速与清洗流速相同时，冲洗时间大约为30min。

（2）一旦系统充满溶液，关闭所有进出口阀门。该措施应每30d重复一次。该保护措施可利用清洗系统设备来完成。

三、影响反渗透装置运行的因素

影响反渗透系统运行的因素主要有以下几点。

1. pH值

影响醋酸纤维素膜寿命的重要因素是膜的水解速度。而水解速度与溶液的pH值和温度有关。当膜水解时，透水量和透盐率将增加而产水质量将明显恶化；pH≈4.7时，水解速度为最小。pH不等于4.7时，水解速度均加大，见图8-2。

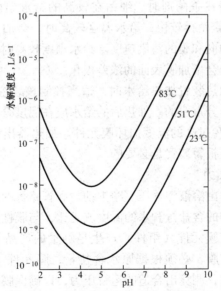

图8-2　CA膜水解速度与水的pH值关系

在所有化学反应中，水解速度明显受温度影响，且随温度增大而增大。实践证明，合适的pH值和温度是保证膜合理寿命的重要因素。

芳香族聚酰胺中空膜和复合膜不易发生水解。在 RO 系统加阻垢剂后，仍可能存在 $CaCO_3$ 等结垢时，系统应考虑加酸。加硫酸还是加盐酸，要根据原水水质来定。

2. 温度

醋酸纤维素膜、聚酰胺中空膜和复合膜对温度都有使用限制。膜元件（组件）标明的透水量一般是在 25℃ 的情况下，在其他温度下可以根据厂商资料做适当的温度校正。

适当提高进水温度可以降低水的黏度，提高膜的透水量。尤其是在北方的冬天，对给水进行加热是必要的。在温度高于 20℃ 下运行，温度升高 1℃，透水量约增加 3%。

当系统出力有富裕量或不需要加热给水时，在冬天也可不加热给水。给水温度较高时，会增加微生物在系统内的活性，特别是当给水不存在杀菌剂时。细菌在较高的给水温度或在滞流的 RO 系统内会繁殖得较快。给水温度较高时，会加大碳酸盐和硫酸盐的结垢倾向和膜的污染速度。给水温度较高时渗透水流量也增加，相应地会增加膜表面的浓差极化。

当采用加热装置加热给水时，适当控制该装置的温度对 RO 系统来说是十分重要的。加热后的给水应在温度合适后方可进入 RO 装置，以免过高的温度损坏膜元件。加热器出水管线设排地沟阀门和高温报警装置是必要的。

3. 运行压力

运行压力由溶液渗透压、净推动力和管路等的压降组成。渗透压与原水中的含盐量和水的温度成正比，与膜性能无关。净推动力是为了使膜元件（组件）产生足够量的产品水而需要的压力。对不同的膜，必须根据原水含盐量、膜元件（组件）的排列组合等因素，测算出合适的运行压力，以确保膜的长期安全运行。

由于透水量与运行压力成正比，因此，提高运行压力将增大透水量。从第三章中又知，提高运行压力，将减少透盐率。对于新的膜元件（组件），由于膜压密没有那么严重，膜的阻力小些，透水量较大。因此，对运行初期的膜，在满足产水量和脱盐率的情况下，运行压力宜采用比正常压力较低的为好。

压密对不对称结构的 CA 膜影响比聚酰胺复合膜要大。在海水 RO 系统中给水运行压力比苦咸水 RO 系统要大得多，因而压密也更加明显。较高的给水温度也会导致较大的压密速度。

4. 浓差极化

在反渗透装置运行中，膜表面浓缩水和给水之间往往会产生浓度差，严重时形成很高的浓度梯度，这种现象称为浓差极化。浓差极化将引起渗透压增加，使净驱动力 p_N 减少，从而使透水量 $q_{V,w}$ 减少，透盐量 $q_{m,s}$ 增大，同时加大膜表面上难溶盐形成的机率，损害膜的致密层。

对中空纤维，水流方向与膜表面呈垂直状态，产生浓差极化的机会少。对卷式膜元件，有必要维持适当的给水流速，防止发生浓差极化。

5. 膜污染

膜污染包括膜表面上结垢、金属氧化物的污染、污堵、胶体污染和微生物污染等。

膜污染将导致透水量的下降，压降和透盐率的提高。膜的清洗可以消除污染物，并尽量恢复膜的初始状态。若反渗透膜每个月需要清洗一次，则说明预处理是不合格的，需要重新考虑预处理方案。

（1）膜上结垢。膜上结垢是由给水中一些难溶盐的沉淀引起的。给水中的盐在 RO 工艺中得到浓缩，回收率为 50% 时浓缩两倍，回收率为 75% 时浓缩四倍（见图 4-10），这引起一些盐的离子浓度乘积超过其溶度积而沉淀。浓差极化和膜组件排列的不均匀分布在一些地方会产生更大的浓度。浓水流量必须维持难溶盐不析出的状态，并保持合适的水回收率。

常见的垢有 $CaCO_3$、$CaSO_4$，其他一些化合物如硅盐、硫酸锶、硫酸钡也曾出现。

有三种常见的方法可用于控制结垢：

1）控制回收率，降低浓水中离子浓度，以避免离子积超过溶度积。

2）除去结垢离子，如 Ca^{2+}。可用钠离子交换法除去钙。一般情况下此方法对大型 RO 系统是不经济的，在要求较高回收率时才采用。$CaCO_3$ 的结垢问题可通过给水中加酸调节 pH 值解决。加酸可降低碳酸盐浓度，使之转化为碳酸氢盐和二氧化碳。CO_2 可通过除碳器除去，以减轻后序工艺中离子交换的负担。

3）加阻垢剂，如加六偏磷酸钠 SHMP 或有机高效阻垢剂，防止 $CaSO_4$ 垢等的形成。

（2）金属氧化物污染。给水中的锰、铁可能沉积在膜表面上，氧化铁的污染是较常见的。当给水中铁、锰含量大时，需采取措施予以去除。

（3）污堵。往往由于机械过滤器出水中杂质颗粒过多，或微米过滤器漏过杂质，造成杂质不能通过膜元件（组件）的给水—浓水通道，而留在膜表面上。该问题可通过在 RO 装置前加装 $5\mu m$ 保安过滤器或更换其滤芯得以解决。实践证明，使用 $10\mu m$ 保安过滤器的精度是不够的。如果保安过滤器的滤芯更换太频繁，则应重新考虑预处理工艺。

（4）胶体污染。胶体物质直接残留在膜表面上而引起胶体污染。水中胶体污染的程度可由下面两个参数决定：

1）胶体浓度。为确定胶体浓度，可测定水中 SDI 值。SDI 值大小大致可反映胶体污染程度。井水 SDI 值通常小于 3，不会发生胶体污染；地表水 SDI 值一般大于 5，如不做必要的预处理，将会引起严重的胶体污染。使用石英砂、活性炭或装有两种滤料的过滤器，可降低胶体浓度。对 SDI > 50 的水，需在澄清器中做混凝处理，然后可利用重力过滤器过滤。对 SDI < 50 的水，可采用直流混凝过滤。目前已有自动监测 SDI 值的仪器（称自动 SDI 仪）。自动 SDI 仪一旦接上水，放上新的滤盘，把 ON – OFF 开关切换至 ON，则测试完毕后，自动 SDI 仪会自动计算结

果，且把数据显示出来。自动 SDI 仪可减少所需的测量时间，不用记录数据，可避免人为计算错误，它采用电脑运算，且时间用毫秒计，因而十分准确。

2）胶体稳定性。测量 ζ 电位值可大致反映胶体在水中的稳定性。如果 ζ 在 -10 ~ -30mV 或更大，胶体污染的可能性大大地减少。

（5）微生物污染。微生物污染是由于微生物、细菌在膜上繁殖引起的。一般情况下，对给水进行了加氯杀菌处理，能较好解决微生物繁殖问题。RO 装置停机时间较长时，容易发生此类问题，这要求运行人员严格采取停机保护措施。

微生物污染是 RO 系统常见的严重问题。对整个预处理系统，如管道、水箱、过滤器和 RO 系统的定期消毒检查是十分重要的。可检查如下地点：

加杀菌剂前的取水口，澄清器、过滤器的出水，介质过滤器的出水，RO 设备的进水，RO 设备的浓水与产水等。

四、反渗透装置的维护

运行数据的记录、保护与分析，在线仪表与实验室监测仪器的校正和维护，运行数据的标准化，有关设备与部件的维护，RO 装置的清洗等是反渗透装置维护的主要内容，做好维护工作便于及时发现问题，或者发现某些潜在问题的发展趋势，并对症下药，及时采取措施，确保 RO 装置长期稳定的运行。

1. 常见数据记录与分析

主要包括下面内容：

（1）高压泵进出水压力；

（2）RO 运行时数累计；

（3）RO 运行压力；

（4）各段浓水压力；

（5）RO 渗透水流量；

（6）RO 浓水流量；

（7）RO 再循环流量；

（8）RO 给水 TDS 值（或电导率）；

（9）RO 渗透水 TDS 值（或电导率）；

（10）给水温度；

（11）给水 SDI 值或 S&DSI 值、浊度；

（12）给水/浓水 pH 值；

（13）给水残余氯值等；

（14）预处理中泵的出口压力，过滤器的进出口压力或压差。

此外，还应根据具体情况，增加一些监测项目，如阻垢剂的含量等。

2. 仪器仪表的校正

主要包括下面内容：

（1）pH 表；

（2）流量表；

（3）电导率表；

（4）压力表等。

此外，还应定期维护的一些仪器，如 SDI 仪、残余氯表、温度表等。

3. 维护记录

主要包括下面内容：

（1）定期维护记录；

（2）记录机械故障、设备零部件的更换情况；

（3）记录膜元件的系列号及变更情况；

（4）记录各种表计的校正情况；

（5）记录 RO 膜的清洗情况，包括清洗日期、清洗周期、清洗剂的名称和浓度、清洗溶液的 pH、温度、流速、压力等。

4. 数据标准化

RO 装置的主要性能变化可通过下列三个参数来衡量：系统脱盐率、系统压降、装置渗透水流量。但是，在实际运行中，确定的这三个参数很难直接反映系统是否发生了如下问题：

（1）膜表面污染或结垢；

（2）膜元件水流通道污堵；

（3）膜降解（如膜因结垢引起化学成分改变，造成脱盐率下降）；

（4）机械损坏（如膜表面机械损伤或擦伤、O形圈损坏或变形、膜袋密封处脱开或渗漏）。

例如，当 RO 膜污染时，渗透水流量将下降（除非提高运行压力），但实际上，当相应较少的给水流量通过离心泵及泵出口调节阀时，泵会在更高的性能曲线上运行，也即输出压力更高，而更高的压力将导致较高的渗透水流量，尽管该流量没有污染之前的流量大。也就是说，RO 装置的膜表面污染引起的工况改变，并没有很直观地反映出来。

如果 RO 渗透水流量的变化能反映出运行工况，如运行压力、系统压降、给水浓度、水温等的改变，则可以较好地反映装置发生的问题，如膜污染等，这就提出运行数据的标准化问题。运行数据标准化是指把运行数据核算到在标准状态下（25℃时新膜运行 30min 或运行稳定后的起始状态或者膜元件的设计状态）的数值，此时所得系统压差、渗透水流量、系统脱盐率分别称为标准系统压差、标准渗透水流量、标准系统脱盐率。下面对系统性能主要参数：标准系统脱盐率、标准系统压差、标准渗透水流量分别说明如下。

（1）标准系统脱盐率。由式（2-10）可知，系统脱盐率 SR 可表达如下

$$SR = \frac{c_f - c_p}{c_f} \times 100\%$$

上式是以 RO 给水浓度表示膜侧的浓度或 TDS，该计算方法忽视了 RO 系统回收率对其的影响。该计算结果一般低于单个膜元件实际的脱盐率，误差程度取决于系统回收率的大小，即给水在 RO 装置内浓缩的程度。例如，回收率增加时，可能导致计算的脱盐率下降而实际上膜性能可能并没有太大的改变。

另一种方法是利用平均给水浓度 c_{fA} 来计算，即 SR 可表达如下

$$SR = \frac{c_{fA} - c_p}{c_{fb}} \times 100\%$$

$$c_{fA} = \frac{c_f + c_b}{2} = \frac{c_f + c_f \cdot CF}{2} = \frac{c_f}{2} \frac{(2-Y)}{(1-Y)}$$

或 $$c_{fA} = c_f \cdot CF_A = c_f \frac{1}{2}\left[1 + \frac{1}{1-Y}\right] = \frac{c_f}{2} \frac{(2-Y)}{(1-Y)}$$

$$CF_A = \frac{1}{2}\left[1 + \frac{1}{1-Y}\right]$$

式中　c_b——浓水浓度；

　　Y——回收率；

　　CF——浓缩系数；

　　CF_A——平均浓缩系数。

利用该方法所得的计算结果，更接近单个膜元件的脱盐率，更好地反映系统脱盐率。它能直接反映系统回收率变化，对系统脱盐率的影响。

上述脱盐率计算公式中，水的浓度可以以 TDS 值代入计算。由于脱盐率会因水中各种特定的盐的浓度的改变而改变，因此，为更精确计算，可利用单个离子的浓度代入 SR 计算式中，算出单个离子的脱盐率。在一定的运行条件下，如一定的压力、流量、温度等，如果膜的性能没有改变，则单个离子的脱盐率将维持恒定。

当装入新的膜元件的 RO 装置起动使用时，记录/计算出单个离子的脱盐率，便于将来比较膜的性能。例如，单价离子氯离子、钠离子的脱盐率可很好地用于比较膜的性能变化。

值得指出的是，利用二价离子如钙离子浓度计算脱盐率时，在 RO 装置膜元件发生机械泄漏和膜降解时是有区别的。即膜元件发生机械泄漏时，对一价离子和二价离子的脱盐率的下降均是可比的；而发生膜降解时，一价离子的脱盐率要下降得更多一些。

当计算脱盐率时，用电导率代替 TDS 值，计算出的脱盐率值一般低于用 TDS 计算出来的值。这是由于在给水和渗透水浓度变化范围内，TDS 和电导率的比率改变而引起的。

我们知道，引起系统脱盐率 SR（或产品水质量 c_p 下降）的原因较多，例如：系统维持相同渗透水流量时，给水温度增加，c_p 下降；系统渗透水流量下降，较少的渗透水稀释相同的透盐量，因而 c_p 下降；给水 TDS 增加，c_p 下降；系统回收率增加，相应增加给水－浓水 TDS 值，c_p 下降；膜表面污染引起 c_p 下降；膜表面损坏，使更多的盐透过膜，c_p 下降等。因此，标准系统脱盐率的计算是十分重要的，它有利于观察分析 RO 膜性能的变化。

标准系统脱盐率 SR_n 可按下式计算

$$SR_n = 1 - SP_n$$

$$SP_n = SP_a \cdot \frac{q_{V,pa}}{q_{V,pr}} \cdot \frac{T_{Ja}}{T_{Jr}} = （1 - SR_a）\cdot \frac{q_{V,pa}}{q_{V,pr}} \cdot \frac{T_{Ja}}{T_{Jr}} \qquad (8-1)$$

式中　　SR_a——实际运行条件下的脱盐率；

$q_{V,pa}$——实际运行条件的渗透水流量；

$q_{V,pr}$——系统启动状态，即参考状态下的渗透水流量；

T_{Ja}——实际运行条件下的温度校正系数；

T_{Jr}——系统启动状态，即参考状态下的温度校正系数；

SP_a——实际运行条件下的透盐率；

SP_n——标准透盐率。

也可以对渗透水质量进行标准化，某公司提出标准化公式如下

$$c_{pn} = c_{pa} \cdot \frac{NDP_a}{NDP_r} \cdot \frac{c_{fAr}}{c_{fAa}}$$

$$c_{fA} = c_f \times \frac{\ln\left(\dfrac{1}{1-Y}\right)}{Y} \qquad (8-2)$$

$$NDP_a = p_{fa} - \frac{1}{2}\Delta p_a - \Pi_{fA} - \Pi_p - p_p \qquad (8-3)$$

$$\frac{1}{2}\Delta p_a = \frac{1}{2}(p_{fa} - p_{ba})$$

式中　　c_{pa}——实际运行时渗透水浓度;

$\quad\quad c_{fAr}$——参考状态下平均给水 – 浓水浓度;

$\quad\quad Y$——回收率;

$\quad\quad c_f$——给水浓度;

$\quad\quad c_{fAa}$——实际运行状态下平均给水 – 浓水浓度;

$\quad\quad \mathrm{NDP}_a$——实际运行状态下净驱动力;

$\quad\quad p_{fa}$——实际运行状态下给水压力;

$\quad\quad 1/2\Delta p_a$——实际运行状态下给水 – 浓水平均压降;

$\quad\quad p_{ba}$——实际运行状态下浓水压力;

$\quad\quad \Pi_{fA}$——实际运行状态下给水平均渗透压;

$\quad\quad \Pi_p$——实际运行状态下渗透水的渗透压;

$\quad\quad p_p$——实际运行状态下渗透水压力;

$\quad\quad \mathrm{NDP}_r$——参考状态下净驱动力。

（2）标准系统压差。RO 系统压差也称为 RO 系统压降 ΔP，表示 RO 装置的给水和浓水之间的压力差，反映水流通过系统内膜元件时的压力损失，它不是指给水和渗透水之间的压力差。

在恒定给水流量时，压差增加，表明有杂质阻塞水流通道，这可能是一些机械杂质、高压泵磨出的碎片、膜表面结垢或微生物污染等。卷式膜元件的反伸缩装置脱落也会增加水力压差。

系统压差与给水流量、渗透水流量、浓水流量、给水温度等有关。要直接比较系统压差是困难的，可以利用下式对系统压差进行标准化，使不同参数条件下的压差具有可比性，便于发现运行问题。

标准系统压差 Δp_n 可表达如下

$$\Delta p_n = \Delta p_a \frac{(2q_{V,br} + q_{V,pr})^{1.5}}{(2q_{V,ba} + q_{V,pa})^{1.5}} \tag{8-4}$$

式中　Δp_a——系统运行时给水与浓水的压差;

$q_{V,\mathrm{br}}$，$q_{V,\mathrm{pr}}$——RO 系统在刚开始投运时的浓水、产品水流量；

$q_{V,\mathrm{ba}}$，$q_{V,\mathrm{pa}}$——RO 系统实际运行时浓水、产品水流量。

有的公司标准压差 Δp_{n} 的计算式表达如下：

$$\Delta p_{\mathrm{n}} = \Delta p_{\mathrm{a}} \frac{(0.5q_{V,\mathrm{fr}})^{1.4}}{(0.5q_{V,\mathrm{fa}})^{1.4}} \tag{8-5}$$

式中　$q_{V,\mathrm{fr}}$——RO 系统刚开始投运时的给水流量；

　　　$q_{V,\mathrm{fa}}$——RO 系统实际运行时给水流量；

　　　Δp_{a}——RO 系统运行时给水与浓水压差。

（3）标准渗透水流量。它是 RO 系统中最重要的监测指标，因为它能最好地反映 RO 膜性能的变化。我们知道，影响渗透水流量 $q_{V,\mathrm{p}}$ 的因素较多，例如：高压泵出水压力不变，温度降低时，$q_{V,\mathrm{p}}$ 下降；高压泵出水压力下降，$q_{V,\mathrm{p}}$ 下降；高压泵出水压力不变，渗透水背压增加时，$q_{V,\mathrm{p}}$ 下降；给水 TDS 增加，因其渗透压增加，因而 $q_{V,\mathrm{p}}$ 下降；系统回收率增加，因给水 – 浓水平均 TDS 增加，相应地渗透压增加，因而 $q_{V,\mathrm{p}}$ 下降；膜表面污染，$q_{V,\mathrm{p}}$ 下降；膜元件给水通道污染，增加膜元件压降，相应降低净驱动压力，$q_{V,\mathrm{p}}$ 下降；膜降解或机械旁路发生，$q_{V,\mathrm{p}}$ 增加等。因此十分有必要对渗透水流量进行标准化计算。

标准渗透水流量是具有可比性的参数，它反映了压力、温度和给水浓度（渗透压）的影响，可以用来评估：

1）膜表面污染/结垢程度；

2）膜的压密程度；

3）膜的完整性，如是否机械泄漏等；

4）膜的降解程度。

标准渗透水流量可表达如下

$$q_{V,\mathrm{pn}} = q_{V,\mathrm{pa}} \frac{T_{\mathrm{Ja}}}{T_{\mathrm{Jr}}} \times \frac{\mathrm{NDP}_{\mathrm{r}}}{\mathrm{NDP}_{\mathrm{a}}} \tag{8-6}$$

或　　　$$q_{V,\mathrm{pn}} = q_{V,\mathrm{pa}} \frac{T_{\mathrm{Ja}}}{T_{\mathrm{Jr}}} \times \frac{(p'_{\mathrm{fb}} - \Delta \Pi'_{\mathrm{osm}} - p'_{\mathrm{p}})}{(p_{\mathrm{fb}} - \Delta \Pi_{\mathrm{osm}} - p_{\mathrm{p}})} \tag{8-7}$$

$$p_{fb} = (p_f + p_b)/2$$
$$p'_{fb} = (p'_f + p'_b)/2$$

式中 NDP_a——实际运行时净驱压力；

$\quad\quad NDP_r$——参考状态下如刚起动时的净驱动压力；

$\quad\quad q_{V,pa}$——实际运行时渗透水流量；

$\quad\quad T_{Ja}$——实际运行时温度校正系数（核准至 25℃ 时的状态）；

$\quad\quad p_{fb}$——实际运行时平均给水运行压力；

$\quad\quad p_f$——给水压力；

$\quad\quad p_b$——浓水压力；

$\quad\quad \Delta\Pi_{osm}$——实际运行时系统平均渗透压差，等于平均给水渗透压与渗透水渗透压之差。当膜脱盐率较高时，如大于 90%，产品水的渗透压可忽略不计，此时为给水—浓水的渗透压的加权平均值；

$\quad\quad p_p$——实际运行时渗透水压力。

当标准渗透水流量把新的 RO 装置刚启动时的渗透水流量作为基准值比较时：

$\quad\quad T_{Jr}$——启动时的温度校正系数（核准至 25℃ 时状态）；

$\quad\quad p'_{fb}$——启动时的平均给水运行压力；

$\quad\quad \Delta\Pi'_{osm}$——启动时系统平均渗透压差；

$\quad\quad p'_p$——启动时渗透水压力。

当标准渗透水流量把膜元件的设计渗透水流量（见厂家样本）作为基准值比较时：

$\quad\quad p'_{fb}$——膜元件的设计运行压力（具体见样本）。对复合膜一般为 1.55MPa（225psi）；超低压复合膜为 1.03MPa（150psi）；对 CA 膜为 2.9MPa（420psi）。

$\quad\quad \Delta\Pi'_{osm}$——膜元件的设计渗透压差。具体见厂家说明。测试时溶液一般为 2000mg/L NaCl，因而渗透压差约为 0.14MPa（20psi），对高脱盐率膜元件产生的渗透水渗透压可忽略不计，故为 0.14MPa。

p'_p——膜元件的设计渗透水压力，$p'_p = 0$。

T_{Jr}——膜元件的设计温度，因膜元件测试温度为 25℃，故 $T'_{Jr} = 1$。

此时，标准渗透水流量计算式可写为

$$q_{V,pn} = q_{V,pa} T_{Ja} \times \frac{(p'_{fb} - \Delta \Pi'_{osm})}{(p_{fb} - \Delta \Pi_{osm} - p_p)} \qquad (8-8)$$

【例 8-1】 反渗透给水 TDS 为 350ppm，RO 装置内共有 20 个的 ϕ8in（203.2mm）卷式 CA 膜元件。21℃时 $T_J = 1.11$，24℃时 $T_J = 1.031$。该膜元件的设计渗透水量为 1.136m³/h，设计脱盐率为 97.5%，测试条件为 2000ppmNaCl 溶液、420psi（2.89MPa）。

RO 装置在刚投运时录得的数据如下：24℃时渗透水流量为 22.7m³/h，浓水流量为 7.50m³/h，给水压力为 2.83MPa，浓水压力为 2.34MPa，渗透水 TDS 为 16ppm。

现在实际运行时录得的数据如下：21℃时渗透水流量为 19.3m³/h，浓水流量为 6.4m³/h，给水压力为 3.10MPa，浓水压力为 2.62MPa，渗透水 TDS 为 15ppm，渗透水压力可忽略不计。

试计算标准系统脱盐率、标准系统压差及标准渗透水流量。

解　（1）计算系统脱盐率。由式（2-8）可得

$$系统回收率\ Y = \frac{q_{V,p}}{q_{V,p} + q_{V,b}} \times 100\% = \frac{19.3}{19.3 + 6.4} \times 100\%$$

$$= \frac{19.3}{25.7} \times 100\% = 75\%$$

由式（2-18）可得：

$$平均给水浓度\ c_{fA} = \frac{c_f(2 - Y)}{2(1 - Y)} = \frac{350(2 - 0.75)}{2(1 - 0.75)}$$

$$= \frac{350 \times 1.25}{2 \times 0.25} = 875\text{mg/L}$$

由式（2-11）可得：

$$系统脱盐率\ SR = \frac{c_{fA} - c_p}{c_{fA}} \times 100\% = \frac{875 - 15}{875} \times 100\% = \frac{860}{875} \times$$

$100\% = 98.3\%$

刚投运时的系统脱盐率为

$$\text{SR} = \frac{c_{\text{fb}} - c_{\text{p}}}{c_{\text{fb}}} \times 100\% = \frac{875 - 16}{875} \times 100\% = \frac{859}{875} \times 100\% = 98.2\%$$

标准系统脱盐率为

$$\text{SR}_n = 1 - \text{SP}_n$$

$$= 1 - (1 - \text{SR}_a) \frac{q_{V,\text{pa}}}{q_{V,\text{pr}}} \cdot \frac{T_{\text{Ja}}}{T_{\text{Jr}}}$$

$$= 1 - (1 - 98.3\%) \times \frac{19.3}{22.7} \times \frac{1.11}{1.031} = 96.4\%$$

（2）计算标准系统压差。公式如下。

$$\Delta p_n = \Delta p_a \frac{(2q_{V,\text{br}} + q_{V,\text{pr}})^{1.5}}{(2q_{V,\text{ba}} + q_{V,\text{pa}})^{1.5}}$$

$$= (3.10 - 2.62) \times \frac{(2 \times 7.50 + 22.7)^{1.5}}{(2 \times 6.4 + 19.3)^{1.5}}$$

$$= \frac{0.48 \times 231.48}{181.87} = 0.61\text{MPa}$$

（3）计算标准渗透水流量。公式如下。

1）以膜元件设计渗透水流量为基准。

$$q_{V,\text{pn}} = q_{V,\text{pa}} \, T_{\text{Ja}} \times \frac{(p'_{\text{fb}} - \Delta \Pi'_{\text{osm}})}{(p_{\text{fb}} - \Delta \Pi_{\text{osm}} - p_{\text{p}})}$$

式中　T_J——温度校正系数，21℃ 时为 1.11。

$$p_{\text{fb}} = \frac{p_{\text{f}} + p_{\text{b}}}{2} = \frac{3.10 + 2.62}{2} = 2.86\text{MPa}$$

$$\Delta \Pi_{\text{osm}} = 6.895 \times 10^{-5} = 0.06\text{MPa}$$

$$p_{\text{p}} = 0$$

$$p'_{\text{fb}} = 2.90\text{MPa}$$

$$\Delta \Pi'_{\text{osm}} = 0.14\text{MPa}$$

把上述值代入公式，可得：

$$q_{V,\text{pn}} = 19.3 \times 1.011 \times \frac{(2.90 - 0.14)}{(2.86 - 0.06 - 0)}$$

$$= 19.3 \times 1.11 \times \frac{2.76}{2.80} = 21.1 \text{m}^3/\text{h}$$

单个膜元件的平均标准渗透水流量

$$q = \frac{21.1}{20} = 1.056 \text{m}^3/\text{h}$$

2）以 RO 装置刚开始投运时的渗透水流量为基准。

$$q_{V,\text{pn}} = q_{V,\text{pa}} \frac{T_{\text{Ja}}}{T_{\text{J}}} \times \frac{(p'_{\text{fb}} - \Delta\Pi'_{\text{osm}} - p'_{\text{p}})}{(p_{\text{fb}} - \Delta\Pi_{\text{osm}} - p_{\text{p}})}$$

式中 $p_{\text{fb}} = 2.86\text{MPa}$，$\Delta\Pi_{\text{osm}} = 0.06\text{MPa}$，$p_{\text{p}} = 0$，$T_{\text{J}} = 1.03$（24℃时）。

$$p'_{\text{fb}} = \frac{2.83 + 2.34}{2} = 2.585\text{MPa}$$

$$\Delta\Pi'_{\text{osm}} = 0.06\text{MPa}, \quad p'_{\text{p}} = 0$$

把上述数值代入公式，可得

$$q_{V,\text{pn}} = 19.3 \times \frac{1.11}{1.03} \times \frac{(2.585 - 0.06 - 0)}{(2.86 - 0.06 - 0)}$$

$$= 19.3 \times \frac{1.11}{1.03} \times \frac{2.525}{2.80} = 18.8 \ \text{m}^3/\text{h}$$

把上述有关计算值列成表 8-3。

表 8-3   **系统运行标准值**

项　　目	现在	起动时	设计值
标准系统脱盐率（%）	96.4	98.2%	97.5%
标准系统压差（MPa）	0.61	0.49[①]	
标准渗透水流量（m³/h）	18.8	22.7	
单个膜元件标准渗透水流量（m³/h）	1.056		1.136

① 启动时系统压差为 $p_{\text{f}} - p_{\text{b}} = 2.83 - 2.34 = 0.49\text{MPa}$。

从表 8-3 可看出，目前标准系统脱盐率低于设计脱盐率和刚投运启动时的脱盐率。与刚投运时的渗透水流量 22.7m³/h 比较，标准渗透水流量 18.8m³/h，低出 17.1%；与单个膜元件设计渗透水流量比较，单个膜元件的标准渗透水流量下降 7%，这差别是明显的；标准系统压差比刚投运启动时增大 24.5%，这差别也是明显的。这些表明膜元件通道可能污堵等，需对系统做进一步调查，查出原因，做合适的处理，如清洗等。

5. 运行参数及标准参数的图示分析

根据某 RO 装置运行时收集的原始数据，分别做出温度—时间曲线、运行压力—时间曲线，浓水压力—时间曲线、渗透水流量—时间曲线、浓水流量—时间曲线、给水浓度—时间曲线、渗透水浓度—时间曲线，见图 8-3（a）~（g）。相应作出标准运行曲线，即标准系统脱盐率—时间曲线、标准渗透水流量—时间曲线、标准压差—时间曲线，分别见图 8-4（a）~（c）。从标

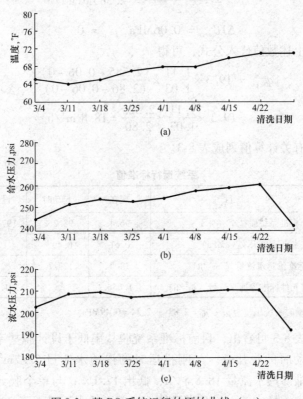

图 8-3　某 RO 系统运行的原始曲线（一）

（a）温度；（b）给水压力；（c）浓水压力

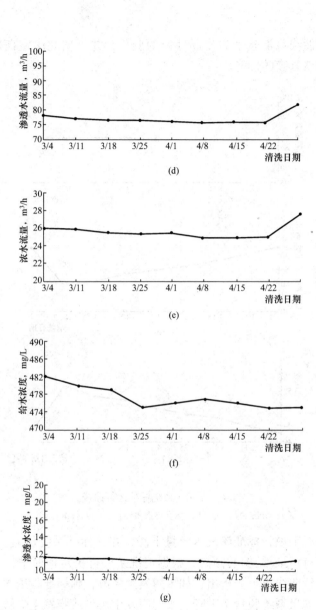

图 8-3　某 RO 系统运行的原始曲线（二）

（d）渗透水流量；（e）浓水流量；（f）给水浓度；（g）渗透水浓度

准运行曲线可清楚地看出膜性能的变化，并可据此决定何时清洗，以恢复膜的性能。

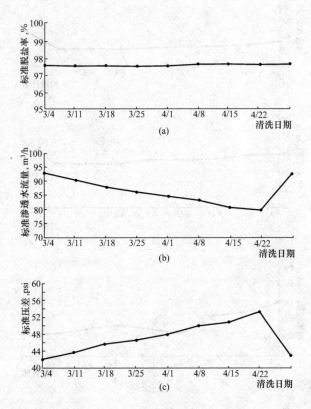

图 8-4　某 RO 系统标准运行曲线

（a）标准脱盐率；（b）标准渗透水流量；（c）标准压差

　　一般来说，标准渗透水流量下降，并且标准系统压差上升，表明膜有污染/结垢的倾向，根据清洗条件可决定何时清洗。从标准运行曲线也可分析出，如果膜发生降解，则标准渗透水流量上升；如果系统脱盐率下降，表明膜发生污染或膜发生降解；如果标准渗透水流量增大，而脱盐率下降，则膜可能发生降解或机械损伤。

第九章

反渗透系统的诊断技术

　　反渗透水处理系统故障表现为标准系统脱盐率下降、标准渗透水流量下降和标准系统压差增加。这三个指标发生变动的现象可能同时发生，也可能某个指标单独发生或某两个指标同时发生。如果这些指标缓慢地偏离其可比较的基准值，则表明系统是正常的污染或结垢，通过清洗可恢复这些参数指标。如果这些指标快速恶化，则表明系统有缺陷或误操作，这种情况下应尽快采取措施处理。因为拖延处理不利于恢复系统性能，也可能并发其他问题。通过运行记录数据及性能参数的标准化，是可以及早发现潜在问题的。发现了问题，应及早确定出现问题的原因和部位，如果数据参数无法确定出现问题的原因，则可通过解剖膜元件来分析。

一、标准系统脱盐率下降的原因

（一）查出脱盐率下降的部位

　　脱盐率是 RO 系统最常监测的指标之一，它不仅表明 RO 膜的性能，而且影响 RO 出水质量。脱盐率下降可能相应会有其他 RO 膜性能的变化，如标准渗透水流量或标准系统压差等，这取决于引起膜性能变化的原因。

　　当 RO 标准系统脱盐率下降时，应采取如下步骤：校正仪表，以避免因仪表原因而误认为膜性能的变化；查出脱盐率下降的部位；根据查出的原因，采取相应的措施。

1. 校正仪表

校正仪表往往是查找系统发生问题的第一步，包括电导率表、流量表、压力表、温度表等的校正。现分别说明如下：

（1）在线电导率表/TDS 表。用已校正的手提电导率表/TDS 表测量 RO 系统给水和产水的电导率/TDS 值，计算出系统脱盐率，该值与在线电导率表/TDS 表测量的数值所计算的脱盐率进行比较。如果误差较大，则应按厂家的使用说明书重新校正在线电导率表/TDS 表。在重新校正之前，应检查安装在管道中的电导探头有无东西缠住、安装位置是否正确。因为这些均可能给出错误的读数。

（2）流量表。RO 系统中流量表的准确度要求是十分高的。因为它直接关系到回收率的计算是否准确。如果浓水流量低于系统设计的要求，则可能引起污染和结垢。渗透水流量是衡量膜污染或降解倾向的重要参数。校正方法之一是直接把流过流量表的水流引入已知体积的容器中，测量水流充满该容器的时间。另一方法是利用已校正过的流量表，来校正其他流量表。

（3）压力表。RO 系统中给水、浓水、产水的压力均需监测，同时要监测每段的压差。压力表的定期维护和校正是十分必要的。根据需要选择一般压力表，还是防腐型压力表。

（4）pH 表和温度表。pH 表应定期使用已知 pH 的标准缓冲溶液来校正。浓水的 pH 值可用来判断结垢是否会发生。给水温度波动不大时，对系统脱盐率的影响不大。温度是用来计算标准渗透水流量的重要指标，需定期检验温度表的精度。

2. 查找脱盐率下降的部位

脱盐率可能是整个系统均匀地下降，也可能发生在系统前面或后面部位，要求有针对性地查找。

（1）检查单个膜组件渗透水 TDS 值。每个膜组件内的膜元件串联连接，一个良好的设计要求每个膜组件有取样口。例如，系统采用 4－2 排列，每个膜组件内装 6 个膜元件，标准系统脱盐率由 98％下降至 95％，可先查找每个膜组件渗透水的 TDS 值，见表 9-1。

从表 9-1 可看出，第一段中第三个膜组件渗透水 TDS 明显高于其他三个膜组件，问题发生在第三个膜组件。注意到第二段每个

表 9-1 每个膜组件渗透水的 TDS 值

段数	膜组件序号	渗透水 TDS 值（mg/L）	段数	膜组件序号	渗透水 TDS 值（mg/L）
1	No. 1	24	1	No. 4	19
	No. 2	21	2	No. 5	36
	No. 3	49		No. 6	33

膜组件的渗透水 TDS 均高于第一段是正常的，因为第二段的给水为第一段的浓水。尽管单个膜元件有相同的脱盐率，但由于第二段给水 TDS 比第一段高，因此第二段有更高的渗透水 TDS 值。

作为监测需要，每个月建立一份每个膜组件渗透水 TDS 值的档案资料是必要的，当脱盐率下降时，便于对比，查找原因。

（2）探测发生问题的膜组件。在卷式 RO 系统中，把φ1/4in 的塑料管伸进膜元件的渗透水管道上，见图 9-1，分别测出不同位置每个膜元件的渗透水含盐量，判断哪个膜元件出现问题。这需要拆下与膜组件连接的产品水管道或膜组件某一端的渗透水堵头，以便取样管道能伸进去。小塑料管伸进去后，应先流出水几分钟，然后可利用手提仪器测试水的含盐量，其读数可直接反映取样处膜元件产生的渗透水 TDS 值。

前面例子中，第三个膜组件内每个膜元件的渗透水 TDS 值见表 9-2。

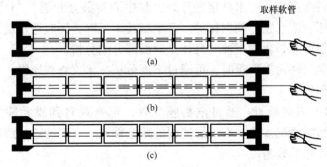

图 9-1 测试不同位置膜元件渗透水质量

（每个 PV 组件内装 6 个膜元件）

表 9-2

膜元件序号	No. 1	No. 2	No. 3	No. 4	No. 5	No. 6
渗透水 TDS 值（ppm）	24	22	26	21	38	54

从表 9-2 可看出第五个和第六个膜元件导致脱盐率下降。

该方法也有局限性，即某处单个膜元件的渗透水 TDS 值受到其他膜元件产生的渗透水影响。该膜组件内的最后一个膜元件取出的渗透水，可能含有其他膜元件产生的渗透水。必要时，可利用测试单个膜元件的更精确的方法。

（3）单独测试单个膜元件。取出单个膜元件进行测试。在压力容器组件内装入一个膜元件，该系统可以调节给水压力、回收率和给水 pH 值。回收率的调节十分重要，在此条件下获得的压差可与其他膜元件比较。设定值可参照制造商试验规范进行。给水通过高压泵升压至一定值，水质可通过加酸泵调节，通过该方法有助于查出脱盐率下降的原因。

（4）膜元件分析技术。当膜元件污染比较严重时，应对膜元件做清洗试验以确定清洗方法。往往根据结垢部位，取出系统中最后一个膜元件或最前面一个膜元件进行试验。一般来说，RO 系统前端出现问题通常是由于污染；RO 系统后端出现问题通常是由于结垢。系统脱盐率下降较多时，很可能是机械损伤，如膜表面穿孔、胶水粘接处开裂、膜中心折叠处开裂、"O"形圈损坏、浓水密封圈损坏等。系统脱盐率下降，同时透水量却增加，很可能是化学侵蚀。具体见后面部分的分析。

膜元件污染严重时，可通过下面分析技术，查找原因，判断故障部位。

1）直观检查。通过剖析膜元件，可直观看到膜元件的污染、结垢情况。检查有无过滤器的残余颗粒、有无滤芯过滤器和水泵叶轮的残渣。

2）用酸溶解。膜上沉淀物呈晶体状，用盐酸（pH3～4）溶解时有气体冒出（二氧化碳），则沉淀物极可能是 $CaCO_3$。硫酸盐垢、硅垢在 pH 很低时也很难溶解。如果垢在 0.1mol/L 的 HF 溶液中是可溶的，则可能是硅垢。

3）染色试验。作单个膜元件试验时，可把浓度为 0.001% ~ 0.005% 的染色，如亚甲基蓝或若丹明 B 加到试验的给水中，染色会通过化学降解和机械损伤的膜渗透过来。染色试验后，可剖析膜元件，直观检查染色透过的具体位置。损坏的区域会聚集更多的染色。化学侵蚀或膜的降解，会导致膜均匀吸收染色。

4）显微镜分析。当剖析膜元件无法直接判断污染的性质时，可用高倍的光显微镜，来判断是微生物还是无机垢污染。它还能分析结垢的晶体结构，有时还能观察到结垢的层次，即无机结垢层是否有有机物和微生物的污染层。

5）傅立叶变换红外线光谱（FTIR）分析。当膜表面的污染物较厚时，可从膜表面上刮下一些污染物作为样品，利用傅立叶变换红外线光谱（FTIR）进行分析。有机物和无机物有它们特定的 FTIR 峰值，可用来证实污染物是哪种化合物。

6）扫描电子显微镜（SEM）分析。扫描电子显微镜（SEM）比光学显微镜能区别更小的物体，它能给出 $0.1\mu m$ 的颗粒图像，区别出晶体和非晶体的无机垢。它还能观察到微生物的细胞结垢。

7）能源频射 X 光线（EDX）分析。在能源频射 X 光线（EDX）分析中，由于电子轰炸，X 射线可从样品中放射出来。EDX 可分析样品中的元素，用于分析无机垢是最出色的。它还可分析氯是否对膜造成侵蚀。

（二）系统内第一个膜元件脱盐率下降的主要原因

RO 系统第一个膜元件是指给水进入 RO 系统，首先流过的膜元件。系统最后一个膜元件是指浓水离开系统前最后流过的膜元件。

（1）加酸过量。给水加酸，一是防止 CA 膜和复合膜上析出碳酸盐垢，二是防止或降低 CA 膜水解。

在 CA 膜 RO 系统，对加酸量有严格的要求。过量的酸会急剧增加膜的水解，也会引起膜的退化，只不过通常需要更高的浓度和更长的接触时间而已。给水通过 RO 系统时，随着水流方向 pH 不断上升，因而加酸过量引起膜的退化，大多发生在 RO 系统中的第一个膜元件。

加酸过量原因可能是加酸泵调节不妥，或设备已停运，而加酸泵仍未停运等。

（2）复合膜的氧化侵蚀。残余氯或其他氧化剂与复合膜接触时，会引起复合膜的退化。水中少量漏过的氧化剂，首先与第一个复合膜接触，引起该膜性能改变，脱盐率下降。

（3）水锤作用。如果 RO 系统在启动之前未充满水，将会引起第一个膜元件与更高流速的水流接触，引起过高的压降，或高压泵启动时出水阀未缓慢开启，这时有可能发生水锤作用，造成膜元件的机械损失。对于卷式膜元件，可能发生膜元件的伸缩现象，使膜元件外表面膜层拆开，进而影响到里面膜层，见图 9-2。

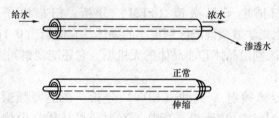

图 9-2　膜元件的伸缩现象

大多数膜元件制造商利用玻璃钢层把膜元件两端的塑料反伸缩装置（ATD）密封起来，这有助于膜元件的膜袋更坚实。

（4）加热器使用不当。加热器出水温度过高，流过膜元件时，会引起 CA 膜快速水解，以及损坏 CA 或复合膜。高温水会引起膜元件塑料部件损坏、卷式膜元件伸缩现象的发生、膜元件渗透水"O"形圈的损坏、膜袋胶水粘接张开等。

过高的给水温度通过膜元件，通常就发生在 RO 系统启动之时，即水温还未调节好已进入系统，或运行中加热源，如蒸汽或热水温度变化，引起给水温度变化，或加热器直接渗入蒸汽或热水。

（三）系统内最后一个膜元件脱盐率下降的主要原因

（1）系统回收率过高。如果未按预定的回收率运行，可能会造成严重的后果。假定浓水阀门没有正确启闭，或流量表不准，本来浓水流量应为 $25m^3/h$，给水流量为 $100m^3/h$，结果浓水流量仅有 $12.5m^3/h$，这样系统回收率由 75% 增至 87.5%，浓缩系统由 4 倍升为 7 倍。

浓水浓度越高，结垢倾向越大；同时，较低的浓水流速降低水的紊动状态，增加浓差极化，这又反过来增加结垢倾向。浓水浓度过高，会导致一种或几种难溶盐过饱和，从而在膜上结垢析出。

通常引起系统回收率过高的原因，可能是运行失误、流量表不准，此外给水成分改变也会造成结垢。

（2）污染或结垢。结垢是难溶盐在膜表面上的沉积；污染是悬浮物和有机物等在膜表面上的聚集等。

严重的结垢和污染会导致脱盐率下降，而这又最可能发生在系统最后一个膜元件上，因为该处水浓度最高。

结垢和污染减少膜元件的水流空间，因而降低水流紊动效果，导致浓差极化的增加。膜表面浓度越大，渗透水浓度越高。

如结垢和污染未及时清洗，会引起压差增加，严重时会导致膜元件的损坏，从而降低脱盐率。

（3）给水 pH 过高。对 CA 膜，一般要求给水 pH 为 5.0 ~ 6.5。系统加酸过多（过低 pH）会导致 RO 系统前面膜的水解；加酸不足（过高 pH）会引起系统后面膜的水解。对 CA 膜和复合膜，加酸是为了防止碳酸盐的沉积。

RO 系统给水/浓水 pH 过高的原因可能有：pH 表失灵或不准；加酸泵气体阻塞；加酸泵隔膜破裂或泄漏；加酸泵容量不足等。

（4）细菌大量繁殖。当不连续运行和停机时间较长，且 CA 或复合膜 RO 系统给水不存在杀菌剂时，系统存在大量生物繁殖的可能性。

细菌在 RO 系统内某处生长，将会扩散至下游，感染下游的膜元件。尽管细菌来源于上游，由于下游细菌的大量繁殖，膜的退化首先发生在 RO 系统的最后一段中。

当 RO 系统有严重细菌污染时，如不及时清洗，将会堵塞膜元件水流隔网，增大膜元件的压差，严重时会损坏膜元件。

（四）系统内某膜元件脱盐率下降的主要原因

（1）"O"形密封圈或浓水密封圈损坏。在卷式膜元件中，"O"形密封圈用于密封膜元件渗透水的内连接管件，防止高压给水进入低压的渗透水中。"O"形圈损坏将导致渗透水浓度增加。见图9-3。在 RO 系统起停时，膜元件在压力容器组件内移动，有时会损坏"O"形圈。

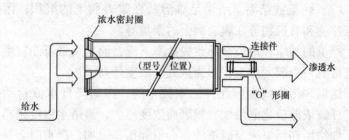

图9-3　膜元件浓水密封与渗透水"O"形密封圈位置

浓水密封圈安装在膜元件的一端，防止给水旁路通过膜元件。见图9-3。给水旁路通过膜元件时，会减少交叉流在膜元件内的紊动状况，从而增加浓差极化，也可能增加该膜元件的污染和结垢倾向，从而影响渗透水质量。

（2）渗透水压力过高。卷式 RO 系统渗透水压力不应大于给水压力，否则，渗透水背压会吹开膜元件的膜袋，造成膜元件损坏。一般建议渗透水背压不超过20psi。渗透水管线设有阀门时，应在该管线上安装一个自动泄压阀（压力设定可为20psi）。

中空纤维膜组件抗背压能力较强，可达50psi。

（3）细菌侵蚀。

（4）给水/浓水母管堵塞或水流不畅。

（5）系统设计不当。在停机时，由于系统设计不当，引发虹吸造成膜元件内水排空。

（五）系统内膜元件脱盐率普遍下降的主要原因

（1）氧化剂使用不当。大多数CA膜厂商规定连续接触游离氯的最大浓度为1.0mg/L。按厂商规定，RO系统有时与大剂量的氧化剂短期接触不会损坏。复合膜对氧化剂很敏感，要求给水除去氧化剂，以防膜的退化。

（2）直接曝晒阳光之下。RO系统在阳光下停机时，系统内温度会急剧上升。对CA膜，高温会使膜的水解速度加快；对CA膜和复合膜，温度过高均会损坏膜。当RO系统安装在室外时应设遮盖。此外，温度过高，会加快细菌繁殖。

（3）热交换器泄漏。热交换器泄漏时，可能引起水温超过膜的最高允许温度。

（4）清洗失误。如清洗液与膜不兼容、清洗液pH过高或过低等。

二、标准系统压差增加的主要原因

给水—浓水压差是水流通过RO系统阻力的反映。它很大程度上取决于给水通过膜元件水流通道的流速。渗透水或浓水流速增加，系统压差也将增加。如果给水压力改变，只要渗透水和浓水流速维持恒定（没有发生污染或结垢），就不会改变给水-浓水压差。因此，渗透水和浓水流速应尽可能维持恒定，以便通过观察压差来反映膜元件污堵的情况。

1. 压差增加发生在前面段中

（1）滤芯过滤器水流旁路。RO装置前面的微米级滤芯过滤器的主要作用是为了截住杂质，保护 RO 膜。但是，滤芯有时松动或滤芯间连接件未装上等，均可能造成水流旁路。水流旁路时，首先引起前面的膜元件压差增加。有时滤芯过滤器运行好几个月也没有明显的压差增加，或压差增加缓慢，这时可能是水流旁路了。一般要求滤芯 2 ~ 5 个月更换一次，以防微生物繁殖，或压差达 15psi 时更换。有时也可能因水力冲击或不兼容物质存在引起滤芯退化了。

（2）介质过滤器穿透。杂质穿透过滤器，而一些杂质也可能同时穿透或旁路过滤芯过滤器，引起系统前面膜元件压差增加。

（3）泵叶轮磨损。实践中曾发生高压泵叶轮磨损出不锈钢杂质，污染膜元件。高压泵的正确使用是十分重要的。

（4）膜元件的伸缩现象。前面已介绍，水力不平衡、水锤现象或热交换器使用不当均可能发生该现象。

2. 压差增加发生在后面段中

（1）无足够的阻垢剂。如果给水成分改变如硅含量的增加，则需要降低系统回收率或调整阻垢剂的加入量。阻垢剂可延缓硅酸盐的沉积，一些阻垢剂也可当作分散剂，使胶体化合物悬浮在水中而不沉积。当给水无足够的阻垢剂时，由于系统后面段的浓水浓度最高，因而沉淀首先发生在后面的段中，引起压差增加。

（2）系统回收率太高。系统回收率太高，会增加系统后面段的浓水浓度，相应增加结垢倾向，当这些部位（膜元件）结垢时会增加其压差。

3. 压差增加发生在随机的某段中

（1）浓水密封损坏。浓水密封会由于安装反向，或水力损坏，导致部分给水旁路通过膜元件，降低流过膜元件的水流速度。当发生此情况时，该膜元件表面上易于形成垢及污染，引起该段压差增加。

（2）清洗杂质污堵膜元件。在清洗 RO 系统时，如微米过滤器故障或没有使用，则有可能把较大颗粒杂质引入 RO 系统，污染膜元件，从而增加其压差。

（3）微生物污染。

4. 各段压差普遍增加

（1）给水阀门不严。在停机时，给水阀门不严，水不断渗透过膜，使盐在膜表面上聚集，造成运行时浓差极化增加，可能形成污染，增加压差。

（2）RO系统运行中，膜表面受到污染。在此情况下会增加各段压差，当压差值增至一定值时需要清洗。

三、标准系统脱盐率下降的工况

1. 标准系统脱盐率下降，而标准渗透水流量增高的主要原因

（1）膜的氧化（受氧化剂侵蚀）。标准系统脱盐率下降，同时标准渗透水流量增高，这是化学氧化剂（如氯、溴、臭氧）侵蚀RO膜，从而造成膜损坏的典型迹象。过乙酸、过氧化氢的浓度过高或与暂态金属共同存在时，也会损伤RO膜。通过对膜元件的染色试验或对膜元件的剖析可鉴别。损坏的膜元件必须更换。

（2）膜元件的损坏而造成泄漏。膜元件的机械损伤，造成给水或浓水渗进产水中，引起标准系统脱盐率下降和标准渗透水流量增高。机械损伤通常因为水流压力过高或震动引起。给水或浓水渗进产水中多少与膜元件的损伤程度有关。机械损伤类型包括"O"形圈泄漏、中心管破裂、伸缩现象、膜穿孔、中心叠片破裂等。

2. 标准系统脱盐率下降，而标准渗透水流量正常的主要原因

（1）"O"形圈的泄漏。"O"形圈泄漏的原因可能是化学药品侵蚀、水流压力过高，如水锤，也可能是安装不正确、膜元件从压力容器取出时损坏。"O"形圈泄漏时，监测从膜元件引出来的产水便可得知。老化和损坏的"O"形圈必须更换。

（2）膜元件发生伸缩现象。伸缩现象通常由于压差过大或水锤引起。8″膜元件比小直径的膜元件更容易发生伸缩现象。应确保膜组件水流下端的塑料环已安装上，该塑料环用来保护膜元件。严重的伸缩现象会使膜元件的胶接处开裂或损坏膜本身。伸缩现象可通过监测从膜元件引出来的产水来证实。

（3）膜表面磨损。系统前端的膜元件易受杂质颗粒的磨损。要确保预处理符合 RO 进水的要求。显微镜对膜表面的检查将揭示膜表面磨损的情况。膜表面受到磨损的膜元件应该更换。

（4）渗透水背压而损坏膜。膜元件的损坏大多发生在下面三处中某两个边界之间：给水侧粘接处、膜元件外边缘胶接处、浓水侧粘接处。

（5）中心折叠处损坏。卷式膜元件的制作工艺要求膜片形成的膜袋在中心处折叠。中心折叠处损坏时，不管透水量有无增加，脱盐率将下降。中心折叠处损坏通常发生在系统启停频繁，且不适当操作的情况。可能由下列原因引起：

1）在设备启动时水力冲击或气体冲击；

2）水流压力升高太快；

3）水流对膜的剪切力太高；

4）结垢或污染物的磨损；

5）渗透水背压。

3. 标准系统脱盐率下降，而标准渗透水流量降低的主要原因

（1）胶体污染。胶体污染大多发生在第一段。应严格监测 SDI 值，以证实预处理是否有问题。检查 SDI 过滤器和滤芯过滤器的截留物。

（2）金属氧化物污染。金属氧化物污染大多发生在第一段。检查系统中材料的选择，因为不适当材料的选择会造成腐蚀，水中铁浓度会增加。检查 SDI 过滤器和滤芯过滤器的截留物。金属氧化物污染可用酸进行清洗。

（3）水垢形成。结垢大多发生在最后一段，然后逐步由后段移至前段。分析浓水中钙、钡、锶、硫酸盐、氟、硅酸盐的浓度，检测 pH、LSI 值（或海水 S&DSI 值）。除碳酸钙外，其他垢缓慢形成，因为它们浓度不大。沉积物的晶体结垢可在显微镜中观察到。结垢类型可通过化学分析或 X 射线分析证实。用酸或碱清洗清洗有助于证实结垢类型。

四、标准渗透水流量下降的工况

1. 标准渗透水流量下降，而标准系统脱盐率正常的主要原因

（1）微生物污染。微生物污染大多发生在系统的前端。给水、浓水或渗透水的微生物数量增加时，表示微生物开始污染或已经存在。发生微生物污染时，系统应彻底清洗，因为不彻底的清洗、消毒，会导致微生物更快的增长。微生物污染时会有下列现象：

1）在一定的给水压力和回收率下渗透水流量下降。

2）在一定的给水压力和回收率下给水流量下降。

3）在一定回收率下，要维持原有的渗透水量必须增大给水压力。升高给水压力会产生更糟的情况，因为这会增大污染速度，使随后的清洗更困难。

4）当细菌大量污染或它与淤泥污染一起时，压差会显著增加。

（2）停机时保护液使用太长时间。亚硫酸氢盐溶液放置时间太长，或接触温度太高，或被氧氧化，保存在亚硫酸氢盐溶液的膜元件可能有微生物污染。用碱清洗有助于恢复渗透水流量。

（3）膜元件未保持湿润状态。干的膜元件在正常的脱盐率下，透水量很低。透水量的损失可通过下列方法恢复：用50：50的酒精与水的混合物浸泡 1~2h，然后用水浸泡。

2. 标准渗透水流量下降，而标准系统脱盐率增高的主要原因

（1）膜的压密。膜的压密会导致透水量下降，且脱盐率升高。它常发生在运行的第一年，或给水压力过高，或温度过高

（大于45℃），或发生水锤现象。

（2）有机物污染。给水中的有机物会沉积在膜表面，引起第一段流量损失。沉积的有机物起到溶质的附加屏障的作用，堵塞膜的针孔，从而提高膜的脱盐率。具有憎水基团或阳离子基团的有机物会产生这样的效果。如碳氢化合物、阳离子聚电解质、阳离子表面活性剂、非离子表面活性剂、腐植酸等。检查SDI过滤器和滤芯过滤器的截留物。监测SDI值和TOC值。

3. 标准渗透水流量下降，而标准系统脱盐率降低的主要原因

主要原因见本章三、3部分。

第十章

反渗透后处理

不论使用何种反渗透（RO）设备，何种膜元件（组件），对 RO 出水通常需要做进一步的处理，处理的深度和形式主要取决于水的用途。最常用的处理方法有完全除盐、pH 值调节、减轻腐蚀、消毒杀菌和 EDI 技术等。

一、完全除盐

RO 出水的总溶解固形物（TDS）取决于给水的 TDS、给水中离子的组成、给水压力、RO 构型和 RO 系统的回收率等。苦咸水通过 RO，通常 TDS 减少 95% 以上。海水通过 RO 后，出水 TDS 一般为 $350 \sim 500 mg/L$。高压锅炉补给水、电子行业超高纯水、各种化工和医药用水都要求完全除盐。这可以用离子交换完成，即 RO 产品水→除碳器→强酸阳离子交换器→强碱阴离子交换器→混合离子交换器→除盐水，或 RO 产品水→混合离子交换器→除盐水，或 RO 产品水→EDI 设备→混合离子交换器→除盐水。

若 RO 出水的 CO_2 和 HCO_3^- 浓度较低（ $< 10 mg/L$ ），则可不使用除碳器，因为此时除碳器不很有效。RO 出水的 CO_2 和 HCO_3^- 浓度与它们在给水中的浓度成正比。RO 不能除去 CO_2，所以在使用酸预处理的 RO 系统中，给水的 CO_2 浓度较高，相应地，RO 出水的 CO_2 浓度也较高。如果 RO 预处理是离子交换软化，则给水的 pH 值较高，相应地，RO 出水的 CO_2 浓度较低。给水的 pH 值越高，聚酰胺膜对 HCO_3^- 去除率越高，RO 出水的 HCO_3^- 含量越低。

阳离子交换树脂易受铁、铜和铝的污染，阴离子交换树脂易受有机物污染，这两种树脂均易受胶体污染。如果设计合理，离子交换系统将发挥其最大功效，因为 RO 膜能有效地除去胶体物质、铁、铜、铝和高分子有机物（分子量大于 100~200）。

由于氯能使 RO 复合膜降解，因此使用这种膜的 RO 系统的给水必须除氯。若 RO 膜为醋酸纤维素膜，则 RO 给水必须含有一定量的氯，以防生物对膜的侵蚀，其 RO 出水在进入离子交换系统之前必须除氯，因为强氧化剂能使离子交换树脂降解。一些使用聚酰胺复合膜的 RO 系统，用碘作给水的消毒剂，部分碘能透过 RO 膜，所以 RO 出水在进入离子交换系统之前必须除碘、除氯，可采用活性炭过滤器或亚硫酸钠除去。

传统的二级离子交换除盐系统在我国应用很普遍，下面以某电厂应用情况为例，分述三个方面的问题。

（一）二级离子交换除盐系统存在的主要问题及其对策

1. 水处理系统运行特点

某电厂水处理采用二级除盐，其流程为清水箱——清水泵——活性炭过滤器——阳床——除碳器——中间水箱——中间水泵——阴床——混床——除盐水箱。水处理系统的检修与维护需根据其特点制定方案，做到有针对性，才能取得较好的实施效果。该厂的水处理特点：一是间断运行。一般情况下阿尔斯通机组单独运行时，每隔 3~5d 制一次水可满足要求；双 S 机组运行时，每天需制水 5~10h。这种间断运行的特点，需注意树脂的铁污染、微生物污染以及树脂脱水。二是系统安全系数高。该厂采用二级除盐系统，一级除盐采用顺流再生，二级除盐（混床）的出水要求电导率小于 1 μS/cm，而实际上该系统混床出水水质可控制在 0.2μS/cm 以内，根据该厂燃油机组的情况，电导率小于 1 μS/cm 已大大能满足机组对补给水的要求，这往往会使人们忽视整个系统的运行经济性和对运行管理水平的提高。

2. 系统存在的主要问题及其对策

（1）阳离子交换器直径为 $\phi2200$，该直径偏小了。原设计出力为 $130m^3/h$，此时流速高达 $34m/h$，超过规程规定的 $30m/h$ 上限。流速过高，不利于离子的去除和交换剂的充分利用。而阴离子交换器选用的直径（$\phi3000$）又偏大，出力为 $130m^3/h$ 时，流速仅为 $18.5m/h$。为平衡阳阴离子交换器的出力，系统出力可考虑为 $120m^3/h$（或 $110m^3/h$），此时阳床流速为 $31.6m/h$（或 $29m/h$），阴床流速为 $17m/h$（或 $16m/h$）。

（2）阴离子交换器的反洗与正洗没有流量表计量，使合适的反洗、正洗流量无法控制，影响阴床再生效果，存在安全隐患。在中间水泵出水管道上安装流量表是十分必要的。

（3）阳床和阴床再生用的流量计量程为 $0\sim35m^3/h$。阴床再生用的除盐水流量计选用的量程偏小了，无法满足再生需要。1999 年更换的阴床再生用的除盐水流量表量程为 $0\sim100\ m^3/h$，严重偏大，因为表计刻度不是均等分，当指示 $35\sim40m^3/h$ 时，指针严重偏左下方，无法准确指示。

（4）阳离子交换器再生用的两个计量箱体积均为 $1m^3$，而每次再生阳床需用 30% HCl 量为 $1\sim1.3\ m^3$，因而原有的 $1m^3$ 酸计量箱体积偏小，既不符合设计规定，也给交换器再生，尤其是程控操作，造成不便。考虑既成事实，可维持现状。

（5）原设计的一级除盐可采用程控运行、再生，由于再生用的除盐水系统（如酸碱再生用的除盐水泵进出口阀）为手动，一级除盐前面的预处理（如活性炭过滤器）亦为手动操作，这使得一级除盐的程控运行、再生很难实现。要实现程控，这些阀门有必要更换。另外，目前运行再生步骤中的定性操作，必须改变为定量操作，否则，一级除盐程控运行、再生会成为一句空话。

（6）混床再生时的酸碱浓度无法计量，需安装酸碱浓度计，进混床的压缩空气压力也无定量控制，会造成操作的盲目性，存在安全隐患。

（7）中间水泵出口阀门采用轮式调节的蝶阀，该阀运行多年后，现已有质量问题，运行过程中常出现阀门自动关小的现象，影响正常制水，有必要更换该阀门。

（8）阳床进酸、阴床进碱和混床进碱多孔分配管，均没有设防进树脂装置（或网罩），当再生反洗时，树脂会进入这些多孔管道内。检修时证实大量的树脂进入管道内，几乎堵满管道。PVC 多孔管被树脂堵满时，不仅影响再生，而且由于进酸碱不畅，造成憋压，使多处 PVC 管道开裂。

（9）检修中发现阳床偏流和阴床石英砂垫层严重乱层，阴床石英砂垫层混有大量的树脂。阳床偏流主要是由于石英砂垫层高度、级配不符合设计要求，大颗粒石英砂偏少引起的。阴床严重乱层主要是由于再生反洗时，反洗流量过大造成的。再生时控制反洗流量是十分必要的。阴床乱层使阴床石英砂布满混床十字塑料进水管，该管孔被大颗粒石英砂堵塞，混床水帽支撑板上面积存有大量的石英砂；混床集水室及混床出口树脂捕捉器的大量石英砂是由于乱层的阴床出水，在反洗混床时，直接进入而造成的。

（10）交换器的铁污染。检修发现阳床衬胶进水多孔穹形板上有大量的铁锈，阴床衬胶出水多孔穹形板也有一定的铁锈污染。由于间断运行，铁锈污染是不可避免的，但是可通过改变运行方式，把树脂的铁污染减小到最低程度。在机组负荷少时，补给水量相应减少，有时备用的水处理系列长达 2~3 星期不制水，这样不衬胶的预处理部分难免有大量的铁锈进入除盐系统，污染树脂。可通过备用的水处理系列适量的制水，如隔数天制一定量的水，再停下来备用，减少其一次放置时间过长，降低铁对树脂的污染。

（11）除碳器的收水器及排气管严重腐蚀。除碳器的收水器及排气管为碳钢材料，无衬胶。检修检查发现收水器内表面腐蚀严重，连接固定进水支管的 U 形螺栓也生锈严重，而排气管已腐蚀至穿孔，表面大面积脱落，换成了玻璃钢材料。收水器铁渣已污染了部分聚丙烯塑料空心多面球，有的铁渣积在多孔支撑板上，中间水箱也有一定量的铁锈。因此，收水器和排气管的防腐是不应忽视的。此外，除碳器内进水 PVC 母管连接法兰脱落，布水装置没起到应有的作用。

（12）仪表问题。没有必要的仪表，系统的安全经济运行是不可能的。例如，系统中中间水箱的液位计十分重要，却长期无法投入使用；流程中各相关流量计有所偏差，致使同一流量指示数值不同，如集中控制室内的阴床出水流量表与就地阴床出水流量表不符合，相差近 10t/h；混床再生用的酸碱浓度计没有，谈不上科学与经济操作。

利用在线钠表监测阳床出水钠离子含量是没有多大必要的。实际上，系统已考虑了阳阴床失效的一致性（一般阳床先失效），只要监督一级除盐出水水质（即阴床出水的电导率），就可反映阳阴床的失效状态，由此决定何时再生。

原有的集控室内清水流量表、清水累计表、中和池水位计、中和池 pH 表、除盐水流量表、除盐水箱液位计等均已损坏，需要修复；高低限报警也已失灵，如清水箱液位高低、中和池液位高低、计量箱液位高低、除盐水箱液位高低、220V 失电、24V 失电等；一些指示灯也已不显示。

尤其应提的是已有的仪表维护，特别是掌握其性能是急需加强的工作，仪表出现差错的频率太高是不应该的。

对于一个水处理系统来说，提高运行经济性和技术管理水平，可从解决存在的具体问题着手。

（二）通过优化再生参数，提高水处理再生水平

1. 优化再生参数的必要性

该电厂一级除盐采用顺流再生。经过调整再生技术参数及完善再生手段，一级除盐再生后的出水质量显著提高，一级除盐出水电导率低至 $0.54\mu S/cm$，远低于顺流再生一级除盐出水的部颁标准（$<10\mu S/cm$），也低于目前该电厂对二级除盐（混床）的

出水要求（1μS/cm），为该厂建厂以来的最好水平。

一级除盐出水水质的显著提高，一方面可大大减轻混床的负担，极大延长其再生周期，减少再生混床酸碱用量，提高运行经济性，同时，可以进一步提高混床出水质量（如漏硅量、漏钠量），为机组运行提供安全保障，另一方面为减少一级除盐阳床阴床的酸碱再生耗量和自用水率提供有力的依据，进一步降低运行成本。总之，提高一级除盐的出水质量，对于电厂节能降耗方面的作用是不可低估的。

2. 数据分析

以前该电厂一级除盐再生后出水水质一般大于 2.0~5.0 μS/cm；也有再生不成功时，需要重新进酸碱再生，酸碱用量多了一倍，水质也无太大提高。

表 10-1~表 10-3 分别列出了优化再生参数后再生的几次数据。表 10-1 显示出一级除盐出水水质低至 1.16μS/cm，表 10-2 则为 1.15μS/cm，表 10-3 更显示出低至 0.54 μS/cm。也就是说，在可比的酸碱用量下，一级除盐再生后出水水质为 1.0μS/cm 左右，有的更低至 0.54μS/cm，说明通过调整再生技术参数和完善再生手段，是完全可以提高再生水平的，更说明理论指导实践、理论与实践结合以及技术创新的重要意义。

表 10-1   **1# 系列一级除盐的出水水质**

指标 日期		阳床 Na+ （mg/L）	阴床 κ （μS/cm）	一级除盐水质 （μS/cm）
10 月 12 日	18：00	4.3	1.43	1.43
	20：00	4.1	1.31	1.31
10 月 13 日	16：00	4.5	1.18	1.18
	18：00	22	1.16	1.16
	20：00	481	4.0	4.0①

注 表中数据为1999年10月6日再生后的运行数据。
①—级除盐已趋失效状态。

表 10-2   1# 系列一级除盐的出水水质

指标\日期		阳床 Na+ (mg/L)	阴床 κ (μS/cm)	一级除盐水质 (μS/cm)
10 月 14 日	18:00	19. 1	2. 6	2. 6
	20:00	26. 9	2. 3	2. 3
10 月 15 日	16:00	17. 7	2. 2	2. 2
	18:00	20. 4	1. 88	1. 88
	20:00	25. 8	1. 72	1. 72
	22:00	22. 7	1. 55	1. 55
10 月 16 日	18:00	23. 8	1. 47	1. 47
	20:00	16. 2	1. 30	1. 30
	22:00	14. 1	1. 20	1. 20
10 月 17 日	16:00	7. 1	1. 35	1. 35
	18:00	5. 9	1. 17	1. 17
	20:00	5. 7	1. 15	1. 15

注   表中数据为 1999 年 10 月 14 日再生后的运行数据。

表 10-3   1# 系列一级除盐的出水水质

指标\日期		阳床 Na+ (mg/L)	阴床 κ (μS/cm)	一级除盐水质 (μS/cm)
10 月 20 日	18:00	16. 5	1. 36	1. 36
	20:00	19. 3	1. 27	1. 27
	22:00	21. 9	0. 98	0. 98
10 月 21 日	16:00	4. 5	0. 91	0. 91
	18:00	4. 2	0. 78	0. 78
	20:00	4. 0	0. 72	0. 72
	22:00	3. 8	0. 67	0. 67
10 月 22 日	18:00	3. 9	0. 66	0. 66
	20:00	3. 5	0. 62	0. 62
	停运前	3. 4	0. 61	0. 61

日期	指标	阳床 Na⁺（mg/L）	阴床 μ（μs/cm）	一级除盐水质（μs/cm）
10月24日	停运前	3.3	0.57	0.57
10月26日	16:00	3.3	0.56	0.56
	18:00	3.4	0.54	0.54
	20:00	4.1	0.58	0.58

注　表中数据为 1999 年 10 月 20 日再生后的运行数据。

3. 技术参数

在可比耗量情况下，出水水质是衡量水处理再生水平高低或好坏的唯一标准，而周期制水量是衡量树脂状况好坏的主要指标。

（1）阳离子交换器的技术参数：

直　　径　　$\phi 2200 \times 4933$

截 面 积　3.8m²

树脂层高　1500mm

树脂型号　001×7

树脂体积　5.7m³

现将电厂规程规定的参数与调整后的技术参数作一比较，见表 10-4。从表 10-4 可知，现有电厂规程对各再生步骤作定性说明为主，定量指导数据严重不足，可操作性差。

（2）阴离子交换器的技术参数：

直　　径　　$\phi 3000 \times 6987$

截 面 积　7.065m²

树脂层高　2500mm

树脂型号　201×7

树脂体积　17.66m³。

从表 10-5 阴离子交换器有关参数比较可知，电厂规程给出的定量数据很少，给运行人员操作带来盲目性，存在安全隐患。

表 10-4　　　　　　　　阳离子交换器有关技术参数比较

项　目		现有电厂规程			调整技术参数		
运行滤速（m/h）		—			29（31.6）		
出力（m^3/h）		—			110（120）		
反洗	流速（m/h）	—			15		
	流量（m^3/h）	—			57		
	时间（min）	—			15		
再生	药　剂	HCl			HCl		
	耗量（g/mol）	—			70~80（75）		
	浓度（%）	3~5			2~4（3.5）		
	流速（m/h）	4~5.8			4~6（5）		
	流量（m^3/h）	15~22			15~23（19）		
	需30%HCl量（m^3）	—			1~1.3（1.5）		
	进3.5%HCl需时间（min）	≥15			30~38		
	水质分析	水质1	水质2	水质3	水质1	水质2	水质3
	运行周期（h）	—	—	—	71~79	39~44	34~38
	周期制水量（m^3）	—	—	—	7800~8710	4290~4810	3770~4160
置换	时间（min）	15			25~30		
正洗	水量 [m^3/m^3（R）]	—			5~6		
	总水量（m^3）	—			28.5~34.2		
	流速（m/h）	—			12		
	流量（m^3/h）	—			45.6		
	时间（min）	—			38~45		
工作交换容量 [mol/m^3（R）]		800~1000					

注　1　按右侧参数计算，单独再生阳床约需2~2.5h。
　　2　水质见表10-6。

表 10-5　　　　　　　　阴离子交换器有关技术参数比较

项　目		现有电厂规程		调整技术参数	
运行滤速（m/h）		—			16（17）	
出力（m³/h）		—			110（120）	
反洗	流速（m/h）	—			6～10	
	流量（m³/h）	—			42～70	
	时间（min）	—			15	
再生	药　剂	NaOH			NaOH	
	耗量（g/mol）	—			100～120（115）	
	浓度（%）	约5			2～3（2.5）	
	流速（m/h）	2.2～3.5			4～6（5）	
	流量（m³/h）	15～25			28～42（35.5）	
	需30%NaOH量（m³）	—			1.3～1.5（1.8）	
	进2.5%NaOH需时间（min）	≥30			34～41	
	水质分析	水质1	水质2	水质3	水质1	水质2	水质3
	运行周期（h）	—	—	—	51～61	47～57	43～51
	周期制水量（m³）	—	—	—	5590～6760	5200～6240	4680～5590
置换	时间（min）	15			25～40	
正洗	水量 [m³/m³（R）]				10～12	
	总水量（m³）				176～212	
	流速（m/h）				10～15	
	流量（m³/h）				70～106（100）	
	时间（min）				106～127	
工作交换容量 [mol/m³（R）]					250～300	

注　1　按右侧参数计算，单独再生阴床约需3.3～4h。
　　2　水质见表10-6。

分析项目	样品 单位	水质 1 设计水质		水质 2 1991.5.9 取样		水质 3 1991.6.8 取样	
		mg/L	m mol/L[①]	mg/L	m mol/L[①]	mg/L	m mol/L[①]
$K^+ + Na^+$		8.6	0.344	8.0	0.35	7.1	0.31
Ca^{2+}		3.96	0.198	8.02	0.40	9.6	0.48
Mg^{2+}		0.48	0.04	1.94	0.16	2.07	0.17
Cu^{2+}				0.01		0.01	
Fe_2O_3			0.002	0.24	0.01	0.22	0.01
Al_2O_3				2.16	0.13	4.18	0.25
合计		13.10	0.585	20.37	1.05	23.18	1.22
Cl^-		8.059	0.227	8.0	0.23	8.1	0.23
SO_4^{2-}		4.416	0.092	8.6	0.18	11.19	0.23
CO_3^{2-}							
HCO_3^-		14.518	0.238	18.30	0.30	23.79	0.39
SiO_3^{2-}				2.85	0.07	2.65	0.07
NO_3^-				0.08		0.03	
腐殖酸根				0.19		0.17	
合计		27.985	0.574	37.75	1.05	45.73	1.22
总计		41.1	0.585	58.12	1.05	68.91	1.22

注 1 对水质 1，溶解固形物 54.02ppm，pH6.7，耗氧量 0.88ppm，可溶硅 20.67ppm；

     2 对水质 2，溶解固形物 80.40ppm，pH7.55，耗氧量 0.76ppm，可溶硅 10.80ppm；

     3 对水质 3，溶解固形物 88.4ppm，pH7.5，耗氧量 1.36ppm，可溶硅 10.80ppm。

① 以 $1/n\ In^{n+}$ 或 $1/n\ In^{n-}$ 计算。

（三）离子交换器的例行检修

1. 阴阳离子交换器的检修

（1）检修项目如下：

1）进水、出水、进酸碱装置的检查。进水、出水、进酸碱装置应无腐蚀、无变形，法兰、焊口、螺栓应符合标准要求；

2）检查、更换网套，清洗进水、排水部件，清理石英砂垫层；

3）检查罐体内部衬胶防腐层，进水、出水弓形板防腐层；

4）内部装置使用的橡胶垫、网套、螺栓及其他材料应符合要求；

5）检查、清洗窥视孔；

6）阴阳离子交换器所使用的阀门应符合标准，均应开关灵活，严密不漏；

7）压力表、流量表送热工进行校验。

（2）技术要求如下：

1）进酸碱装置、法兰、焊口、螺栓、使用的焊条材料为1Cr18Ni9Ti不锈钢材料；

2）阴阳离子交换器所使用的橡胶垫为耐酸碱热橡胶板制作。阴阳离子交换器内的支管网套为20目聚氯乙烯网套和60目涤纶网套；

3）母管应水平安装，允许误差±1mm。支管应与母管垂直，垂直偏差不大于3mm，相邻支管中心距离偏差不大于2mm；

4）支管内部及表面应清理干净，孔眼应光洁、无毛刺，支管网套应符合技术要求，并绑扎牢固，防止跑漏树脂；

5）两法兰连接处使用的橡胶垫应垫正，并符合要求。法兰连接螺栓应对称紧固，紧固后的法兰应平行；

6）罐体衬胶应无老化、无裂纹，表面平整，无孔洞、划伤等缺陷，衬胶防腐层须符合防腐标准；

7）阴阳离子交换器内树脂填装应符合运行要求高度，石英砂垫层配比应符合要求；

8）阴阳离子交换器所装阀门应符合设计要求，检修标准参照有关阀门检修内容进行；

9）阴阳离子交换器其他部件应完好无损，流量表、压力表指示准确。支吊架牢固，视窗清洁透明，罐体衬胶管道应完好。外表油漆清洁、完好，颜色符合要求；

10）检修后，阴阳离子交换器要保证各接合面，如人孔、法兰等严密不漏，并经水压试验（压力0.4MPa）罐体无泄漏现象。

（3）质量标准如下：

1）阴阳离子交换器出力达到设备铭牌标准，出水水质合格；

2）阴阳离子交换器内壁防腐层应完好无损，内部装置无损坏变形，网套无损坏脱落现象；

3）阴阳离子交换器所属阀门应开关灵活，无卡涩，严密不漏；

4）流量表、压力表齐全，指示正确，取样阀齐全无损坏，并符合取样要求。

2. 混合离子交换器的检修

（1）检修项目包括：

1）检查树脂破损、污染及亏损等情况；

2）检查进水系统、出水装置、中排装置的腐蚀、损坏状况；

3）检查内部连接法兰、螺栓、焊口、橡胶垫、支吊架的损坏状况；

4）拆装、清洗内部装置，根据运行情况，对出水装置做必要的检查；

5）检查罐体的内部补胶层，应无老化或裂纹；

6）检查进酸、进碱系统的腐蚀情况；

7）对混床所属阀门进行检查或更换；

8）压力表、流量表送热工进行校验。

（2）技术要求如下：

1）混床填装树脂应为阳树脂0.5m，阴树脂1m。填装的阴树脂、阳树脂的数量、型号均应符合设计要求；

2）中间排水装置的母管应装成水平，允许偏差为±2mm。支管应与母管垂直，中心距离偏差不大于2mm。支管内部及表面应清洗干净，孔眼应光滑、无毛刺，套裹支管的塑料环应完好无损，并绑扎牢固，防止跑漏树脂；

3）法兰连接处使用的橡胶垫为耐酸胶板制成。床内支管母管、法兰、螺栓、焊口材料等均用 1Cr18Ni9Ti 不锈钢材料，进水装置用耐酸碱材料制作。紧固后的连接法兰应平行，允许偏差为 0.5mm，两法兰间橡胶垫应平整、孔间对正；

4）出水装置中多孔板应完好，水帽应无损伤、无污堵，出水流畅；

5）罐体衬胶应无老化，无裂纹，表面平整，无孔洞、划伤等缺陷。衬胶表面应光滑、无突起及气泡，衬胶层无离层、脱开等现象，用电火花检查器检查有无漏电现象，允许有深度在 0.5mm 以下的轻微程度的擦伤与凹陷；

6）衬胶缺陷的总修补面不得超过衬里面积的 2%。可采用未经硫化的胶板修补，然后硫化，也可采用环氧树脂胶修补；

7）混床所属阀门应开关灵活，无卡涩，严密不漏。流量表、压力表齐全，指示正确，取样阀齐全无损坏，并符合取样要求；

8）检修后应保证人孔、法兰等接合面严密不漏，并经水压试验，保证工作压力 0.4MPa 条件下无泄漏现象。

（3）质量标准。参照阴阳床的质量标准。

二、pH 值的调节

对于苦咸水或海水 RO 系统，其产品水几乎均显酸性。在大多数情况下，需要更高 pH 值的水，可加碱（$NaOH$、Na_2CO_3 或石灰）提高 pH 值（相应地也增加了 TDS 值）。

RO 出水的 pH 值与碱度（mg/L HCO_3^-，以"$CaCO_3$"计）和 CO_2 含量（mg/L CO_2）比值之间的关系见图 10-1。如加碱把 RO 出水 pH 值提高到 8.2，从图上可查出，碱度与 CO_2 含量的比值（R）为 100:1。

以加 98% NaOH 为例，加碱量 x 可按下式计算

$$R = \frac{A + 1.23x}{\rho(CO_2) - 1.08x} \qquad (10\text{-}1)$$

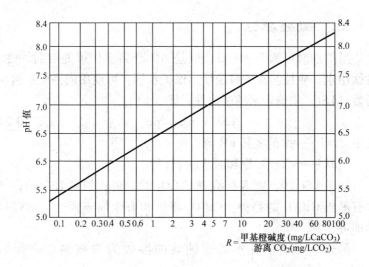

$$R = \frac{\text{甲基橙碱度 (mg/LCaCO}_3)}{\text{游离 CO}_2(\text{mg/LCO}_2)}$$

图 10-1　碱度（HCO_3^-）与 CO_2 含量对 pH 值的影响

式中　　A——加碱前碱度，mg/L，（以 $CaCO_3$ 计）；

$\rho(CO_2)$——加碱前 CO_2 质量浓度，mg/L。

如果加的是其他碱，而不是 NaOH，则公式中的系数不是 1.23 和 1.08（见表 10-7），例如加 1mg/L 93% 的 Ca（OH）$_2$，则碱度增加 1.26mg/L，CO_2 减少 1.11mg/L，硬度增加 1.26mg/L。

表 10-7　加入碱量 1mg/L 对碱度、浓度 CO_2、Ca^{2+} 影响[①]

碱种类	碱度增加量 （mg/L，以 $CaCO_3$ 计）	CO_2 减少量 （mg/L，以 CO_2 计）	Ca^{2+} 增加量 （mg/L，以 $CaCO_3$ 计）
苛性苏打 （98% NaOH）	1.23	1.08	—
苏打灰 （99.16% Na$_2$CO$_3$）	0.94	0.41	—
石灰 （90% CaO）	1.61	1.41	1.61
熟石灰 〔93% Ca（OH）$_2$〕	1.26	1.11	1.26

①pH 在 8.3 时有效。

三、减轻腐蚀

虽然加碱可调节 pH 值，但是 RO 产品水仍可能有腐蚀性。对饮用水，应控制水的腐蚀性，保护水管。可使用朗格里尔饱和指数（LSI）来确定水的腐蚀性，即

$$LSI = pH - pH_s \qquad (10\text{-}2)$$

式中　pH——水的实际 pH 值；

　　　pH_s——$CaCO_3$ 饱和时水的 pH 值。

如果 LSI < 0，则水有溶解 $CaCO_3$ 的趋势；如果 LSI > 0，则水有形成 $CaCO_3$ 的趋势，$CaCO_3$ 将沉积有金属表面上，防腐目的即可达到。

另外，一个估算水的腐蚀性的参数为雷兹纳稳定指数（RSI）：

$$RSI = 2pH_s - pH \qquad (10\text{-}3)$$

RSI 值与水质稳定性的关系见表 10-8。

表 10-8　　雷兹纳稳定指数（RSI）与水质稳定性的关系

RSI 值	5~6	6~7	7~7.5	7.5~8.5
水质稳定性	轻微结垢水	稳定水	轻微腐蚀水	严重腐蚀水

选择何种技术来稳定 RO 产品水，应考虑所要求水的质量及其用途。常用的稳定技术有以下几种：

（1）用原水或其他 RO 水源与产品水混合；

（2）使用石灰调节水的 pH 值，相应增加 Ca^{2+} 浓度；

（3）加 CO_2，用石灰调节 pH 值，增加 Ca^{2+} 浓度和碱度；

（4）投加缓蚀剂。

pH > 8.3 时，pH 值由下列平衡式控制：

$$HCO_3^- \longrightarrow H^+ + CO_3^{2-} \qquad (10\text{-}4)$$

$$K_2 = [H^+][CO_3^{2-}] / [HCO_3^-]$$

$$[H^+] = [HCO_3^-]K_2 / [CO_3^{2-}]$$

式中：$K_2 = 4.69 \times 10^{-11}$。

表 10-9 说明了当水的起始 pH = 8.3 时，向水中投加 1mg/L 的各种碱对 CO_3^{2-}、HCO_3^-、Ca^{2+} 浓度的影响。

表 10-9　加 1mg/L 的碱对 CO_3^{2-}、HCO_3^-、Ca^{2+} 浓度的影响[①]

碱种类	CO_3^{2-} 增加量 （mg/L CaCO$_3$）	HCO_3^- 减少量 （mg/L CaCO$_3$）	Ca^{2+} 增加量 （mg/L CaCO$_3$）
苛性苏打 （98% NaOH）	2.45	1.23	—
苏打灰 （99.16% Na$_2$CO$_3$）	0.94	—	—
石灰 （90% CaO）	3.20	1.61	1.61
熟石灰 [93% Ca（OH）$_2$]	2.51	1.26	1.26

①pH > 8.3 时有效。

若浓度单位为 mg/L（以"$CaCO_3$"计），则计算 [H^+] 公式为

$$c(H^+) = \frac{[2c(HCO_3^-) - ax]K_2}{2c(CO_3^{2-}) + bx} \qquad (10\text{-}5)$$

式中　$c(H^+)$——氢离子的含量，mg/L；

$c(HCO_3^-)$——HCO_3^- 的含量，mg/L（以"$CaCO_3$"计）；

$c(CO_3^{2-})$——CO_3^{2-} 的含量，mg/L（以"$CaCO_3$"计）；

x——加入碱量，mg/L；

a——HCO_3^- 减少系数，见表 10-9；

b——CO_3^{2-} 增加系数，见表 10-9。

【例 10-1】　有一水质成分为 $c(Ca^{2+})$ = 123mg/L，$c(HCO_3^-)$ = 50mg/L（以 $CaCO_3$ 计），TDS = 416mg/L（以离子计），pH = 8.3，为了把水的 pH 提高到 8.7，需加多少 93% 的 Ca（OH）$_2$？

解 由 pH = 8.7 得

$c(H^+) = 10^{-8.7} = 1.995 \times 10^{-9} \text{mol/L}$

pH = 8.3 时，$[CO_3^{2-}] \approx 0$

由式（10-5）可得

$$1.995 \times 10^{-9} \times 1 = \frac{(2 \times 50 - 1.26x) \times 4.69 \times 10^{-11}}{0 + 2.51x}$$

$x = 0.92 \text{mg/L}$

因此，仅需加入 0.92mg/L 的 93% $Ca(OH)_2$，就可把 pH 值从 8.3 提高到 8.7。

世界卫生组织可接受的饮用水 pH 值为 7.0 ~ 8.5。最低 pH 值为 6.5，最高 pH 值为 9.2。最大 TDS 为 500mg/L（以离子计）。大多数自来水均除去 RO 出水的 CO_2，无论加水混合与否，均把 pH 值调节到 8.5，使 LSI 显微正值。这种方法在过去许多年成功地使用了，获得了稳定的水质。

加碱调节 pH 值，配合加缓蚀剂可降低 RO 出水的腐蚀性。对工业用水，使用的缓蚀剂有铬酸盐、亚硝酸盐、丹宁酸、木质素；对饮用水可使用聚磷酸盐、硅酸盐。聚磷酸剂量通常为 2mg/L，硅酸盐剂量为 8 ~ 10mg/L（以"SiO_2"计）或 20 ~ 25mg/L（以硅酸钠计）。使用硅酸盐的最佳 pH 值为 8.0 ~ 9.5，基本上处于用碱调节 pH 值后饮用水的典型 pH 值范围。

当聚磷酸盐和硅酸钠一起使用时，缓蚀效果比单独使用其中一种要好得多。

四、消毒杀菌

用于消毒其他水的技术，也可用于消毒 RO 出水。采用哪种消毒杀菌技术，应根据水的用途而定。对工业用水常采用紫外线消毒，对自来水常用氯消毒，对瓶装饮用纯水则较多使用臭氧消毒。

1. 紫外线消毒

紫外线能使某些有机化合物的化学键断开，生化性能发生根本变化，从而达到消毒效果。

最常用的紫外线是由低压水银蒸气灯产生的，其波长为253.7nm。消毒的程度直接取决于接触时间与紫外线强度乘积。有效的紫外线剂量与有机物含量有关。典型的紫外线消毒系统能输送的剂量大于$30000\mu W \cdot S/cm^2$。紫外线消毒的优点是没有化学药品加入水中，所以广泛用于各个领域，特别是电子工业中。缺点是水中没有残余的消毒剂量，水在管线上可能被微生物二次污染。

2. 氯化消毒

对饮用水，通常用加氯来消毒 RO 产品水。对大系统，可加氯气；对小系统，通常加 NaOCl 溶液。起消毒作用的主要是HClO。HClO 最终浓度取决于水的 pH 值（见图 10-2）。

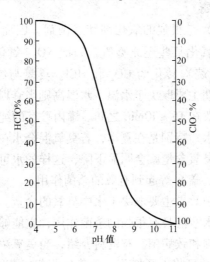

图 10-2　HClO、ClO$^-$ 与 pH 关系（20℃）

氯消毒的效果与氯浓度、接触时间、pH 值和水温有关。氯气与水必须完全混合，且经过 30min 后，仍有残余氯存在于水中。要求消毒 RO 产品水的残余氯剂量为 0.5~1.0mg/L。

也可以利用电解 NaCl 溶液的方法，就地制出 NaClO。电解

反应式如下

阳极
$$2Na^+ + 2e \longrightarrow 2Na \tag{10-6}$$

$$2Na + 2H_2O \longrightarrow 2NaOH + H_2 \tag{10-7}$$

阴极
$$2Cl^- - 2e \longrightarrow Cl_2 \tag{10-8}$$

$$Cl_2 + H_2O \longrightarrow HCl + HClO \tag{10-9}$$

总反应

$$2NaCl + 3H_2O \longrightarrow NaClO + NaCl + 2H_2O + H_2 \tag{10-10}$$

电解槽阳极常用钛电极，阴极为涂铂电极。当 n 个电解槽串联，且有溶液再循环设施时，则从海水中可获得 $3g/L$ 的 Cl_2。如果消毒 RO 产品水仅需 $1mg/L$ Cl_2，则加入氯气-海水溶液将使 RO 产品水 TDS 增加到 $10 \sim 15mg/L$。

3. 臭氧消毒

臭氧（O_3）是很强的氧化剂和杀菌剂，因而它既可杀死水中细菌，又可氧化某些还原物质，如把 NO_2^- 氧化成 NO_3^-；把 THMs（三卤甲烷）转化为 CO_2 和 HCl。臭氧与纯净水混合后，在水中的半衰期主要取决于水温，水温高则半衰期短，水温低则半衰期长，一般在 $15 \sim 40min$ 之间。罐内贮存的纯净水必须是新鲜的臭氧混合水，特别是在夏季，若臭氧混合水在罐内的停留时间较长，水中臭氧含量就会明显下降，这样的水可能无法对包装材料（瓶、桶、盖）等起到有效的杀菌作用。

臭氧的杀菌效果主要取决于水中臭氧的含量。臭氧与水混合后形成的臭氧水溶液具有很强的杀菌作用，它能够迅速、广泛地杀灭多种微生物和致病菌。有资料介绍，当臭氧浓度达到 $2mg/L$ 时仅需 $1min$，即可将大肠杆菌、金黄色葡萄球菌、细菌的芽孢、黑曲霉、酵母等微生物杀死。实际生产中，桶或瓶内的臭氧水浓度应在 $0.5mg/L$ 以上，否则无法保证杀死包装材料等的残留微生物。

某水处理工艺流程为：

自来水（含残余氯）$\longrightarrow$ 管道泵$\longrightarrow$ 石英砂过滤器$\longrightarrow$ 活性

炭过滤器——→RO 设备（复合膜）———→纯净水箱——→水泵——→UV

$$\uparrow$$

加入 O_3

设备——→供用户

上述流程中，由于氯对复合膜有侵害作用，采用粒状活性炭过滤器除氯。通常，高脱盐率的 RO 设备可除去绝大部分的有机物质，如腐植酸、细菌等，水中只要引入很少的 O_3 剂量，即可满足杀菌和氧化功能。某工艺流程中，产品水箱加入 0.5ppm O_3，随后通过 UV（紫外线）可很快除去 O_3（254nm 波长的紫外线可把 O_3 转化为 O_2），此时水中的总有机化合物（TOC）可以小于 $1\mu g/L$，当不用 O_3 或 UV 时，水中 TOC 高达 15ppb。

国标 GB 17324—1998 对以自来水为水源生产的纯净瓶装水中亚硝酸根（NO_2^-）含量有很严格的要求。目前，许多水厂利用高脱盐率的 RO 设备制取瓶装纯净水，RO 出水中的 NO_2^- 通常可符合要求。但当自来水中 NO_2^- 含量较大或季节性波动，以及 RO 设备脱盐率下降时，可能造成瓶装纯净水中 NO_2^- 超标，此时可采用臭氧进行处理。

下面对 NO_2^- 在水中的稳定性作一简单介绍。NO_2^- 中氮的化合价为 +3 价，处于三种常见价态（-3，+3，+5）的中间价态，因此，它既有氧化性，又有还原性。在酸性介质中，NO_2^- 以氧化性为主；在碱性介质中，则以还原性为主；在中性介质中，NO_2^- 的化学稳定性相对好些。NH_4^+、NO_2^- 和 NO_3^- 常被称为"三氮"，它们在水中是易变组分。NO_3^- 在地表水中含量很低，在地下水中几乎为零；NH_4^+ 存在于许多地表水和地下水中；NO_2^- 是含氮化合物分解过程中的中间产物，它是有机污染的标志之一。NO_2^- 在水中很不稳定，可被氧化成 NO_3^-，也可被还原为 NH_4^+。在水体中，微生物可将有机物转变成有机胺或氨，再逐步氧化为 NO_2^- 和 NO_3^-，其过程如下：

$$RCH（NH_2）COOH \xrightarrow{\text{菌解}} NH_3 \xrightarrow{\text{氧化}} NO_2{}^- \xrightarrow{\text{氧化}} NO_3{}^-$$

在还原条件下，也可发生如下的反应过程：

$$NO_3{}^- \xrightarrow{\text{菌解还原}} NO_2{}^- \xrightarrow[\text{菌解还原}]{\text{菌解还原}} NH_3 \\ \qquad\qquad\qquad\qquad\qquad N_2$$

另外，在紫外线照射下，水中的 $NO_3{}^-$ 也会慢慢分解成 $NO_2{}^-$。

一般来说，"三氮"之间容易发生相互转化，但目前无法估计它们之间的定量关系。"三氮"中，$NO_3{}^-$ 比较稳定；$NH_4{}^+$ 次之；而 $NO_2{}^-$ 极不稳定。在水中，$NO_2{}^-$ 的含量时而升高，时而下降；气温高的夏天，$NO_2{}^-$ 变化更快。

此外，有文献认为矿泉水中应不含 $NO_2{}^-$，如果矿泉水中能检出 $NO_2{}^-$，意味着水源已受到生物或其他污染。因为矿泉水是从地下深处自然涌出或经人工开发的、未受污染的地下矿水，它含有一定量的矿物质、微量元素或 CO_2，且在通常情况下其化学成分相对稳定。因此，矿泉水中不含有稳定性差的有机物。对于水中可能存在的"三氮"，由于其水源在地下深处已经过了漫长的反应过程，最终产物是 N_2，也有可能是 $NH_4{}^+$ 或 $NO_3{}^-$，不会是以稳定性很差的 $NO_2{}^-$ 形式存在。GB 8537—1995 对矿泉水中 $NO_2{}^-$ 含量的控制很严，应小于 $0.005mg/L$。

五、EDI 技术

1. 基本原理

连续电除离子装置（EDI）由给水室（D 室）、浓水室（C室）和电极室（E 室）组成，见图 10-3。D 室内填充常规混合离子交换树脂，给水中离子由该室除去；D 室和 C 室之间装有阴离子交换膜或阳离子交换膜，D 室中阴（阳）离子在两端电极作用下不断通过阴（阳）离子交换膜进入 C 室；H_2O 在直流电能作用下可分解成 H^+ 和 OH^-，使 D 室中混合离子交换树脂经常

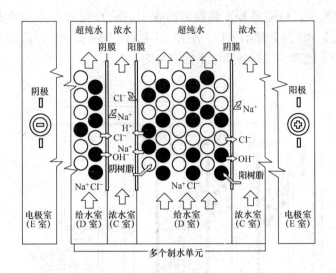

图 10-3　EDI 的工作原理

处于再生状态，因而有交换容量，而 C 室中浓水不断地排走。因此，EDI 在通电状态下，可以不断地制出纯水，其内填的树脂无需使用工业酸、碱进行再生。EDI 的每个制水单元均由一组树脂、离子交换膜和有关的隔网组成。每个制水单元串联起来，并与两端的电极，组成一个完整的 EDI 设备。

EDI 与常规离子交换床的不同之处主要在于再生方法上。前者由于直流电能的作用使 H_2O 分解出 H^+ 和 OH^-，使树脂随时处于再生状态，后者需使用传统的工业酸碱再生，要使用一套单独的酸碱再生系统。EDI 每个制水单元的电压为 600V（DC）。当需较彻底地去除弱酸离子（如硅酸根离子）时，EDI 内树脂必须处于高度再生状态。

EDI 使用过程中，C 室中水的电导率会很快超过 $300\mu S/cm$，为了促进水的流动，C 室的水通过离心泵进行循环，这称为浓水循环或 C 循环。

为了防止浓水中难溶盐达到沉积状态，需要连续地从 C 室中排去一部分水，而从 EDI 给水中补充进一部分水。调节 C 循环的流量，可确定 EDI 装置的回收率。从 C 循环中排出的水可以返至 RO 预处理的入口，见图 10-4。图 10-4 是 RO 产品水再经过 EDI 处理，以制备超纯水的流程图。

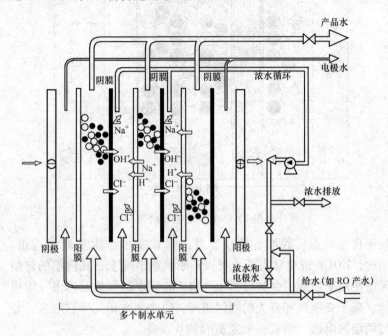

图 10-4　EDI 的简单工艺流程

EDI 要求进水硬度小于 1.0mg/L（CaCO₃），并强烈建议其给水先经过 254nm UV 消毒，把微生物污染降至最低程度。EDI 常用于处理 RO 出水，制备超纯水。通常，当要求水质高达 16MΩ（兆欧）时，建议 EDI 出水再经精混床处理，该混床内树脂可使用一年以上，树脂失效时抛弃即可，而不必再生。当给水电导率小于 60μS/cm 时，EDI 出水水质可达 17.5MΩ 以上。EDI 的回收率可高达 90% ~ 95%。

2. 主要技术参数

EDI 水处理系统可由多套 EDI 设备组成，每套 EDI 设备根据产水水量的要求和系统的回收率，确定需要多少 EDI 模块。EDI

模块分为卷式和板式两种。现以 E – CELL 公司生产的板式 EDI 模块为例，说明其设计参数、运行参数和进水要求，分别见表 10-10 ~ 表 10-12。

表 10-10 EDI 模块的设计参数

名　称	单　位	参　数
单个模块流量	m³/h	1.6 ~ 3.4
正常回收率	%	90 ~ 95
温　度	℃	5 ~ 30
进水压力	bar	3.1 ~ 6.8
给水/产水压差	bar	1.4 ~ 2.4
连接管材料	PP	

表 10-11 EDI 模块的运行参数

名　　称		单　位	参　数
电气（最大值）			在 600VDC 下 4.5A/模块
产　水	流量	m³/h	1.6 ~ 3.4
	质量	MΩ	>16
	给水/产水压差	bar	1.4 ~ 2.4
	温升	℃	最大 2.4
极　水	流量	L/min/模块	0.6 ~ 1.35（36 ~ 81L/h 模块）
	pH		7.0 ~ 9.0
浓水排放	流　量	m³/h	根据回收率确定
浓水 + 极水进口	最大流量	m³/h/模块	1.02
	压力	bar	给水压力大于 0.6
	浓水电导率	μS/cm	150 ~ 1250
浓水补给水	流量	m³/h/模块	根据回收率确定
	水质		与进水水质相同

EDI 模块的进水要求

名　　　称	单　　位	参　　数			
总可交换阴离子 （包括 CO_2）	mg/L（以 $CaCO_3$ 计）	<25			
pH		5~9			
硬　　度	mg/L（以 $CaCO_3$ 计）	<0.1	<0.5	<0.75	<1.0
回收率	%	95	90	85	80
活性硅	mg/L	<0.5			
游离氯	mg/L	<0.05			
TOC	mg/L	<0.5			
Fe、Mn、H_2S	mg/L	<0.01			
电导率	μS/cm	<65			

六、其他处理方法

苦咸水或海水可能含有 H_2S。由于 RO 不能除去 H_2S，RO 产品水中可能有 H_2S，一般为 2~6mg/L。当需要完全除盐时，除气器或强碱阴离子交换器均能除去 H_2S。对饮用水，除气器将除去大多数的 H_2S，残余的 H_2S 可用氯除去，反应式如下

$$H_2S + 4HClO \longrightarrow H_2SO_4 + 4HCl \qquad (10\text{-}11)$$

利用除气器除 H_2S 与水的 pH 值有关。pH = 5.98 时，溶解的硫化物全部以 H_2S 形式存在；pH = 7 时，H_2S 形式占 33%，HS^- 形式占 67%。RO 产品水为酸性，用除气器时，CO_2 比 H_2S 容易除去。为了提高 H_2S 去除率，则除气器前加酸也是可以的。

由于 RO 产品水氟含量小于 1.0mg/L（F^-），通常加入六氟硅酸钠，以期得到所要求的氟含量 1.0mg/L（F^-）。但应密切监视与控制氟化处理过程，因为氟含量大于 1.5mg/L（F^-）时会引起牙齿褪色。

有时要求 RO 出水除氧，可用真空除气器或加入化学药品（如亚硫酸钠）除氧。

第十一章

反渗透水处理的应用

反渗透装置对处理含盐量较高的水有独到的优势，使得该装置已广泛用于电力、电子、饮用水、饮料、化工、食品、医药用水等领域及废水处理，如生活废水、石油化工废水、印染废水、农药废水、冶金工业废水、电镀废水、汽车工业废水、造纸废液、食品废液、放射性废液的处理等。

本章以实例说明反渗透装置与系统的典型应用。

一、在火力发电厂中的应用

以反渗透装置在某电厂应用为例，来说明 RO 装置在火力发电厂中的应用。该厂有反渗透装置使用成功的经验和失败的教训，很有参考价值。

该厂 1988 年三期扩建时，新建了化学制水设备，水源采用海河水。因为该厂地处海河下游，受海水倒灌及上游污染的影响，水质比较差，且变化大，见表 11-1 和表 11-2。综合前几年水质变化情况，设计水质含盐量为 3000mg/L。由于河水含盐量高，不能直接进行离子交换处理，决定选用进口反渗透设备作为离子交换除盐的前置处理，其设备系统流程如下：

$$\text{PAC} \quad \text{PAM} \quad \text{NaClO}$$

海河水→原水→原水加热器————↓————↓————↓————→澄清器→无

$$\text{H}_2\text{SO}_4 \quad \text{NaClO} \quad \text{SHMP}$$

阀滤池→清水箱→清水泵→加热器————↓————↓————↓————→微米

过滤器——→高压泵——→反渗透装置——→除碳器——→除碳水箱——→

除碳水泵——→阳浮床——→阴浮床——→混合床——→除盐水箱

其中，从澄清器至反渗透设备为从国外某公司引进的设备，

表 11-1　　　　　　　　　　海河水水质全分析结果

分 析 项 目	设计选用值	1991 年 1 月 26 日	1992 年 8 月 29 日
全固形物（mg/L）	3018	976.52	4490
悬浮物（mg/L）	53.50	19.20	163.50
溶解固形物（mg/L）	2964.5	957.32	4326.50
二氧化硅（mg/L）	28.75	7.20	17
三氧化二铁（mg/L）	8.23	6.0	2.0
氧化钙（mg/L）	95.76	57.45	111.12
氧化镁（mg/L）	121.59	49.23	160.09
氯根（mg/L）	1460	290	2170
硫酸根（mg/L）	287.74	187.64	333.73
硝酸根（mg/L）	—		
钠（mg/L）	688	165	1100
钾（mg/L）	288.14	23.57	157.14
硫（mg/L）	0.16	—	—
耗氧量（mg/L）	4.88	7.20	6.40
全碱度（mmol/L）	4.30	4.70	4.70
氢氧根（mmol/L）	0	0	0
碳酸根（mmol/L，$1/2CO_3^{2-}$）	0	0	0
重碳酸根（mmol/L）	4.30	4.70	4.70
全硬度[1]（mmol/L）	13.5	6.70	18.60
非碳酸盐硬度[1]（mmol/L）	9.20	2.0	13.90
碳酸盐硬度[1]（mmol/L）	4.30	4.70	4.70

①　基本单元为 $1/2Ca^{2+} + 1/2Mg^{2+}$。

并由国外负责设计；澄清器以前和反渗透以后设备由国内配套设备，并由国内负责设计。

三期系统及有关配套设备有不少欠缺之处，给投产后的正常生产带来许多困难，以致影响了该厂 200MW 机组的正常运行。

表 11-2 　　　　　　　　　　海河水水质简化分析结果

日　期	分　类	碱度 （mmol/L）	硬度① （mmol/L）	氯根 （mg/L）	耗氧量 （mg/L）	电导率 （μS/cm）	pH 值
1992 年 3 月	平均值	4.48	8.36	452	7.67	1665	8.19
	最大值	4.70	9.60	570	8.80	1950	8.35
	最小值	4.00	7.20	370	6.80	1400	8.00
1992 年 4 月	平均值	4.42	8.12	418	7.55	1761	8.13
	最大值	4.80	9.40	540	9.60	2200	8.40
	最小值	3.50	6.20	150	6.20	900	8.05
1992 年 5 月	平均值	3.15	7.99	650	5.55	2342	8.19
	最大值	4.00	14.00	1420	7.60	4100	8.50
	最小值	2.70	7.99	270	3.76	1200	7.90
1992 年 6 月	平均值	2.79	4.55	182	4.11	958	8.10
	最大值	3.00	6.00	550	5.04	2350	8.20
	最小值	2.50	3.60	38	3.20	500	7.95
1992 年 7 月	平均值	2.95	4.44	128	3.92	878	8.06
	最大值	3.80	6.00	300	5.56	1600	8.20
	最小值	2.70	3.80	42	3.20	530	7.90
1992 年 8 月	平均值	4.10	7.53	514	5.56	2116	7.77
	最大值	5.20	11.40	1170	6.40	3800	8.00
	最小值	3.50	6.00	280	4.40	1350	7.70

① 　基本单元为 $1/2Ca^{2+} + 1/2Mg^{2+}$。

（一）　三期情况分析

反渗透既是较为先进的技术，也是比较精细的设备，运行使用中对进水水质要求十分严格。一台反渗透装置运行得好与坏，很重要的一点为预处理是否能保证反渗透进水水质的要求。

该厂三期引进的反渗透装置所用的膜元件为美国某公司生产的卷式醋酸纤维素膜，对进水指标要求见表 11-3。

由上述指标看，国内和国外对反渗透进水要求标准大体相同，国内标准要求更严格些，特别是 SDI 指标，外商认为只要浊度合格即可，因为 SDI 不易测得很准确，不作为主要监督项目，国内则强调严格控制 SDI 小于 4。

表 11-3　　　　　　　　某厂三期 RO 装置对进水水质的要求

项　目	外商提出标准	国内要求标准
pH 值	5.0~6.0（最大6.5，最小5.0）	5.5~6.5
浊度（JTU）	0.5（最大1.0）	0.5
SDI	4（最大5）	<4
余氯（mg/L）	0.2~1.0（最大1.0，最小0.2）	0.3~1.0
铁（mg/L）	0.1（最大0.1）	<0.05（以"Fe"表示）
COD_{Mn}（mg/L）	—	1.5（以"O_2"表示）

外商提供的预处理系统各处水质指标为：对于澄清器出水，浊度不大于5FTU；对于无阀滤池出水，当进水浊度不大于5FTU时，出水浊度不大于0.5FTU。

在调试中及投产后，澄清器出水一般浊度均为3FTU以下，最小为0.5FTU，无阀滤池出水浊度一般为0.2~0.3FTU，这应该是很满意的结果，但是大多数污染指数（SDI）的测定结果是不合格的。试运中该厂和外商共同测得的数据SDI~6，致使反渗透运行半年后即出现产水量和脱盐率均大幅度下降的严重问题。

有文献介绍认为，在设计阶段常被忽视的反渗透膜胶体和有机物污染已成为一个严重问题。在反渗透应用初期，人们并不认为反渗透膜的污染是一个严重问题，因为当时大多数系统用的都是井水。随着反渗透应用领域的扩大，水源的种类也多样化了，对于用地表水的反渗透系统，这种污染往往制约着设备的正常运行。因为进水的外观清澈，且经砂滤或双滤料过滤器以及保安过滤器过滤，所以运行人员对系统受到污染往往感到迷惑不解。这导致人们对胶体及有机物进行大量的深入研究，以便弄清引起这些问题的原因。

该厂三期制水出现的问题，也是由于设计上对预处理考虑不够完善，系统过于简单的结果。虽然流程中各段水质的浊度指标都合格，仍然造成了反渗透膜的污染，这是由于污染指数

（SDI）不合格的原因。

三期引进两台 $50m^3/h$ 反渗透设备，1988 年 3 ~ 4 月试运时，海河水含盐量为 1000 ~ 1500mg/L，优于设计水质，但是产水量一般为 42 ~ 43m^3/h，若想使反渗透设备出力达到 $50m^3/h$，进水压力需要提高到 3.35MPa。后经某膜生产公司计算，按当时的水质，此反渗透的运行压力应为 2.6MPa，以此进行估算反渗透的实际出力不足 $40m^3/h$，投产后实际上是靠提高运行压力来增加反渗透产水量的。

运行压力高就使得反渗透膜被压紧的速度加快，使反渗透产水量随时间而递减的速度加快，前面提到的反渗透膜污染也导致产水量的下降，为补偿流量的不足，也只好提高进水压力，如此的恶性循环结果使膜的寿命大大缩短。

该厂通过对三期试运和生产运行情况的分析，初步认为需要对进口的澄清器、无阀滤池进行改造，并需要增加一级细砂过滤器，使反渗透的进水 SDI 保持在 4 以下。原反渗透设备共有膜组件 9 个（每个膜组件内装 1m 长膜元件 6 个），按 6 – 3 分两段排列，应增加容量，使反渗透出力真正达到 $50m^3/h$。

为确定三期设备的改造方案，进行了各种小型试验及大型工业性实验，最后确定了增加二次过滤的具体方案，找到了解决污染指数偏大的正确途径。

（二）四期方案的确定

鉴于三期制水设备出现的问题，对四期扩建工作较早地进行了研究和准备，充分借鉴三期出现的问题，并把三期改造和试验中取得的经验尽量用到四期设计中去，并对不同的反渗透膜进行比较，决定选用低压复合膜。

在四期预处理系统中，设置了专用的化学原水泵，解决了三期用工业水泵输水时对澄清器运行的干扰，并把加氯点提前到原水箱入口，解决了原水中加氯与澄清器加药相互影响的问题。三期设备中，澄清器入口除加入凝聚剂（聚合氯化铝）、助凝剂

（聚丙烯酰胺）外，为杀菌和降低有机物还同时加入了次氯酸钠。开始调试时对加氯剂量没有严格确定，只保持澄清器出水有余氯即可，后来该厂为提高澄清器运行效果，在进行小型试验中发现加氯量小时杀菌效果差，澄清效果差，且出水 COD 增加。原因可能是次氯酸钠加入后对聚丙烯酰胺有负作用造成的结果，要兼顾此问题，需把加氯点提前，待彻底反应后再进入澄清器。

四期澄清器使用的凝聚剂改用铁盐并加碱进行软化处理，重力滤池不再选用无阀滤池，而是带空气擦洗的有阀滤池，滤池出水经细砂过滤器和活性炭过滤器及微米保安过滤器后，再进入反渗透装置，确保反渗透进水的各项指标符合要求。

反渗透设备为两台 $50m^3/h$，选用国外某公司生产的低压复合膜，经与外商反复核算，确定膜组件由三期的 9 个膜组件增加到 13 个膜组件，按 8 - 5 排列，即第一段 8 个膜组件，第二段 5 个膜组件。当进水含盐量为 3000mg/L，温度为 25℃，压力为 1.5MPa 时，单台设备出力三年后仍可达到 $50m^3/h$，设备脱盐率为 93% 左右。对于新投入运行的设备出力应不小于 $58m^3/h$（因三年的设计余量为 15%），设备脱盐率一般应不低于 95%。反渗透出水不再经过除碳器，而是直接进入除碳水箱，经除碳水泵进入离子交换除盐设备。

四期化学制水设备系统流程如下：

$$\text{海河水} \rightarrow \text{升压泵} \xrightarrow{\text{NaClO}} \text{原水箱} \rightarrow \text{原水泵} \rightarrow \text{加热器} \rightarrow \text{脱气器}$$

$$\xrightarrow[\ \downarrow_{\text{NaOH}}\quad \downarrow_{\text{FeCl}_3}\quad \downarrow_{\text{PAM}}\ ]{} \text{混合搅拌} \rightarrow \text{澄清器} \rightarrow \text{重力有阀滤池} \rightarrow \text{清水}$$

$$\text{箱} \rightarrow \text{清水泵} \rightarrow \text{细砂过滤器} \rightarrow \text{活性炭过滤器} \xrightarrow[\ \downarrow_{\text{H}_2\text{SO}_4}\quad \downarrow_{\text{SHMP}}\ ]{} 5\mu m \text{保安}$$

$$\text{过滤器} \rightarrow \text{高压泵} \rightarrow \text{反渗透装置} \rightarrow \text{除碳水箱} \rightarrow \text{除碳水泵}$$

$$\rightarrow \text{冲洗水泵}$$

$$\rightarrow \text{阳浮床} \rightarrow \text{阴浮床} \rightarrow \text{混合床} \rightarrow \text{除盐水箱}。$$

上述系统中，澄清器之前由国内设计并提供配套设备，澄清器和重力滤池由外方提供图纸和主要部件及控制部分，国内施工；细砂过滤器、活性炭过滤器由国内设计并提供配套设备；保安过滤器、高压泵、反渗透设备由外方设计和提供设备；离子交换除盐设备由国内负责。

（三）设备的安装及调试

四期设备系统因为国内、国外结合部多，给双方设计工作带来很多困难，在有关单位的密切配合下，较好地解决了整个系统中出现的各种问题。

设备调试工作原定于 1992 年 3 月 1 日开始，提前两个月有关各方就一起研究制定了调试方案，组织落实，确定工作程序、进度、质量要求，并提前对澄清器加药进行小试和筛选药剂。

四期设计提供的混凝剂有 $FeCl_3$ 和 $FeSO_4$，助凝剂为阴离子型的聚丙烯酰胺，澄清器加入 NaOH 调节 pH 值，并对原水进行软化处理。另外，为杀菌，在澄清器前（原水箱）入口加次氯酸钠（NaClO）。为给设备正式调试提供依据，该厂于 1991 年 12 月起进行药剂筛选和澄清器加药剂量、澄清效果的小试工作。

1. 混凝剂的筛选

结果如下：

（1）$FeCl_3$ 试验情况。试验条件：pH $= 9.0$，ρ（PAM）$= 1.0mg/L$，ρ（NaClO）$= 0$，$t = 17℃$，浊度为 10.8FTU，$FeCl_3$ 剂量试验结果见表 11-4。

测 定 项 目	$FeCl_3$ 加药剂量（mg/L）					
	30	40	50	60	70	80
沉降时间	2.5~3min				1.5~2min	
矾花形成时间	30~50s 形成				很快形成	
出水浊度（FTU）	7.5	7.3	6.8	4.5	4.2	3.0

表 11-4　　　　　　　　$FeCl_3$ 剂量的确定

（2）$FeSO_4$ 试验情况。试验条件：$pH = 9.0$，ρ（PAM）$= 1.0mg/L$，ρ（NaClO）$= 0$，$t = 17℃$，浊度为 $10.8FTU$。结果是水质浑浊，凝聚效果差。

加碱将原水 pH 值提高，两种药剂的凝聚效果都有所提高，但 $FeCl_3$ 的效果仍优于 $FeSO_4$，因此决定选用 $FeCl_3$ 作为凝聚剂。

2. 澄清器小试情况

（1）确定最佳 pH 值及加碱量。澄清加碱（NaOH），提供 $FeCl_3$ 反应所需的适合 pH 值，并对原水进行软化。

经多次试验，测定结果：加碱（NaOH）剂量 $300mg/L$，澄清水的 pH 值 $10.5 \sim 11.2$ 为合适。

（2）$FeCl_3$ 剂量试验。原水条件 $pH = 8.5$，浊度 $= 15FTU$，$t = 18℃$。固定条件：ρ（NaOH）$= 300mg/L$，ρ（NaClO）$= 1.0mg/L$，ρ（PAM）$= 1.0mg/L$ 试验结果见表 11-5。

由表 11-5 可见，$FeCl_3$ 剂量过大、过小，澄清效果均不好，且澄清后水中残余铁含量偏高，在设备运行中也是需要注意的问题。

（3）NaClO 剂量的确定。对 NaClO 的加药量，没有多做试验，以保证加药后水中残余氯含量 $0.2 \sim 0.5mg/L$ 为准控制加药量，一般 NaClO 加入量为 $2 \sim 4mg/L$。

以上小试所用原水为当时海河水，其氯含量为 $450 \sim 500mg/L$，含盐量约为 $1200 \sim 1500mg/L$，比设计水质好，但符合调试时的实际水质情况，因此更符合实际需要。

表 11-5　　　　　　澄清器中 $FeCl_3$ 剂量的最佳值

测定项目	$FeCl_3$ 剂量（mg/L）					
	40	60	80	100	120	140
矾花形成速度	$30 \sim 50s$ 形成，颗粒小		很快形成矾花，颗粒较大			很快形成颗粒
沉降快慢	慢		快			较慢
产水浊度（FTU）	5.6	5.2	3.5	2.9	3.3	4.8
产水残余铁（mg/L）	976	934	687	624	618	814

经小试后，确定澄清器各项加药量如下：

FeCl$_3$　80~120mg/L

PAM　0.5~1.5mg/L

NaOH　300mg/L（要求出水 pH 值为 10.5~11.2）

NaClO　2~4mg/L（要求余氯为 0.2~0.5mg/L）

以上结果经外方确认后，作为正式设备调试时的参考数据和依据。

3. 水处理设备调试

调试工作是由有关单位共同配合完成的。正式调试工作自 1992 年 3 月 16 日澄清器通水试运行后开始。虽然有小型试验的基础，但在设备正式试运中仍然遇到很多问题。

经调试，澄清器加药剂量与小试结果基本相符，在维持澄清器出水碱度 2P—M（P 为酚酞碱度，M 为甲基橙碱度）在 0.1~1.0 之间时，出水硬度均在 1.5mmol/L 以内（原水硬度 8mmol/L 左右），软化效果很好；出水的浊度均小于 5FTU，一般在 2FTU 左右，最小值为 0.4FTU，完全达到设计要求。

重力滤池出水浊度一般在 1FTU 以下。在调试中为考查细砂过滤器的适应性，有时重力滤池不按时反洗，人为地延长运行时间，使出水浊度略大于 1FTU，此时细砂过滤器出水的污染指数 SDI 仍合格。

澄清器、重力滤池单台出力调试时也达到了 70m^3/h 的设计值。后来单独对两台澄清器进行超负荷试验，1 号澄清器出力可达 75~80m^3/h，2 号澄清器出力也可达 75m^3/h，但此时渣层不好控制。

1992 年 3 月 26 日细砂、活性炭过滤器反洗合格后，投入运行，测定出水 SDI 值为 2.10，达到非常满意的效果，因为四期反渗透使用的复合膜和三期 CA 膜不同，对进水水质要求为余氯含量不大于 0.1mg/L，最好为 0；pH=3~11；其他项目与 CA 膜相同。

运行中为防止结垢，通过计算朗格里尔指数，确定反渗透入口加酸（H$_2$SO$_4$），调节 pH≈7.0。

至此，反渗透进水完全达到四期反渗透的进水水质要求，预处理设备能够保证四期反渗透设备的正常运行。

1992年3月29日反渗透装置第一次启动，效果良好。1992年4月7~9日整体设备经72h连续运行，各项指标均达到设计要求，见表11-6~表11-8。

从表11-6~表11-8可知：

当水温20℃以下（17~19℃），河水氯根480mg/L，反渗透进水含盐量约为1500mg/L，一段进水压力为1.4MPa时，每台反渗透装置的参数如下：产水量为50~60m³/h；脱盐率为96~98%；回收率为72~77%。

表 11-6 　　　　　　　　　　　　72h 试运运行记录

日 期	入口 水温 (℃)	入口 流量 (t/h)	1号澄清池				1号重力滤池			
			pH	硬度① (mmol/L)	浊度 (FTU)	Fe (mg/L)	pH	硬度① (mmol/L)	浊度 (FTU)	Fe (mg/L)
4月 7日	15	50	10.4	1.5	1.1		10.6	1.0	0.6	
	17	50	11.6	1.0	1.0	418	11.1	0.5	0.4	96
	16	60	11.7	0.4	0.9		11.6	0.2	1.0	
	15	70	10.8	1.2	0.9	436	10.6	0.4	0.3	85
	15	75	10.9	1.5	1.7		10.7	1.3	0.5	
4月 8日	15	70	10.6	1.0	1.2		10.6	0.7	0.3	
	15	70	10.6	0.8	1.1	458	10.5	0.5	0.1	74
	16	70	11.7	1.4			11.7	0.2	0.8	
	16	75	11.6	0.8	1.1	517	11.6	0.3	1.2	106
	16	68	10.4	2.8	3.0		10.5	1.3	0.3	
4月 9日	16	34	11.3	1.4	4.0		11.4	0.3	0.8	
	17	33	12.0	0.5	1.8	553	12.0	0.1	1.0	92
	16	58	10.9	2.8	1.5		10.8	0.4	0.7	
	17	68	10.4	1.9	3.0	845	10.2	1.1	0.8	116
	17	78	11.5	0.7	1.6		11.5	0.5	0.6	

日期	2号澄清池				2号重力滤池				入口水温(℃)	入口流量(t/h)
	pH	硬度①(mmol/L)	浊度(FTU)	Fe(mg/L)	pH	硬度①(mmol/L)	浊度(FTU)	Fe(mg/L)		
4月7日	10.6	0.4	2.1		10.8	0.1	1.0		15	51
	10.6	1.1	1.5	614	10.5	1.0	0.7	88	16	51
	10.6	0.9	0.8		10.5	0.7	0.9		16	52
	10.6	1.2	1.3	575	10.5	1.0	0.2	79	15	55
	10.3	1.0	2.1		10.3	0.8	0.9		15	55
4月8日	10.8	0.9	1.4		10.8	0.3	0.4		16	53
	10.6	0.8	1.0	468	10.5	0.7	0.4	84	16	52
	10.6	1.1	1.0		10.6	0.8	0.2		15	50
	11.9	0.5	1.2	459	11.1	0.1	0.1	57	15	50
	10.0	3.0	1.8		10.2	2.2	0.3		15	51
4月9日	11.2	0.3	3.5		11.2	0.7	0.1		17	55
	11.5	1.0	4.5	786	11.3	0.9	0.8	94	17	60
	10.9	1.1	2.2		10.9	0.8	0.7		16	60
	10.6	1.3	1.5	694	10.6	0.9	0.6	82	16	70
	10.3	2.0	2.5		10.3	1.2	1.3		15	71

① 基本单元为 $\frac{1}{2}Ca^{2+}+\frac{1}{2}Mg^{2+}$。

表11-7   1992年72h试运反渗透运行记录

时间	高压泵电机电流(A)	高压泵出口压力(MPa)	精过滤前		1号RO						次级进水压力(MPa)
			余氯(mg/L)	SDI	入口水						
					温度(℃)	压力(MPa)	流量(t/h)	电导率(μS/cm)	pH		
4月4日	86	1.9	0		18.9	1.4	72	3000	6.6		1.3
	85	1.9	0		19.1	1.4	70	2800	6.7		1.3
	85	1.9	0	1.36	19.2	1.4	70	2800	6.45		1.3
	85	1.9	0		19.4	1.36	72	2800	6.9		1.3

时间	高压泵电机电流（A）	高压泵出口压力（MPa）	精过滤前		1号RO						次级进水压力（MPa）
			余氯（mg/L）	SDI	入口水						
					温度（℃）	压力（MPa）	流量（t/h）	电导率（μS/cm）	pH		
4月4日	84	1.9	0		19.6	1.36	70	2800	6.9		1.3
	84	1.9	0		19.7	1.36	70	2800	6.5		1.3
	83	1.98	0		19.8	1.3	70	2800	6.5		1.25
	83	1.9	0		19.6	1.3	70	3000	8.2		1.25
4月5日	83	1.9	0	3.23	19.6	1.3	70	2800	6.5		1.25
	83	1.9	0		19.4	1.3	70	2800	6.1		1.25
	82	1.9	0		18.4	1.32	66	2650	5.9		1.28
	83	1.9	0		18.3	1.32	66	2640	6.0		1.28
	85	1.91	10		19.1	1.4	68	2700	6.95		1.3
	84	1.9	0		19	1.4	70	2900	6.5		1.3
4月6日	85	1.9	0	4.26	19	1.4	70	2800	6.67		1.3
	85	1.9	0		19	1.39	71	2700	6.0		1.3
	85	1.9	0		19	1.4	69	2700	6.0		1.3
	84	1.89	0		18.9	1.38	69	2800	5.9		1.3

时间	1号RO						回收率（%）	脱盐率（%）
	浓缩水			渗透水				
	压力（MPa）	流量（t/h）	电导率（μS/cm）	压力（MPa）	流量（t/h）	电导率（μS/cm）		
4月4日	1.2	20	9600	0.22	54	52	72.9	98.3
	1.2	1.9	9700	0.22	54	83	74	97.7
	1.2	19	9800	0.22	54	50	74	98.2
	1.2	20	9600	0.22	56	52	73.7	98.1
	1.2	19.5	9800	0.22	58	54	74.8	98.1
	1.2	19.5	9900	0.22	56	50	74.6	98.2

| 时间 | 1 号 RO | | | | | | 回收率 | 脱盐率 |
| | 浓 缩 水 | | | 渗 透 水 | | | | |
	压力 (MPa)	流量 (t/h)	电导率 (μS/cm)	压力 (MPa)	流量 (t/h)	电导率 (μS/cm)	(%)	(%)
4 月 5 日	1.15	20	9600	0.23	56	59	73.7	97.9
	1.15	21	9600	0.21	56	65	72.7	97.7
	1.15	21	9600	0.21	56	64	72.7	97.1
	1.15	21	9200	0.22	56	121	72.7	95.7
	1.18	20.5	8360	0.21	46	75	69.7	97.1
	1.19	20.5	8350	0.21	46	75	69.7	97
4 月 6 日	1.25	19	9400	0.2	50	50	72.5	98.1
	1.2	20	10000	0.2	50	47	72.5	98.4
	1.2	20	9600	0.2	50	41	72.5	98.5
	1.21	19	9300	0.2	52	38	73.2	98.6
	1.21	18	9400	0.2	52	38	73.2	98.6
	1.21	18	9600	0.2	52	46	73.2	98.4

表 11-8   1992 年 72h 试运反渗透运行记录

| 时间 | 高压泵电机电流 (A) | 高压泵出口压力 (MPa) | 精过滤前 | | 1 号 RO | | | | | 次级进水压力 (MPa) |
| | | | 余氯 (mg/L) | SDI | 入 口 水 | | | | | |
					温度 (℃)	压力 (MPa)	流量 (t/h)	电导率 (μS/cm)	pH	
4 月 7 日	85	1.95	0		18.3	1.39	140	2700	7.1	1.25
	83	1.9	0		18.1	1.4	68	3200	6.8	1.3
	82	1.95	0	5.7	18.1	1.4	68	2950	8.7	1.29
	81	1.95	0		18.1	1.4	66	2450	6.4	1.3
	81	1.95	0		18.1	1.4	66	2800	6.0	1.3
	82	1.95	0		18.1	1.4	68	2750	6.0	1.3

时间	高压泵电机电流（A）	高压泵出口压力（MPa）	精过滤前		1号RO					次级进水压力（MPa）
			余氯（mg/L）	SDI	入口水					
					温度（℃）	压力（MPa）	流量（t/h）	电导率（μS/cm）	pH	
	82	1.95	0		17.9	1.4	63	2600	5.7	1.26
	82	1.95	0		18	1.4	63	2700	6.3	1.27
4月8日	82	1.95	0	4.6	18	1.4	63	2700	6.3	1.29
	82	1.95	0		18	1.4	66	2700	6.98	1.3
	82	1.95	0		18	1.4	68	2950	7.0	1.3
	84	1.96	0		18	1.4	68	2800	7.8	1.3
	85	1.95	0		18.2	1.4	70	2900	6.2	1.3
	83	1.95	0		18.2	1.4	72	2800	6.0	1.3
4月9日	83	1.95	0	4.08	18.2	1.4	72	2790	6.4	1.3
	83	1.99	0		18.2	1.4	67	2790	6.5	1.3
	83	1.98	0		18.2	1.41	72	2800	6.1	1.3
	83	1.98	0		18.2	1.41	74	2800	5.7	1.3

时间	1号RO						回收率（%）	脱盐率（%）
	浓缩水			渗透水				
	压力（MPa）	流量（t/h）	电导率（μS/cm）	压力（MPa）	流量（t/h）	电导率（μS/cm）		
	1.1	19.5	9000	0.16	55	58	73.8	97.8
	1.15	19	8800	0.14	54	51	74	98.4
4月7日	1.14	19	9500	0.14	55	48	74.3	98.4
	1.15	19.5	9500	0.14	54	66	73.5	97.3
	1.15	19.5	9300	0.14	55	78	74	97.2
	1.15	19.5	8800	0.14	57	114	74.5	95.9
	1.15	19	8300	0.14	56	66	74.6	97.5
	1.15	19	8600	0.14	53	62	73.6	97.7
4月8日	1.15	19	8800	0.14	55	55	74.3	98.0
	1.15	19.5	8900	0.14	55	44	73.8	98.4
	1.15	19.5	9100	0.14	55	41	73.8	98.6
	1.15	19.5	9000	0.14	55	41	73.8	98.5

| 时间 | 1 号 RO | | | | | | 回收率（%） | 脱盐率（%） |
| | 浓　缩　水 | | | 渗　透　水 | | | | |
	压力（MPa）	流量（t/h）	电导率（μS/cm）	压力（MPa）	流量（t/h）	电导率（μS/cm）		
4月9日	1.15	19.5	9100	0.14	55	58	73.8	98.0
	1.17	19	9100	0.14	55	57	74.3	97.9
	1.15	19.5	9100	0.14	56	48	74.2	98.3
	1.15	19	9200	0.14	58	48	75.3	98.3
	1.18	19	9000	0.14	58	56	75.3	98.0
	1.17	19	8900	0.14	58	65	75.3	97.7

以上数据因试运条件所限，没能使反渗透在额定条件下进行验收。

（四）四期引进设备运行情况

设备试运合格后，投入正常生产运行。设备运行状况良好，比较稳定。在稳定运行的基础上，该厂对设备做了进一步的摸底试验。

（1）澄清器工况调节。澄清器出水浊度稳定合格（<5FTU）情况下超出力试验 1 号澄清器出力 $75 \sim 80 m^3/h$，短时间 $80 m^3/h$ 以上，运行比较稳定。2 号澄清器出力 $70 \sim 75 m^3/h$，出水质量合格，但是，流量超过 $75 m^3/h$ 以后渣层不易控制，因此没有再做提高流量的试验。

（2）重力滤池反洗间隔试验。运行中因澄清器运行比较稳定，滤池阻力增加较慢。此次试验中，设备在滤池入口装有液位高报警，以监督滤池阻力的增加量。对滤池需反洗的情况，运行中也可以用报警作为滤池反洗依据，但是从运行情况看，有时长达 4d 反洗一次比较费力，为保证滤池运行质量，该厂定为 2d 反洗一次，效果较好。

该厂曾试验不用空气擦洗，只用水反洗，效果不好，反洗后运行阻力增加较快，出水质量也较差，所以重力滤池的空气擦洗是必要的。

为防止空气擦洗进气门误动，造成滤池"憋气"而损坏设备，该厂在滤池上加装了防爆排气管。

另外，运行中该厂监测反渗透入口 SDI 时，发现有超标现象，但测细砂和活性炭过滤器出口 SDI 合格，数据如下：

RO 入口：SDI = 4.3 ~ 6.6。

活性炭过滤器出口：SDI = 2.1。

停止加酸（H_2SO_4）后，测定 RO 入口 SDI 为 1.75。初步认为是硫酸质量不佳造成的，后来更换 H_2SO_4 生产厂家，问题得到解决，SDI 在小于 4 的合格范围内，可是加酸后 SDI 仍有增加。

（3）反渗透装置运行情况。RO 装置运行半年来情况较好，产水量和脱盐率一直很稳定，见表 11-9。

表 11-9　　1992 年 5 月 8 日 ~ 10 月 15 日反渗透运行平均数据记录

| 时间间隔 | 精过器前 | | 1 号 RO | | | | | | 次级进水压力（MPa） |
| | 余氯（mg/L） | SDI | 入　口　水 | | | | | | |
			温度（℃）	压力（MPa）	流量（t/h）	电导率（μS/cm）	pH		
5.80 ~ 5.15	0	4.3	19	1.25	77	2750	7.2		1.1
5.16 ~ 5.31	0	4.18	19.5	1.01	76	2900	6.5		0.96
6.10 ~ 6.15	0	4.64	21	1.0	77	2200	6.5		0.98
6.15 ~ 6.30	0	5.2	22	1.0	77	1900	7.0		0.97
7.10 ~ 7.15	0	5.7	25	0.94	74	1800	6.0		0.92
7.15 ~ 7.29	0	5.94	25	0.95	76	1700	7.0		0.92
8.30 ~ 8.15	0	5.8	29	1.0	80	1200	8.0		0.98
8.16 ~ 8.31	0	6.1	28.5	1.0	78	1350	7.0		0.99
9.10 ~ 9.15	0	5.2	24	1.1	75	1000	7.2		0.97
9.16 ~ 9.30	0	4.8	20	1.1	75	800	6.7		1.0
10.10 ~ 10.15	0	3.7	27	1.3	80	1100	7.0		1.05

时间间隔	1 号 RO						回收率（%）	脱盐率（%）
	浓 缩 水			渗 透 水				
	压力（MPa）	流量（t/h）	电导率（μS/cm）	压力（MPa）	流量（t/h）	电导率（μS/cm）		
5. 80 ~ 5. 15	1. 0	20	9400	0. 22	57	57	74. 0	97. 9
5. 16 ~ 5. 31	0. 94	20	9400	0. 24	56	96	73. 7	96. 8
6. 10 ~ 6. 15	0. 95	19	8700	0. 28	58	90	75. 3	96. 0
6. 15 ~ 6. 30	0. 94	21	5900	0. 26	56	78	72. 7	95. 9
7. 10 ~ 7. 15	0. 88	18	6300	0. 27	56	44	75. 7	97. 6
7. 15 ~ 7. 29	0. 89	19	5950	0. 26	57	40	74	97. 6
8. 30 ~ 8. 15	0. 94	20	4200	0. 26	60	27	75	97. 8
8. 16 ~ 8. 31	0. 93	18	4300	0. 28	60	20	76. 9	98. 5
9. 10 ~ 9. 15	0. 92	19	4100	0. 28	56	15	74. 7	98. 2
9. 16 ~ 9. 30	0. 9	20	4100	0. 28	55	16	73. 3	98. 2
10. 10 ~ 10. 15	0. 91	19	5800	0. 30	61	30	76. 2	97. 3

从表 11-9 可出，脱盐率为 96% ~ 98%；产水量为 55 ~ 62m³/h；回收率：72% ~ 77%。

对于产水量和回收率的数值，因表计误差关系，每次运行记录和计算的结果不一定很准确，但是仍然可以看出，经半年运行后，此 RO 设备的性能与试运时无明显差别。

1992 年 7 月 30 日海河水质突然恶化，氯含量达到 2460mg/L，高于设计水质 1000mg/L，估计含盐量为 4500 ~ 5000mg/L。RO 设备运行 4h 的结果见表 11-10。

表 11-10　　　　海河水突变时 RO 装置运行情况

温度（℃）	入口水电导率（μS/cm）	入口水压力（MPa）	出水流量（m³/h）	出水电导率（μS/cm）	脱盐率（%）
29	7300	1. 44	60	373	94. 9

由运行结果可以看出，四期 RO 设备有很强的抗干扰能力。但是，为了避免给设备造成意外的损害，没有继续在该条件下运行。

为保证设备正常运行，8 月 5 日将水源由海河水改为滦河水运行，水质见表 11-11。

表 11-11　　　　　　　　滦河水水质简化分析结果

日　期	碱度 （mmol/L）	硬度① （mmol/L）	氯根 （mg/L）	耗氧量 （mg/L）	电导率 （μS/cm）	pH
1992.8.5	2.80	3.60	35	2.16	460	7.95
1992.8.6	2.80	3.70	44	2.16	510	7.90
1992.8.14	2.70	3.30	30	3.20	440	7.95
1992.8.15	2.50	3.60	25	2.56	410	7.95
1992.8.16	2.40	3.40	28	2.40	410	7.90
1992.8.18	2.50	3.40	50	2.56	500	7.80
1992.8.19	2.60	3.30	26	2.48	405	7.90
1992.8.20	2.50	3.10	26	2.48	400	7.95
1992.8.21	2.50	3.10	25	2.44	380	8.00
1992.8.24	2.50	3.10	26	2.40	400	8.10
1992.8.27	2.30	3.10	19	2.32	340	8.15
平均值	2.55	3.33	30.36	2.47	423	7.96
最大值	2.80	3.70	50	3.20	510	8.10
最小值	2.30	3.0	19	2.16	340	7.80

①　基本单元为 $1/2Ca^{2+} + 1/2Mg^{2+}$。

（五）结论与初步评价

四期设备由于充分吸取了三期的经验和教训，把三期设备完善化工作中取得的经验用于四期，从而确定了比较合理的运行系统，设备选型也比较好，使得四期化学制水的系统和设备均优于三期。

四期澄清器设计选用铁盐为混凝剂，通过小试选用了$FeCl_3$，与三期所用聚合铝比较，效果确实好一些，但是出水中残余铁含量高，一般在$0.4 \sim 0.5mg/L$，最高达到$1.0mg/L$，大大超过了反渗透进水要求的不大于$0.1mg/L$的指标，这也是在调试前所担心的问题。经过重力滤池过滤后，水中含铁量明显下降，基本达到要求，可见滤池工作的效果是比较好的。根据使用的情况，滤池需有空气擦洗才能保证可靠运行。

对像该厂所用的低浊度水，应当使用助凝剂，但是所用的剂量应尽量小一些，四期所用剂量$1.0mg/L$，而三期调试时剂量为$2 \sim 3mg/L$，在调试中还对助凝剂选用不同分子量产品进行比较试验，最后确定用大分子量的，效果较好。

四期反渗透选用了低压复合膜，其效果确实比三期所用醋酸纤维素膜要好，运行半年性能一直比较稳定，对系统选配也比较有利。

由于复合膜要求进水中不含余氯，在系统中加了活性炭过滤器作为吸收余氯之用，系统的污染指数经细砂过滤器后已经可以确保合格，若使用的不是复合膜，则可以不设活性炭过滤器，或为保险起见也可以保留。

鉴于出现过反渗透入口加酸后SDI增大问题，对酸的质量及酸系统是否会有二次污染问题，还应多考虑和重视。

四期混凝剂采用$FeCl_3$的效果虽然好，但$FeCl_3$对系统有较强的腐蚀性，今后在设计中也应多加考虑。

由此可见，该厂四期水处理（反渗透）工程是成功的。

二、在饮料行业中的应用

以反渗透装置在某啤酒厂的使用为例，说明RO装置在饮料行业的应用。

某啤酒厂$25m^3/h$反渗透除盐工程自1990年2月投运以来，现已运行多年。在调试交运时，系统脱盐率大于90%，系统回收率为75%。在设备交运数月之后，脱盐率大幅度下降，后经处理，脱盐率有所回升。笔者参加该工程设计、设备与管道安装，负责整个水处理系统的调试工作，并做过多次运行回访工作，现对此做一介绍。

该工程工艺流程：

井水——水池——原水泵——机械过滤器——帆布式保安过滤器——5μm 蜂房式保安过滤器——高压泵——反渗透设备——贮水池——供制啤酒用。

在帆布式保安过滤器之前，加 HCl、六偏磷酸钠（SHMP）、NaClO。加 HCl 用于调节给水 pH 值在 5 ~ 5.8 之间，以防 $CaCO_3$ 垢在膜表面上形成，把 CA 膜水解减少到最低程度；加 SHMP 是为了防止 $CaSO_4$ 垢等在膜表面上形成，它具有阻垢分散剂的作用；为了防止细菌、微生物等在膜上繁殖，加进 NaClO 到给水中，以维持水中残余氯含量在 0.2 ~ 1mg/L 之间。

$25m^3/h$ 反渗透设备选用 $\phi 8''$（$\phi 203$）的 CA 膜，采用 4 - 2 - 1 排列，即第一段有四个膜组件（每个膜组件内装四个膜元件），第二段有两个膜组件，第三段有一个膜组件。该设备除了膜元件和部分压力容器引进外，其余全部国产。井水水质见表 11-12。

表 11-12　　　　　　井　水　水　质

名　称	单　位	名　称	单　位
SO_4^{2-}	118.9	Ca	197.2
Cl^-	98.2	Mg	38.88
HCO_3^-	530.7	Na	53
F^-	0.62	游离 CO_2	28.6
NO_3^-	88.33	总铁	< 0.01
pH 值	7.35	COD	0.75
TDS	1126		

1. 关于材质选用问题

原设计中，从机械过滤器出口至高压泵入口部分采用衬胶管，后来该厂建议采用其库存的不锈钢管，设计者原则上表示同意，但未详细询问该不锈钢管的材质，由于低质量的不锈钢材质是不耐酸性水腐蚀的，结果造成自加盐酸处起的水流管道至高压泵之间的不锈钢管道内表面有表层脱落和腐蚀严重的现象，这是当时反渗透膜元件污染的原因之一。

原设计在加盐酸管道上（靠近水流管道处）设了一个 ABS 逆止阀，以防止水往酸管道倒流。后来施工单位用不锈钢逆止阀代替，结果造成盐酸管道上逆止阀螺纹腐蚀严重，运行检修时脱落，引起盐酸向四周溅出，笔者认为盐酸管道与部件应采用 PVC 或 ABS 管为宜。

不锈钢材质的型号很多，它们并不都耐酸性水，因此在设计中对管材的选用应严格把关。国外资料建议，一般在酸性水中使用的不锈钢为 SS304 或 SS316 型，但 SS316 耐蚀性能比 SS304 的好。国内一般可用 1Cr18Ni9Ti，当然，使用 0Cr18Ni12Mo2Ti 更好。实际上，SS304 与 1Cr18Ni9Ti、SS316 与 0Cr18Ni12Mo2Ti 不是完全等同的。可参见《钢制压力容器》（二）相关标准中不锈钢牌号与各国不锈钢标准牌号对照表。

2. 关于机械过滤器和保安过滤器的结构

在调试期间发现，保安过滤器滤芯外表面上有很多 0.4～0.6mm 的石英砂滤料，可断定这些石英砂是机械过滤器漏过来的。该机械过滤器底部配水装置为锅盖式，可能是造成漏砂的原因（反洗时滤料乱层，透过石英砂垫层），因此，锅盖式配水装置的合理性值得考虑。此外，该机械过滤器缺窥视孔，因而无法观看滤料高度和反洗强度。

保安过滤器中 5μm 滤芯为蜂房式。该过滤器滤芯悬吊在多孔板上，且是反洗式的。发现悬吊着的滤芯在运行后发生变形，即本来滤芯与多孔板是垂直的，结果滤芯与多孔板不垂直，且滤芯组件（由两个 500mm 长滤芯串连而成）本身也变形，这样杂质不可避免地从多孔板与滤芯交接处漏过。此外，采用反洗式保安过滤器在反洗之后，不能确定滤芯精度是否仍为 5μm。在测

SDI 值时，发现滤纸上有大块杂质。

笔者查阅了有关国外资料及有关进口的同类保安过滤器（即蜂房式的管状滤芯）的资料，滤芯基本上为"蜡烛式"的，且不主张反洗。笔者也曾走访过有关生产此类保安过滤器的厂家，据介绍，初期曾用过反洗式的，后来也都改为"蜡烛式"的。

此外，该保安过滤器底部缺少排水门，因此无法把过滤器内的水全部排空，给调试及运行均带来不便。

3. 关于高压泵启动运行和安装位置

本工程高压泵安装在反渗透框架里面，厂方担心框架及管道会发生强烈震动，实际上噪声不算大，振动情况良好。高压泵布置在框架里，对于设备成套供应、整体连接是有好处的，不少国外进口的反渗透设备就是这样布置。高压泵单独布置，位于框架之外或在另外的房间里（如地方允许）是可以考虑的，也比较符合国内习惯。笔者认为，对于出力 $25m^3/h$ 以下的 RO 设备，高压泵可布置在框架之内；对于出力 $25m^3/h$ 以上的 RO 设备，高压泵布置在框架之外或水泵间较好，有利于高压泵检修或减少环境噪声。

本工程选用某水泵厂生产 DF 型耐酸高压泵，叶轮和导叶（即导轮）等过流部分材料为 1Cr18Ni9Ti。据厂方介绍，在工程实践中，只要有一点颗粒杂质，每级的叶轮和导叶容易发生抱团现象，导致损坏叶轮和导叶。运行中也发生过这样的抱团现象，以致磨损出来的铁丝和铁碎（渣）在调试中进入反渗透膜，造成膜元件的污染。要克服这种现象，应保证高压泵进入没有杂质、安装、检修或运行高压泵之前检查高压泵部件。据介绍，1989 年该水泵厂已有解决这种问题的办法，即叶轮和导叶采用双相钢，但价格比 1Cr18Ni9Ti 贵得多。目前，从已运行的几个工程的多台此类型的高压泵来看，只要保证颗料杂质不进入高压泵，就能安全地运行。

在调试过程中，起动高压泵时多次跳闸，后来发现一是电源负荷不够，二是电器元件不合格，属劣质产品，后做了更换。

4. 关于调试期间膜元件污染的原因

主要有以下几方面原因：

（1）反渗透之前不锈钢管道的腐蚀产物以及预处理系统中可能有的杂质进入系统，而反洗式保安过滤器又无法很好地截住它们，杂质进入高压泵，直至 RO 膜。

（2）因反渗透器之前不锈钢管道连接处有漏水现象，焊接时焊渣进入系统，杂质进入高压泵，最后进入 RO 装置。

（3）反渗透本体不锈钢管道与压力容器组件的不锈钢连接处漏水，焊接时焊渣直接进入膜元件。

以上原因，造成高压泵内杂质较多，引起叶轮和导叶磨损，以及反渗透膜元件的污染。因此，应在与反渗透设备有关的水流管道的水压试验全部合格后，方可装入膜元件，以防膜污染。尽管当时已造成膜污染，但经酸洗，系统脱盐率仍在 90% 以上。

5. 关于滤芯安装的时间问题

本工程保安过滤器的 5μm 滤芯是先装进过滤器里面的，这对调试 RO 设备之前的管道冲洗是极为不利的。尽管采取了必要的措施，也难免管道中的杂质、焊渣等污染滤芯，出现过滤器压降增加等不利因素。

把滤芯先装进过滤器内，对制造厂家来说方便些，即所谓整体交货，但务必在管道和过滤器冲洗完毕后方可装入滤芯。这样，一是有利于防止滤芯污染，二是可以防止运输过程中紧固螺母等松动，造成杂质透过，影响出水水质。

6. 关于加酸计量泵

选用盐酸计量泵的型号为 JXM－50/6.3。调试时，该泵使用不到两天，即无法打出盐酸来。把整台泵拆开，逐一认真地检查，发现泵进出口阀的不锈钢逆止球（材料为 9Cr18）腐蚀严重。后来，厂家技术人员带来十几个相同规格的阀球（据称材料为 1Cr18Ni9Ti 等），把它们浸泡在 30% 盐酸中，第二天发现也遭到腐蚀。这样不得不更换，采用的是进口隔膜计量泵，该泵过流部分材质为 PVC，阀球材质为陶瓷。

7. 关于仪表问题

对于集中表盘中各种仪表，所选用的均为传统式仪表，体积较大。表盘布置时要考虑便于开展其后的高压泵检修工作，因而表盘布置得高了些，读数时需抬头方可读出，不方便。因厂房是老厂房，地方很小，又无法把表盘布置在别处。如选用数字式的，表盘则会小巧玲珑，易于布置。

对于压力表，则必须选用耐腐蚀的隔膜压力表，以免损坏。

值得一提的是流量表，流量表取样采用孔板式，一是变送器大且安装零乱，二是表的刻度很不规范（如有的一格为 $0.8m^3/h$，读起来很不方便）。最重要的是该表不准确，这又恰恰是 RO 装置安全运行中最不应出现的。因此，对流量表型式的选用极为重要。

8. 关于运行中脱盐率下降问题

根据该工程水质，当 RO 给水 pH 值为 5.1~5.8 时，产品水 pH 值为 4.1~4.3。厂方认为产品水 pH 值偏低，因而把给水运行 pH 值调整至 6.0~6.2 之间。结果运行不到两个星期，产品水质量明显下降。计算朗格里尔指数 LSI 值可知，pH 值在 6.0~6.2 时，膜上将会有 $CaCO_3$ 形成。由此可见，产品水质量大幅度下降的直接原因是由于 $CaCO_3$ 垢的形成。当对反渗透膜进行酸洗时，酸洗水流方向与 RO 运行时水流方向相反，结果造成酸洗后虽然水量上升了，但脱盐率下降。国外清洗资料强调指出，清洗时水流方向必须与运行时水流方向相同，以防膜元件损坏，造成漏水。

厂方有段时间把六偏磷酸钠（SHMP）加药量控制在 10~12mg/L 之间，而实际运行中又难免超过这个数值，结果运行不到一星期，造成膜元件严重污堵，产水量陡降，原因可能主要是 SHMP 加药量过多，而 SHMP 在水中会逐渐水解（RO 给水温度为室温，未经加热），形成正磷酸盐。正磷酸盐与 Ca^{2+} 等会形成沉淀物，这就难免磷酸盐垢在膜表面上形成。笔者到该厂调查后，认为还是控制浓水中的 SHMP 含量在 10~15mg/L 为好，此后运行比较正常。

SHMP 加到进水中起分散阻垢剂作用，也许可从下面现象中得到证实。利用《火力发电厂水、汽试验方法》SS – 15 – 2 – 84 方法测反渗透给水中 SO_4^{2-} 含量是不成功的。根据 SS – 16 – 2 – 84，用来测磷酸盐含量的水测 SO_4^{2-} 含量是可以测定出来的。这是由于该法先将聚磷酸盐加热煮沸，聚磷酸盐水解转化为正磷酸盐，可能把被 SHMP 包围的 SO_4^{2-} 释放出来的缘故。

9. 结束语

结合该工程中出现的问题，笔者在设计郑州热电厂五期反渗透设备时，尽量考虑了这些不足因素，现该工程也已投产运行多年，一直运行良好。笔者认为，反渗透作为一项新技术，其优点是明显的，有大力推广应用的必要。

三、预处理 + RO + 阳床、阴床、混床的典型工艺系统应用

（一）系统简介

某热电厂为典型的预处理 + RO + 阳床、阴床、混床的水处理系统。工程整体图见图 11-1。该厂取出不同地下水井的原水进行分析。原水水质分析报告分别见表 11-13 和表 11-14。其工艺流程为：

地下水──→原水箱──→原水泵──→机械过滤器──→RO 系统──→中间水箱──→中间水泵──→阳离子交换器──→阴离子交换器──→混合离子交换器──→除盐水箱──→除盐水泵──→锅炉补给水系统

该厂水处理系统有两套，每套出力为 $80m^3/h$。现将该水处理系统的各部分分述如下。

1. 预处理

预处理的主要设备为机械过滤器，该过滤器设有大流量、低压力的反洗系统，并配有压缩空气对滤料进行擦洗，使出水 SDI

图 11-1　工程整体图

表 11-13　　　　　　某热电厂原水水质分析（一）

名　称	单　位	数　量	名　称	单　位	数　量
$K^+ + Na^+$	mg/L	483	Cl^-	mg/L	344
Mg^{2+}	mg/L	14	SO_4^{2-}	mg/L	374
Ca^{2+}	mg/L	16	HCO_3^-	mg/L	284
Fe^{2+}	mg/L	0.13	CO_3^{2-}	mg/L	24
Fe^{3+}	mg/L	1.12	F^-	mg/L	1.4
Mn^{2+}	mg/L	0.02	I^-	mg/L	0.115
COD	mg/L	3.52	SiO_2	mg/L	18
pH		8.34			

<4，满足反渗透的进水要求。预处理系统设有混凝剂加药系统，用于除去水中的细小杂质及铁等。该系统根据原水水质情况决定是否投入运行。

表 11-14　　　　　　　　　某热电厂原水水质分析（二）

名　称	单　位	数　量	名　称	单　位	数　量
K^+	mg/L	1.67	Cl^-	mg/L	268.55
Na^+	mg/L	430.06	SO_4^{2-}	mg/L	204.85
Mg^{2+}	mg/L	4.86	HCO_3^-	mg/L	423.65
Ca^{2+}	mg/L	13.03	CO_3^{2-}	mg/L	22.61
Fe^{2+}	mg/L	<0.04	F^-	mg/L	2.85
Fe^{3+}	mg/L	0.1	NO_2^-	mg/L	<0.004
NH_4^+	mg/L	<0.1	NO_3^-	mg/L	<0.08
COD	mg/L	1.67	SiO_2	mg/L	15
pH		8.35			

2. 反渗透处理

反渗透系统的主要设备为保安过滤器、高压泵、反渗透设备。保安过滤器是为了进一步除去机械过滤器出水残存的细小杂质，该过滤器还有除去铁及硅杂质的功能，用于保护高压泵和反渗透膜，使它们免受杂质的划伤，造成部件的损坏。反渗透系统设有加阻垢剂系统，用于防止反渗透膜表面结垢。反渗透装置的运行，必须投入该系统。

3. 后处理

反渗透装置出水进入阳床、阴床、混床，进一步除去阳、阴离子，满足高压锅炉的用水要求。混床出水水质可达到电导率小于 $0.2\mu S/cm$，硅小于 20ppb。当阳床、阴床、混床失效时，利用设置的酸、碱再生系统进行再生。

（二）系统分析

该厂水处理系统于 2002 年 7 月投入生产使用。表 11-15 ~ 表 11-17 为 2004 年 2 月记录的运行数据，也就是在系统投入一年半之后的运行数据。表 11-19、表 11-20 为 2003 年 1 月记录的运行数据。

表 11-15　某热电厂 2004 年水处理系统预处理部分运行记录

时间	机械过滤器									1 号/2 号保安过滤器	
	4 号			5 号			6 号				
	流量	进水压力	出水压力	流量	进水压力	出水压力	流量	进水压力	出水压力	进水压力	出水压力
	m³/h	MPa	MPa	m³/h	MPa	MPa	m³/h	MPa	MPa	MPa	MPa
2 月 19 日 7:00	40	0.25	0.24	40	0.25	0.25		0.24	0.23	0.23	0.23
8:00	40	0.23	0.22	40	0.23	0.23		0.23	0.22	0.22	0.22
9:00	40	0.23	0.22	40	0.23	0.23		0.23	0.22	0.22	0.22
10:00	40	0.22	0.21	40	0.22	0.22		0.22	0.21	0.21	0.21
11:00	40	0.21	0.20	40	0.21	0.21		0.21	0.20	0.20	0.20
22:00	40	0.30	0.29	40	0.29	0.29		0.29	0.28	0.28	0.27
23:00	40	0.30	0.29	40	0.29	0.29		0.29	0.28	0.28	0.27
24:00	40	0.30	0.29	40	0.30	0.30		0.29	0.28	0.28	0.27
2 月 20 日 1:00	40	0.29	0.28	40	0.29	0.29		0.28	0.27	0.27	0.26
2:00	40	0.28	0.27	40	0.28	0.28		0.27	0.26	0.26	0.25
3:00	40	0.28	0.27	40	0.28	0.28		0.27	0.26	0.26	0.25
15:00	38	0.24	0.24	38	0.24	0.24		0.23	0.23	0.23	0.22
16:00	38	0.24	0.23	38	0.24	0.24		0.23	0.22	0.23	0.22
17:00	38	0.24	0.23	38	0.24	0.24		0.23	0.22	0.23	0.22
18:00	38	0.24	0.23	38	0.24	0.24		0.23	0.22	0.23	0.22
19:00	38	0.24	0.23	38	0.24	0.24		0.23	0.22	0.23	0.22
2 月 21 日 7:00	38	0.29	0.28	38	0.29	0.29		0.28	0.27	0.27	0.26
8:00	38	0.28	0.27	38	0.28	0.28		0.27	0.26	0.26	0.25
9:00	38	0.27	0.26	38	0.27	0.27		0.26	0.25	0.25	0.24
10:00	38	0.27	0.26	38	0.27	0.27		0.26	0.25	0.25	0.24
11:00	38	0.27	0.26	38	0.27	0.27		0.26	0.25	0.25	0.24
12:00	38	0.27	0.26	38	0.27	0.27		0.26	0.25	0.25	0.24

注　2 月 19 日 22:00 起，保安过滤器改为 2 号运行。

表 11-16　某热电厂 2004 年水处理系统 RO 部分运行记录

时　　间		进水流量	进水压力	进水温度	进水pH	进水电导率	高压泵电流		中段压力	产水流量	产水电导率	浓水压力	浓水流量
							1号	2号					
		m³/h	MPa	℃	—	μS/cm	A	A	MPa	m³/h	μS/cm	MPa	m³/h
2月19日	7:00	116	1.22	26	8.58	1831	60	61	1.11	76	35.0	0.95	30
	8:00	120	1.21	26	8.55	1826	60	61	1.10	76	33.4	0.95	30
	9:00	116	1.21	26	8.54	1862	60	61	1.10	76	34.5	0.95	30
	10:00	108	1.21	26	8.55	1855	60	61	1.10	76	39.2	0.95	30
	11:00	112	1.21	26	8.53	1838	60	61	1.10	76	40.2	0.95	30
	22:00	120	1.20	24	8.40	1869	60	60	1.04	74	40.9	0.85	29
	23:00	127	1.21	25	8.34	1870	61	60	1.05	77	44.3	0.85	29
	24:00	121	1.21	26	8.55	1877	61	60	1.05	76	40.2	0.85	29
2月20日	1:00	117	1.21	26	8.59	1876	61	60	1.05	76	32.1	0.85	29
	2:00	121	1.21	26	8.59	1862	61	60	1.05	76	30.2	0.85	29
	3:00	123	1.21	26	8.55	1842	61	60	1.05	76	40.2	0.85	29
	15:00	103	1.21	26	8.50	1870	61	60	1.05	78	42.2	0.87	30
	16:00	110	1.20	26	8.42	1871	61	60	1.05	78	44.9	0.85	30
	17:00	119	1.20	26	8.43	1859	61	60	1.05	78	39.7	0.85	30
	18:00	123	1.20	26	8.50	1860	61	60	1.05	78	41.6	0.85	30
	19:00	116	1.20	26	8.52	1891	61	60	1.05	78	42.2	0.85	30
2月21日	7:00	117	1.24	26	8.56	1876	61	60	1.05	76	35.5	0.87	30
	8:00	123	1.20	26	8.55	1865	60	59	1.05	76	38.0	0.85	30
	9:00	128	1.20	26	8.55	1819	60	59	1.05	76	40.5	0.85	30
	10:00	104	1.20	26	8.55	1819	60	59	1.05	76	41.5	0.85	30
	11:00	121	1.20	26	8.55	1844	60	59	1.05	76	43.3	0.85	30
	12:00	114	1.20	26	8.55	1862	60	59	1.05	76	39.1	0.85	30

注　表中 2 月 19 日 7:00～11:00 为 1 号系列 RO 系统运行, 22:00 之后为 2 号系列运行。

表 11-17　某热电厂 2004 年水处理系统后处理部分运行记录

时 间		1 号/2 号阳床			2 号阴床				2 号混床			
		流量	进水压力	出水压力	流量	进水压力	出水压力	出水电导率	流量	进水压力	出水压力	出水电导率
		m³/h	MPa	MPa	m³/h	MPa	MPa	μS/cm	m³/h	MPa	MPa	μS/cm
2 月 19 日	7:00	100	0.20	0.18	90	0.15	0.13	0.3	105	0.12	0.11	0.1
	8:00	90	0.18	0.16	80	0.13	0.10	0.3	92	0.12	0.11	0.1
	9:00	90	0.18	0.16	80	0.13	0.10	0.3	90	0.12	0.11	0.1
	10:00	90	0.18	0.16	80	0.13	0.10	0.3	88	0.12	0.11	0.1
	11:00	90	0.18	0.16	80	0.13	0.10	0.3	91	0.12	0.11	0.1
	22:00	90	0.18	0.16	80	0.13	0.10	0.3	91	0.12	0.11	0.1
	23:00	90	0.17	0.15	70	0.12	0.10	0.4	82	0.12	0.11	0.1
	24:00	80	0.17	0.15	70	0.12	0.10	0.4	89	0.12	0.11	0.1
2 月 20 日	1:00	90	0.17	0.15	80	0.12	0.10	0.5	93	0.12	0.11	0.1
	2:00	90	0.17	0.15	80	0.12	0.10	0.5	90	0.12	0.11	0.1
	3:00	90	0.17	0.15	80	0.12	0.10	0.6	95	0.12	0.11	0.1
	15:00	80	0.16	0.14	70	0.12	0.10	0.9	79	0.12	0.11	0.2
	16:00	90	0.17	0.15	80	0.13	0.10	0.4	92	0.12	0.11	0.1
	17:00	90	0.17	0.15	80	0.13	0.10	0.5	96	0.12	0.11	0.1
	18:00	90	0.17	0.15	80	0.13	0.10	0.5	94	0.12	0.11	0.1
	19:00	80	0.16	0.14	80	0.13	0.10	0.5	76	0.12	0.11	0.1
2 月 21 日	7:00	90	0.20	0.18	80	0.13	0.10	0.4	93	0.12	0.11	0.2
	8:00	85	0.17	0.13	55	0.13	0.10	0.3	78	0.12	0.11	0.1
	9:00	85	0.17	0.13	55	0.11	0.10	0.1	74	0.12	0.11	0.1
	10:00	85	0.17	0.13	70	0.13	0.10	0.1	75	0.12	0.11	0.1
	11:00	115	0.17	0.13	95	0.15	0.13	0.1	92	0.12	0.11	0.1
	12:00	115	0.17	0.13	95	0.15	0.13	0.1	95	0.12	0.11	0.1

注　表中 19 日 7:00～21 日 7:00 为 1 号阳床运行, 21 日 8:00 之后为 2 号阳床运行。

表 11-18 某热电厂 2004 年水处理系统实验室测试记录

时 间			2 月 19 日			2 月 20 日			2 月 21 日		
			7:00	9:00	23:00	1:00	3:00	15:00	17:00	7:00	9:00	11:00
阳床	Na⁺	μg/L	20.0	22.5	31.0	34.8	39.1	38.2	39.1	57.8	—	—
	酸度	mmol/L	0.1	0.1	0.1	0.1	0.1	0.1	0.1	0.1	—	—
2 号阴床	SiO₂	μg/L	1.4	1.1	2.3	2.8	2.4	1.0	1.3	2.4	2.0	2.2
	电导率	μS/cm	0.70	0.62	0.80	0.88	0.90	0.86	0.73	0.92	0.48	0.40
	碱度	mmol/L	0.1	0.1	0.1	0.1	0.1	0.1	0.1	0.1	0.1	0.1
2 号混床	电导率	μS/cm	0.19	0.19	0.19	0.19	0.19	0.19	0.19	0.19	0.19	0.19
	SiO₂	μg/L	1.2	1.0	2.8	2.0	1.9	0.9	1.4	2.0	1.9	2.1
	Na⁺	μg/L	6.63	6.19	6.63	6.63	6.63	6.19	6.06	6.48	6.33	6.06

注 该表为与表 11-15～表 11-17 相应设备运行期间的测试数据。

表 11-19 某热电厂 2003 年水处理系统预处理部分运行记录

时 间		机 械 过 滤 器								2 号 保安过滤器	
		1 号			2 号			3 号			
		流量	进水压力	出水压力	流量	进水压力	出水压力	流量	进水压力	出水压力	进水压力	出水压力
		m³/h	MPa	MPa	m³/h	MPa	MPa	m³/h	MPa	MPa	MPa	MPa
1 月 1 日	7:00	40	0.50	0.49	40	0.42	0.41	38	0.50	0.50	0.32	0.32
	8:00	32	0.42	0.41	32	0.34	0.33	50	0.40	0.40	0.32	0.32
	9:00	36	0.33	0.32	36	0.34	0.32	46	0.33	0.32	0.31	0.31
	10:00	32	0.33	0.32	34	0.34	0.33	46	0.33	0.32	0.32	0.30
	11:00	34	0.33	0.31	36	0.34	0.32	50	0.34	0.32	0.32	0.32
	12:00	36	0.33	0.32	36	0.33	0.32	44	0.32	0.31	0.31	0.31
	13:00	34	0.33	0.32	36	0.34	0.32	50	0.32	0.31	0.31	0.31
	14:00	36	0.33	0.31	36	0.34	0.33	50	0.34	0.31	0.31	0.30
	15:00	48	0.33	0.33	40	0.34	0.33	50	0.33	0.33	0.30	0.30
	19:00	48	0.33	0.32	42	0.33	0.33	50	0.34	0.34	0.30	0.29

时　　间		机　械　过　滤　器								2 号保安过滤器	
		1 号			2 号			3 号			进水压力	出水压力
		流量	进水压力	出水压力	流量	进水压力	出水压力	流量	进水压力	出水压力		
		m³/h	MPa	MPa	m³/h	MPa	MPa	m³/h	MPa	MPa	MPa	MPa
1 月 1 日	20:00	44	0.30	0.28	40	0.29	0.28	40	0.28	0.27	0.25	0.23
	21:00	38	0.30	0.28	40	0.31	0.30	44	0.30	0.30	0.28	0.25
	22:00	38	0.31	0.29	42	0.30	0.29	42	0.29	0.29	0.27	0.25
	23:00	40	0.23	0.22	42	0.22	0.22	44	0.21	0.20	0.19	0.18
1 月 2 日	5:00	38	0.42	0.40	42	0.42	0.41	42	0.40	0.40	0.39	0.37
	6:00	39	0.42	0.40	42	0.42	0.41	42	0.40	0.40	0.40	0.38
	7:00	40	0.42	0.41	42	0.42	0.41	42	0.40	0.40	0.40	0.38
	8:00	42	0.42	0.41	36	0.42	0.40	48	0.40	0.40	0.32	0.28
	9:00	42	0.41	0.40	38	0.38	0.37	48	0.36	0.36	0.32	0.28
	10:00	42	0.38	0.37	40	0.38	0.37	46	0.36	0.36	0.36	0.35
	11:00	42	0.37	0.36	38	0.37	0.36	44	0.36	0.36	0.36	0.35
	12:00	40	0.37	0.36	38	0.37	0.36	44	0.36	0.36	0.36	0.35

表 11-20　某热电厂 2003 年水处理系统 RO 部分运行记录

时　　间		2 号 RO 系统					高压泵电流						
		进水流量	进水压力	进水温度	进水pH	进水电导率	1 号	2 号	中段压力	产水流量	产水电导率	浓水压力	浓水流量
		m³/h	MPa	℃		μS/cm	A	A	MPa	m³/h	μS/cm	MPa	m³/h
1 月 1 日	7:00		1.41	23	8.07	2120	60	58	1.20	80	14.0	1.07	28
	8:00		1.39	24	8.05	2116	60	58	1.16	76	15.8	1.05	28
	9:00		1.35	24	8.03	2112	60	58	1.15	80	16.9	1.03	30
	10:00		1.35	24	8.01	2100	60	58	1.16	78	14.2	1.03	28
	11:00		1.39	24	8.01	2101	62	58	1.16	78	15.1	1.04	28
	12:00		1.38	24	8.01	2095	60	58	1.16	78	14.9	1.02	30

时　　间		2 号 RO 系统										
		进水流量	进水压力	进水温度	进水pH	进水电导率	高压泵电流		中段压力	产水流量	产水电导率	浓水压力	浓水流量
							1 号	2 号					
		m³/h	MPa	℃		μS/cm	A	A	MPa	m³/h	μS/cm	MPa	m³/h
1月1日	13:00		1.37	24	8.00	2101	60	58	1.16	76	16.9	1.02	28
	14:00		1.37	24	8.00	2095	60	58	1.16	76	17.7	1.03	28
	15:00		1.35	24	8.05	2329	60	58	1.15	80	16.7	1.02	30
	19:00		1.35	24	8.05	2008	61	60	1.15	78	16.9	1.02	30
	20:00		1.32	24	8.01	2134	61	58	1.13	76	13.9	0.98	29
	21:00		1.41	23	8.03	2140	61	60	1.21	78	13.0	1.06	28
	22:00		1.41	24	8.03	2129	61	60	1.21	79	15.8	1.06	28
	23:00		1.39	24	8.04	2121	61	60	1.19	78	15.7	1.04	28
1月2日	5:00		1.41	24	8.06	2088	60	58	1.20	80	13.2	1.07	28
	6:00		1.41	24	8.05	2089	60	58	1.21	80	14.7	1.07	28
	7:00		1.41	24	8.04	2082	60	58	1.20	80	15.1	1.06	28
	8:00		1.42	24	8.03	2080	62	58	1.21	80	14.5	1.06	28
	9:00		1.39	24	8.03	2080	62	58	1.17	78	15.6	1.03	30
	10:00		1.39	24	8.04	2079	62	58	1.17	78	14.6	1.02	30
	11:00		1.39	24	8.03	2101	62	60	1.16	78	15.3	1.01	29
	12:00		1.39	22	8.02	2112	62	60	1.16	78	13.9	1.01	29

从表 11-15 和表 11-19 可看出，机械过滤器的压差一般为 0.1MPa，进水压力为 0.3 ~ 0.5MPa 之间，因而最好选择压力表的量程为 0 ~ 0.6MPa，而不可选择 0 ~ 1.0MPa 的，以免造成较大的读数误差。同时，也可看到有的表计读不出压差，甚至读出出水压力大于进水压力，说明表计需定期校正，或精度不够。6 号机械过滤器无压力记录，说明压力表故障，无及时修理。保安过滤器的表计存在同样的问题。

关于反渗透系统的运行，将表 11-16 和表 11-20 比较，运行回收率分别为 65% ~75% 、71% ~74% ，脱盐率（以电导率计算）分别为 97.6% ~98.4% 、99.2% ~99.4% ，一段压差分别为 0.1 ~0.16MP、0.20 ~0.23MPa，二段压差分别为 0.15 ~0.20MPa、0.11 ~0.15MPa。综合分析以上数据可知，脱盐率在系统运行半年后仍达 99% 以上，一年半后仍达 98% 以上。从膜组件的压差来看，系统运行半年时，一段压差大于二段，而系统运行一年半后则正好相反，说明膜元件已有污染、结垢，通过进一步分析决定是否马上需要清洗。

从表 11-17 可知，阳床、阴床和混床的流量表读数有比较大的误差，需校正。阳床、阴床的流速为 14 ~19m/h，混床为 28 ~33m/h。阳床压差为 0.2 ~0.4MPa，阴床压差为 0.2 ~0.3MPa，混床压差为 0.1MPa。阴床出水电导率小于 1μS/cm，混床出水电导率小于等于 0.2μS/cm，说明出水水质符合对该指标的要求。

表 11-18 为实验室的仪器测试数据。由该表可看出，阳床、阴床和混床的出水水质均正常。阴床出水电导率小于 1μS/cm，说明一级除盐再生效果良好。混床出水电导率不大于 0.2μS/cm、SiO_2 <3ppb（远小于 20ppb），均符合产水水质的要求，同时从另一个侧面说明 RO + 离子交换的除盐系统远优于纯离子交换的除盐系统。

四、预处理 + RO + EDI 工艺系统的应用

（一）系统简介

作者 2003 年为华东地区某热电厂成功地完成了 120m³/h 的预处理 + RO + EDI 工艺系统的水处理工程。该工程的原水水质见表 11-21。

该系统工艺流程为：

地下水——→原水箱——→原水泵——→三层滤料过滤器——→反渗透水处理系统——→EDI 水处理系统——→除盐水箱——→除盐水泵——→除盐水供锅炉使用

表 11-21　　　　　　　　某热电厂原水水质分析

名　称	单　位	数　量	名　称	单　位	数　量
K^+	mg/L	1.5	Cl^-	mg/L	210.93
Na^+	mg/L	420	SO_4^{2-}	mg/L	276.17
Mg^{2+}	mg/L	7.29	HCO_3^-	mg/L	421.04
Ca^{2+}	mg/L	13.03	CO_3^{2-}	mg/L	—
Fe^{2+}	mg/L	<0.08	F^-	mg/L	2.12
Fe^{3+}	mg/L	0.2	NO_2^-	mg/L	未检出
NH_4^+	mg/L	0.11	NO_3^-	mg/L	<0.20
固形物	mg/L	1159.76	H_2SiO_3	mg/L	22.75
pH		8.2	游离 CO_2	mg/L	4.29

本工程系统处理出力为 $2 \times 60m^3/h$ 两列。反渗透水处理系统和 EDI 水处理系统采用全自动控制。工程的 EDI 设备见图 11-2。选用的 E–CELL 公司生产的 EDI 模块设计参数、运行参数和进水要求分别见表 10-10 ~ 表 10-12。EDI 系统的回收率为 90% ~

图 11-2　工程的 EDI 设备

95%，回收率可按下列公式计算

$$系统回收率 = \frac{产水流量}{产水流量 + 浓水排放量 + 极水排放量} \times 100\%$$

$$(11-1)$$

EDI 系统的运行要求维持一定的运行压差，以确保出水水质，见图 11-3。由于下列原因，EDI 系统需要进行清洗或消毒：

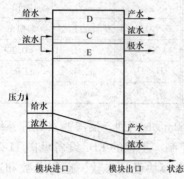

图 11-3　产水和浓水之间压差

（1）浓水室、极水室出现结垢；

（2）离子交换树脂和膜的无机物污染；

（3）离子交换树脂和膜的有机物污染；

（4）EDI 模块、系统管路或其他有关部件的微生物污染；

（5）上述情况某两种及以上现象出现。

一般来说，需计算分析"淡水流量/淡水室压差"和"浓水流量/浓水室压差"的比值，如果比值比参考值或调试初期降低了20%，则需要确定结垢、污染的类型，并采取措施进行清洗。

（二）系统分析

该厂 2003 年 4 月正式投入生产。表 11-22 和表 11-23 为 2003 年 9 月记录的运行数据。从表 11-22 可知，系统回收率为 75% 时，1 号系列 RO 系统的脱盐率为 98.4%～98.7%，2 号系列为 98.6%～98.8%；1 号系列 RO 系统的一段压差为 0.11～0.12MPa，二段压差为 0.11～0.14MPa，2 号系列的一段压差和二段压差均为 0.1MPa，从这些参数看，可认为 RO 系统运行正常。从表 11-23 可看出，在 EDI 系统回收率为 90% 时，9 月 6 日和 9 月 12 日的 EDI 产水电阻率为 6.1～9.5MΩ·cm，经过调整，

9 月 20 日和 21 日的 EDI 产水电阻率为 9 ~ 12MΩ·cm。据了解，系统刚投运时 EDI 产水电阻率达 15 ~ 17MΩ·cm，说明经过电气和工艺参数的优化调整，EDI 的出水水质是可以提高的，即 EDI 产水电阻率可大于 9 ~ 12MΩ·cm。

表 11-22   某热电厂 RO + EDI 水处理系统反渗透部分运行记录

时　　间		1 号/2 号反渗透系统								
		进水电导率	进水温度	进水流量	产水流量	产水电导率	浓水流量	浓水压力	一段进水压力	二段进水压力
		μS/cm	℃	m³/h	m³/h	μS/cm	m³/h	MPa	MPa	MPa
9 月 6 日	0:00	1936	31.0	80	60	30.0	20	0.70	0.92	0.80
	2:00	1936	31.7	80	60	30.2	20	0.68	0.91	0.79
	4:00	1950	32.0	80	60	30.3	20	0.65	0.90	0.78
	6:00	1955	32.4	80	60	31.2	20	0.65	0.90	0.78
	8:00	1957	31.9	80	60	31.5	20	0.65	0.90	0.78
	12:00	1957	31.8	80	60	30.7	20	0.64	0.88	0.76
	14:00	1955	31.5	80	60	30.5	20	0.64	0.88	0.76
	16:00	1951	31.1	80	60	29.6	20	0.64	0.88	0.76
	20:00	1947	31.0	80	60	29.4	20	0.65	0.89	0.76
	22:00	1947	31.7	80	60	29.6	20	0.65	0.89	0.76
9 月 12 日	0:00	1971	32.4	80	60	31.1	20	0.64	0.87	0.75
	2:00	1965	31.5	80	60	30.5	20	0.64	0.87	0.75
	4:00	1976	32.6	80	60	31.2	20	0.64	0.87	0.75
	6:00	1960	32.5	80	60	29.1	20	0.60	0.80	0.70
	8:00	1952	31.6	80	60	27.5	20	0.60	0.80	0.70
	10:00	1951	31.0	80	60	26.8	20	0.60	0.80	0.70
	12:00	1944	30.9	80	60	26.5	20	0.60	0.80	0.70
	14:00	1945	30.4	80	60	26.4	20	0.60	0.80	0.70

时　间		1 号/2 号反渗透系统								
		进水电导率	进水温度	进水流量	产水流量	产水电导率	浓水流量	浓水压力	一段进水压力	二段进水压力
		μS/cm	℃	m³/h	m³/h	μS/cm	m³/h	MPa	MPa	MPa
9 月 20 日	0:00	1909	28.5	80	60	25.2	20	0.65	0.90	0.79
	2:00	1911	28.6	80	60	25.6	20	0.65	0.90	0.79
	4:00	1908	28.6	80	60	25.5	20	0.65	0.91	0.80
	6:00	1909	28.6	80	60	25.5	20	0.65	0.91	0.80
9 月 21 日	0:00	1924	28.9	80	60	26.1	20	0.66	0.92	0.82
	2:00	1925	28.9	80	60	26.1	20	0.65	0.91	0.81
	4:00	1925	28.9	80	60	25.8	20	0.65	0.91	0.81
	6:00	1925	28.7	80	60	26.0	20	0.65	0.91	0.81
	8:00	1918	28.2	80	60	25.4	20	0.65	0.91	0.81
	16:00	1919	28.1	80	60	23.0	20	0.65	0.85	0.75
	18:00	1920	28.6	80	60	23.9	20	0.65	0.85	0.75
	20:00	1919	28.6	80	60	24.1	20	0.65	0.85	0.75
	22:00	1923	28.3	80	60	24.2	20	0.65	0.85	0.75

注　2003 年 9 月 6 日、9 月 12 日 0:00~4:00 为 1 号系列 RO 系统运行；9 月 12 日 6:00~14:00 为 2 号系列 RO 系统运行；9 月 20 日、9 月 21 日 0:00~8:00 为 1 号系列 RO 系统运行；9 月 21 日 16:00~22:00 为 2 号系列 RO 系统运行。

表 11-23　某热电厂 RO + EDI 水处理系统 EDI 部分运行记录

时间		EDI 水处理系统												
		系统电压	系统电流	进水进水压力	浓水压力	产水压力	浓水出水压力	循环泵出水压力	浓水排放压力	浓水循环流量	浓水排放流量	极水流量	产水流量	产水电阻率	浓水电导率
		V	A	bar	bar	bar	bar	bar	bar	m³/h	m³/h	m³/h	m³/h	MΩ	μS/cm
9 月 6 日	0:00	250	50	3.4	2.9	2.3	1.6	3.0	2.9	15	4.9	1.2	55	7.9	245
	2:00	250	50	3.4	2.9	2.3	1.6	3.0	2.9	15	4.9	1.2	55	7.5	260
	4:00	250	50	3.4	2.9	2.3	1.6	3.0	2.9	15	4.9	1.2	55	7.3	270

时间		EDI 水处理系统												
		系统电压	系统电流	进水压力	浓水进水压力	产水压力	浓水出水压力	循环泵出水压力	浓水排放压力	浓水循环流量	浓水排放流量	极水流量	产水流量	产水电阻率	浓水电导率
		V	A	bar	bar	bar	bar	bar	bar	m³/h	m³/h	m³/h	m³/h	MΩ	μS/cm
9月6日	6:00	250	50	3.4	2.9	2.3	1.6	3.0	2.9	15	4.9	1.2	56	7.2	289
	8:00	250	52	3.4	2.9	2.3	1.6	3.0	2.9	15	4.95	1.1	55	6.9	291
	10:00	250	52	3.4	2.9	2.3	1.6	3.0	2.9	15	4.95	1.1	55	6.8	287
	12:00	240	54	3.4	2.8	2.3	1.6	3.0	2.9	15	5.0	1.15	55	6.7	294
	14:00	240	54	3.4	2.8	2.3	1.6	3.0	2.9	15	5.0	1.15	54	7.2	279
	16:00	240	54	3.4	2.8	2.3	1.6	3.0	2.9	15	5.0	1.15	57	7.5	311
	20:00	240	56	3.5	3.0	2.6	2.0	3.2	3.0	15	5.0	1.3	55	6.1	247
	22:00	240	56	3.5	3.0	2.6	2.0	3.0	3.0	15	5.0	1.3	56	6.9	265
9月12日	0:00	258	52	3.4	2.8	2.3	1.7	3.1	2.9	15	4.9	1.15	55	9.5	236
	2:00	258	52	3.4	2.8	2.3	1.7	3.1	2.9	15	4.9	1.15	54	9.0	225
	4:00	258	52	3.4	2.8	2.3	1.7	3.1	2.9	15	4.9	1.15	54	8.5	252
	6:00	259	52	3.4	2.8	2.3	1.7	3.1	2.9	15	4.9	1.15	55	8.4	241
	8:00	259	51	3.4	2.8	2.3	1.7	3.1	2.9	15	4.9	1.15	54	8.3	226
	10:00	260	51	3.4	2.9	2.3	1.7	3.1	2.9	15	4.9	1.15	56	8.3	229
	12:00	250	53	3.4	2.9	2.3	1.7	3.1	2.9	15	4.9	1.15	56	8.8	242
	14:00	255	55	3.4	2.9	2.3	1.7	3.1	2.9	15	4.9	1.15	56	8.9	266
9月20日	0:00	282	53	3.5	3.0	2.5	1.8	3.2	3.1	15	4.9	1.2	54	11.5	167
	2:00	280	55	3.5	3.0	2.5	1.8	3.2	3.1	15	4.9	1.2	54	10.6	196
	4:00	280	55	3.5	3.0	2.5	1.8	3.2	3.1	15	4.9	1.1	54	9.9	180
	6:00	280	55	3.5	3.0	2.5	1.8	3.2	3.1	15	4.9	1.1	54	9.6	187
	8:00	280	55	3.5	3.0	2.5	1.8	3.2	3.1	15	4.9	1.1	56	9.3	198
	10:00	270	56	3.5	3.0	2.5	1.8	3.1	3.1	15	4.9	1.1	53	9.4	219
	22:00	260	50	3.3	2.9	2.3	1.7	3.1	2.9	15	4.8	1.15	56	10.2	290

时间		EDI 水处理系统												
		系统 电压	系统 电流	进水 进水 压力	浓水 进水 压力	产水 压力	浓水 出水 压力	循环泵 出水 压力	浓水 排放 压力	浓水 循环 流量	浓水 排放 流量	极水 流量	产水 流量	产水 电阻 率	浓水 电导 率
		V	A	bar	bar	bar	bar	bar	bar	m³/h	m³/h	m³/h	m³/h	MΩ	μS/cm
9 月 21 日	0:00	260	51	3.3	2.9	2.3	1.7	3.1	2.9	15	4.8	1.2	57	11.2	275
	2:00	260	51	3.3	2.9	2.3	1.7	3.1	2.9	15	4.8	1.2	56	11.0	280
	4:00	260	50	3.3	2.9	2.3	1.7	3.1	2.9	15	4.8	1.2	56	10.5	278
	6:00	260	50	3.4	3.0	2.4	1.8	3.2	3.0	15	4.8	1.2	58	9.8	280
	8:00	260	50	3.4	3.0	2.4	1.8	3.2	3.0	15	4.9	1.2	57	9.1	252
	16:00	260	58	3.5	3.0	2.5	1.9	3.2	3.0	15	4.8	1.25	54	10.2	224
	18:00	260	56	3.5	3.0	2.5	1.9	3.2	3.0	15	4.8	1.2	55	10.6	270
	20:00	270	49	3.3	2.9	2.2	1.6	3.0	2.9	15	4.8	1.15	55	10.2	226
	22:00	270	50	3.4	2.9	2.3	1.7	3.1	3.0	15	4.9	1.15	55	10.2	232

注 运行时间为 2003 年。

附录一 国家生活饮用水水质标准

（摘自 GB 5749—1985）

附表 1 生活饮用水水质标准

项	目	标 准
	色	色度不超过 15 度，并不得呈现其他异色
	浑浊度	不超过 3 度，特殊情况不超过 5 度
	臭和味	不得有异臭、异味
	肉眼可见物	不得含有
	pH	6.5 ~ 8.5
	总硬度（以碳酸钙计）	450mg/L
感官性状	铁	0.3mg/L
和一般化学	锰	0.1mg/L
指标	铜	1.0mg/L
	锌	1.0mg/L
	挥发酚类（以苯酚计）	0.002mg/L
	阳离子合成洗涤剂	0.3mg/L
	硫酸盐	250mg/L
	氯化物	250mg/L
	溶解性总固体	1000mg/L
	氟化物	1.0mg/L
	氰化物	0.05mg/L
	砷	0.05mg/L
	硒	0.01mg/L
	汞	0.001mg/L
毒理学指	镉	0.01mg/L
标	铬（六价）	0.05mg/L
	铅	0.05mg/L
	银	0.05mg/L
	硝酸盐（以氮计）	20mg/L

项　　目		标　　准
毒理学指标	氯仿①	60μg/L
	四氯化碳①	3μg/L
	苯并（a）芘①	0.01μg/L
	滴滴涕①	1μg/L
	六六六①	5μg/L
细菌学指标	细菌总数	100 个/mL
	总大肠菌群	3 个/L
	游离余氯	在与水接触 30min 后应不低于 0.3mg/L，集中式给水除出厂水应符合上述要求外，管网末梢水不应低于 0.05mg/L
放射性指标	总 α 放射性	0.1Bq/L
	总 β 放射性	1Bq/L

①　试行标准。

附录二　生活饮用水水源水质标准

（摘自 GJ 3020—1993）

附表 2　　　生活饮用水水源水质标准

项　　目		标　准　限　值	
		一级	二级
色		色度不超过 15 度，并不得呈现其他异色	不应有明显的其他异色
浑浊度	（度）	≤3	
嗅和味		不得有异臭、异味	不应有明显的异臭、异味
pH 值		6.5～8.5	6.5～8.5
总硬度（以碳酸钙计）	（mg/L）	≤350	≤450
溶解铁	（mg/L）	≤0.3	≤0.5
锰	（mg/L）	≤0.1	≤0.1

项　　目		标　准　限　值	
		一级	二级
铜	（mg/L）	≤1.0	≤1.0
锌	（mg/L）	≤1.0	≤1.0
挥发酚（以苯酚计）	（mg/L）	≤0.002	≤0.004
阴离子合成洗涤剂	（mg/L）	≤0.3	≤0.3
硫酸盐	（mg/L）	<250	<250
氯化物	（mg/L）	<250	<250
溶解性总固形物	（mg/L）	<1000	<1000
氟化物	（mg/L）	≤1.0	≤1.0
氰化物	（mg/L）	≤0.05	≤0.05
砷	（mg/L）	≤0.05	≤0.05
硒	（mg/L）	≤0.01	≤0.01
汞	（mg/L）	≤0.001	≤0.001
镉	（mg/L）	≤0.01	≤0.01
铬（六价）	（mg/L）	≤0.05	≤0.05
铅	（mg/L）	≤0.05	≤0.07
银	（mg/L）	≤0.05	≤0.05
铍	（mg/L）	≤0.0002	≤0.0002
氨氮（以氮计）	（mg/L）	≤0.5	≤1.0
硝酸盐（以氮计）	（mg/L）	≤10	≤20
耗氧量（$KMnO_4$法）	（mg/L）	≤3	≤6
苯并（α）芘	（μg/L）	≤0.01	≤0.01
滴滴涕	（μg/L）	≤1	≤1
六六六	（μg/L）	≤5	≤5
百菌清	（mg/L）	≤0.01	≤0.01
总大肠菌群	（个/L）	≤1000	≤10000
总α放射性	（Bq/L）	≤0.1	≤0.1
总β放射性	（Bq/L）	≤1	≤1

附录三　国家瓶装饮用纯净水（水质）

标准（摘自 GB 17323—1998）

附表3　　　　　　　　　　**感 官 要 求**

项　目	指　标	要　求
色度（≤，度）	5	不得呈现其他异色
浊度（≤，度）	1	—
臭和味	—	无异味、异臭
肉眼可见物		不得检出

附表4　　　　　　　　　　**质 量 理 化 指 标**

项　目		指　标
pH 值		5.0~7.0
电导率 [（25±1）℃，μS/cm]	≤	10
高锰酸钾消耗量（以 O_2 计，mg/L）	≤	1.0
氯化物（以 Cl^- 计，mg/L）	≤	6.0

附表5　　　　　　　　　　**污 染 物 理 化 指 标**

项　目	指　标
铅	
砷	
铜	
氰化物（以 CN^- 计）[①]	
挥发酚类（以苯酚计）[①]	按 GB 17324 规定执行
游离氯（以 Cl^- 计）	
三氯甲烷	
四氯化碳	
亚硝酸盐（以 NO_2^- 计）	

① 氰化物指标、挥发酚类指标只限采用蒸馏法的产品。

附录四　国家瓶装饮用纯净水卫生标准

（摘自 GB 17324—1998）

附表6　　　　　　　　感　官　指　标

项　目	要　求	项　目	要　求
色度（≤，度）	5，不得呈现其他异色	臭和味	无异味、异臭
浊度（≤，度）	1	肉眼可见物	不得检出

附表7　　　　　　　　理　化　指　标

项　目		指　标
铅（以 Pb 计，mg/L）	≤	0.01
砷（以 As 计，mg/L）	≤	0.01
铜（以 Cu 计，mg/L）	≤	1
氰化物[①]（以 CN^- 计，mg/L）	≤	0.002
挥发酚[①]（以苯酚计，mg/L）	≤	0.002
游离氯（mg/L）	≤	0.005
三氯甲烷（mg/L）	≤	0.02
四氯化碳（mg/L）	≤	0.001
亚硝酸盐（以 NO_2^- 计）	≤	0.002

① 为蒸馏水加检项目。

附表8　　　　　　　　微　生　物　指　标

项　目		指　标
菌落总数（cfu/mL）	≤	20
大肠菌群（MPN/100mL）	≤	3
致病菌（系指肠道致病菌和致病性球菌）		不得检出
霉菌、酵母菌（cfu/mL）		

附录五 国家饮用天然矿泉水（水质）

标准（摘自 GB 8537—1995）

附表9 感 官 指 标

项　　目	要　　　　　求
色度（≤，度）	15，并不得呈现其他异色
浑浊度（≤，NTU）	5
臭和味	具有本矿泉水的特征性口味，不得有异臭、异味
肉眼可见物	允许有极少量的天然矿物盐沉淀，但不得含有其他异物

必须有一项（或一项以上）指标符合附表10的规定。

附表10 界 限 指 标

项　　目	指　　　　标
锂（mg/L，≥）	0.20
锶（mg/L，≥）	0.20（含量在 0.20～0.40mg/L 范围时，水温必须在25℃以上）
锌（mg/L，≥）	0.20
溴化物（mg/L，≥）	1.0
碘化物（mg/L，≥）	0.20
偏硅酸（mg/L，≥）	25.0（含量在 25.0～30.0mg/L 范围时，水温必须在25℃以上）
硒（mg/L，≥）	0.010
游离二氧化碳（mg/L，≥）	250
溶解性总固体（mg/L，≥）	1000

附表 11　　　　　　　　　限　量　指　标

项　目	指标	项　目	指标
锂（<，mg/L）	5.0	汞（<，mg/L）	0.0010
锶（<，mg/L）	5.0	银（<，mg/L）	0.050
碘化物（<，mg/L）	0.50	硼（以 H_3BO_3 计，<，mg/L）	30.0
锌（<，mg/L）	5.0	硒（<，mg/L）	0.050
铜（<，mg/L）	1.0	砷（<，mg/L）	0.050
钡（<，mg/L）	0.70	氟化物（以 F^- 计，<，mg/L）	2.00
镉（<，mg/L）	0.010	耗氧量（以 O_2 计，<，mg/L）	3.0
铬（Cr^{6+}，<，mg/L）	0.050	硝酸盐（以 NO_3^- 计，<，mg/L）	45.0
铅（<，mg/L）	0.010	^{226}镭放射性（Bq/L，<）	1.10

各项污染物指标均必须符合附表 12 的规定。

附表 12　　　　　　　污　染　物　指　标

项　目	指　标
挥发性酚（以苯酚计，mg/L，<）	0.002
氰化物（以 CN^- 计，mg/L，<）	0.010
亚硝酸盐（以 NO_2^- 计，mg/L，<）	0.0050
总 β 放射性（Bq/L，<）	1.50

各项微生物指标均必须符合附表 13 的规定。

附表 13　　　　　　　　微　生　物　指　标

项　目	指　标	
	水源水	灌装产品
菌落总数（cfu/mL，<）	5	50
大肠菌群（个/100mL）	0	

附表14 　　饮用天然矿泉水水质检验报告（参考件）

泉点名称＿＿＿＿＿＿＿＿＿＿　　采样日期＿＿＿＿＿＿

泉点编号＿＿＿＿＿＿＿＿＿＿　　送样日期＿＿＿＿＿＿

采样地点＿＿＿＿＿＿＿＿＿＿　　检验日期＿＿＿＿＿＿

水　　温＿＿＿＿＿＿＿＿＿℃　　报告日期＿＿＿＿＿＿

离　子	$c(B)/$ (mg/L)	$c\left(\dfrac{1}{z}B^{z\pm}\right)$ (mmol/L)	$x\left(\dfrac{1}{z}B^{z\pm}\right)$ (%)	项　目	$c(B)$ (mg/L)	项　目	$c(B)$ (mg/L)
阳离子	Na^+				可溶性总固体		银	
	K^+				偏硅酸		钡	
	Ca^{2+}				游离二氧化碳		铬	
	Mg^{2+}				锂		铅	
	NH_4^+				锶		钴	
	$Fe^{2+}+Fe^{3+}$				溴化物		钒	
	总计				碘化物		钼	
阴离子	HCO_3^-				锌		锰	
	CO_3^{2-}				硒		镍	
	Cl^-				铜		铝	
	SO_4^{2-}				砷		挥发性酚	
	F^-				汞		氰化物	
	NO_3^-				镉		亚硝酸盐	
	总计				硼酸		耗氧量	

外　观＿＿＿＿＿

色　度＿＿＿＿＿

浑浊度＿＿＿＿＿

臭和味＿＿＿＿＿

pH值＿＿＿＿＿

总硬度（以$CaCO_3$计）＿＿＿＿＿mg/L

总碱度（以$CaCO_3$计）＿＿＿＿＿mg/L

总酸度（以$CaCO_3$计）＿＿＿＿＿mg/L

^{226}Ra＿＿＿＿＿Bq/L

总β＿＿＿＿＿Bq/mL

菌落总数＿＿＿＿＿cfu/mL

大肠菌群＿＿＿＿＿个/100mL

备注：

分析单位盖章　　　　　审核人签字　　　　　　　　分析者签字

316

附录六 常用元素的原子序数及原子量

附表 15   **常用元素的原子序数及原子量**

元素名称	化学符号	原子序数	原子量
氢	H	1	1.0079
碳	C	6	12.011
氮	N	7	14.0067
氧	O	8	15.9994
氟	F	9	18.9984
钠	Na	11	22.98977
镁	Mg	12	24.305
铝	Al	13	26.98154
硅	Si	14	28.086
磷	P	15	30.97376
硫	S	16	32.06
氯	Cl	17	35.453
钾	K	19	39.098
钙	Ca	20	40.08
铬	Cr	24	51.996
锰	Mn	25	54.9380
铁	Fe	26	55.847
镍	Ni	28	58.70
铜	Cu	29	63.546
锌	Zn	30	65.38

元素名称	化学符号	原子序数	原子量
砷	As	33	74.9416
溴	Br	35	79.904
锶	Sr	38	87.62
银	Ag	47	107.868
镉	Cd	48	112.41
锡	Sn	50	118.69
碘	I	53	126.9045
钡	Ba	56	137.34
金	Au	79	196.9665
汞	Hg	80	200.59
铅	Pb	82	207.2

附录七　有关单位的换算

附表 16　硬度单位的换算

硬度单位	mmol/L	德国度	法国度	英国度	美国度
mmol/L	1	2.804	5.005	3.511	50.045
德国度	0.35663	1	1.7848	1.2521	17.847
法国度	1.9982	0.5603	1	0.7015	10.0
英国度	0.28483	0.7984	1.4285	1	14.285
美国度	0.01898	0.0560	0.1	0.0702	1

注　1. 德国度：1 度相当于 1L 水中含 $10mgCaO$。

2. 法国度：1 度相当于 1L 水中含 $10mgCaCO_3$。

3. 英国度：1 度相当于 0.7L 水中含 $10mgCaCO_3$。

4. 美国度：1 度相当于 1L 水中含 $1mgCaCO_3$。

5. 1mmol/L 硬度的基本单元为 $1/2Ca^{2+} + 1/2Mg^{2+}$。

附表17　　　　　　　　　　　质量单位的换算

公　斤	市　斤	磅	克	市　两	英　两
1	2.000	2.2046	1	0.020	0.0353
0.5000	1	1.1023	50	1	1.765
0.4536	0.9072	1	28.35	0.5666	1

吨 （t）	公斤 （kg）	克 （g）	分克 （dg）	厘克 （cg）	毫克 （mg）	微克 （μg）
0.000001	0.001	1	10	100	1000	1000000

附表18　　　　　　　　　　体积、容积单位的换算

立方米	立方市尺	立方英尺	立方码	升	英加仑	美加仑
1	27.000	35.313	1.3079	1000	220.09	264.20
0.0370	1	1.3079	0.0484	37.037	8.1515	9.7852
0.0283	0.7645	1	0.0370	28.3153	6.2279	7.4806
0.7645	20.642	27.000	1	764.5134	168.1533	202
0.0010	0.0270	0.0353	0.0013	1	0.2201	0.2642
0.0045	0.1227	0.1607	0.0059	4.5435	1	1.2011
0.0038	0.1022	0.1337	0.0050	3.7854	0.8325	1

立方厘米		立方市寸		立方英寸	
1		0.027		0.0610	
37.037		1		2.2604	
16.3854		0.4426		1	

立方米 （m³）	百升 （hL）	十升 （daL）	升 （L）	分升 （dL）	厘升 （cL）	毫升 （mL）
0.001	0.01	0.1	1	10	100	1000

附表19　　　　　　　　　　　压力单位的换算

帕(斯卡) （Pa, N/m²）	巴 （bar, 10^5N/m²）	毫米水柱① （mmH₂O）	毫米汞柱 （mmHg）	千克力/厘米² （kgf/cm²）	标准大气压 （atm）	磅力/英寸² （1bf/in² 或 psi）
1	10^{-6}	0.102	7.501×10^{-6}	1.02×10^{-6}	9.869×10^{-6}	1.45×10^{-4}
10^5	1	1.02×10^4	750	1.02	0.9869	14.5
9.807	9.807×10^{-5}	1	7.356×10^{-2}	10^{-4}	0.9678×10^{-4}	1.422×10^{-2}

帕(斯卡) (Pa,N/m^2)	巴 (bar,10^{5}N/m^2)	毫米水柱① (mmH$_2$O)	毫米汞柱 (mmHg)	千克力/厘米^2 (kgf/cm^2)	标准大气压 (arm)	磅力/英寸^2 (1bf/in^2 或 psi)
1.333×10^2	1.333×10^{-3}	13.6	1	1.36×10^{-3}	1.316×10^{-5}	1.934×10^{-2}
0.9807×10^5	0.9807	10^4	735.6	1	0.9678	14.22
0.10133×10^6	1.0133	1.033×10^4	760	1.033	1	14.696
6895	6.895×10^{-2}	703.1	51.72	7.031×10^{-2}	6.805×10^{-2}	1

① 按水的密度为 1g/cm^3 计算。

附表 20   **流量单位的换算**

立方米/秒	立方英尺/秒	立方码/秒	升/秒	英加仑/秒
1.0	35.3132	1.3079	1000	220.09
0.0283	1.0	0.0370	28.3169	6.2279
0.7645	27.0	1.0	764.5134	168.1533
0.0010	0.0353	0.0013	1.0	0.2201
0.0045	0.1607	0.0059	4.5435	1.0

附表 21   **速度单位的换算**

米/秒	英尺/秒	码/秒	公里/时
1	3.2808	1.0936	3.600
0.3048	1	0.3333	1.0973
0.9144	3	1	3.2919
0.2778	0.9114	0.3038	1

附表 22   **长度单位的换算**

米	英寸	英尺
1	39.37	3.2808

附录八　常用药剂的性能

附表 23　　　　　　　　　　常用药剂的性能

序号	名　称	性　质	主　要　规　格
1	硫酸铝 $Al_2(SO_4)_3 \cdot 18H_2O$	无色或白色六角形鳞片或针状结晶或粉末，易溶于水，极难溶于酒精，水溶液呈酸性反应，比重 1.62，粉末状的密度为 0.6 ~ 0.7g/cm³	精制含 Al_2O_3：14% ~ 17% 粗制含 Al_2O_3：9%
2	硫酸铁 $Fe_2(SO_4)_3$	白色或浅黄色粉末，在空气中能潮解而变成棕色液体，能制成极浓的水溶液，但溶解作用很慢，水溶液由于水解而变为红褐色	
3	硫酸亚铁 $FeSO_4 \cdot 7H_2O$	块状结晶，不含 Fe^{2+} 的产品呈天蓝色，在干空气中风化成白色粉末，受水作用则又重新变为天蓝色，如含有 FeO 则呈绿色，此时能自空气中吸收水分而变成黄色碱式盐。无臭，有毒，比重 1.89，容重 1.0 ~ 1.1	含 $FeSO_4 \cdot 7H_2O$：95% ~96% 含 $FeSO_4$：52.5%
4	氯化铁 $FeCl_3$ 和 $FeCl_3 \cdot 6H_2O$	棕黑色结晶或大的六角形薄片，在空气中极易吸收水分而潮解，甚易溶于水而放出大量的热，有结晶水的为橙黄色结晶，水溶液是酸性	无水的含 $FeCl_3$：90% 有水的含 $FeCl_3$：60% 重庆产品为深褐色稠厚液体，含 $FeCl_3$：45%
5	石灰 CaO	白色粉末或细小透明的正方体，在空气中易吸收水分及 CO_2 转变为 $Ca(OH)_2$ 及 $CaCO_3$，此时体积增大	含 CaO 不低于 70%
6	消石灰 $Ca(OH)_2$	细腻的白色粉末，在空气中吸收 CO_2 而转变为 $CaCO_3$。在水中溶解度小。其未溶物在水中形成	含 CaO：60% ~80%

序号	名　　称	性　　质	主　要　规　格
6	消石灰 Ca（OH）$_2$	白色乳状液，称为石灰乳。Ca（OH）$_2$ 的水溶液为无色、无臭的透明液，呈碱性反应。容重为 0.4 ~ 0.8	含 CaO：60% ~ 80%
7	液氯 Cl$_2$	氯气为浅绿色的有毒气体，带有强烈臭味，在 0℃ 及 6 个大气压下即液化成黄色的液体，能溶于水	含 Cl$_2$：99.5%
8	漂白粉 CaOCl$_2$	白色粉末，具有极强的氯臭，性毒。在空气或水中即水解生成次氯酸	含有效 Cl$_2$：32%、30%、28%
9	六偏磷酸钠 （NaPO$_3$）$_6$	白色粉末或无色透明片状，能溶于水，其水溶液呈酸性反应，在温水或酸碱溶液中易变为正磷酸盐	含（NaPO$_3$）$_6$：85% 及 80%
10	氢氧化钠 NaOH	为白色易潮解的固体，断面有结晶结构，能吸收空气中的 CO$_2$ 和水分，有极强的腐蚀性，易溶于水，比重为 2.13	固体含 NaOH：98%、95%、92% 液体含 NaOH：42%
11	盐酸 HCl	为无色透明的液体，工业用盐酸因常有 FeCl$_3$ 等杂质略带黄色，比重 1.19	含 HCl：31%
12	硫酸 H$_2$SO$_4$	无色透明油状液体，浓硫酸能强烈地吸收水分	含 H$_2$SO$_4$：稀——75%；浓——92.5% 或 98%
13	亚硫酸钠 Na$_2$SO$_3$·7H$_2$O	大的无色单斜晶体结晶，比重1.56，易溶于水，其水溶液呈碱性反应。在空气中风化表面层易氧化为 Na$_2$SO$_4$	

附录九 常用溶液的密度

附表 24   硫酸溶液的密度（20℃）

密 度 (g/cm^3)	H_2SO_4 的含量		密 度 (g/cm^3)	H_2SO_4 的含量	
	%	g/L		%	g/L
1.005	1	10.05	1.415	52	735.8
1.012	2	20.24	1.435	54	774.9
1.018	3	30.55	1.456	56	815.2
1.025	4	41.00	1.477	58	856.7
1.032	5	51.58	1.498	60	898.8
1.038	6	62.31	1.520	62	942.4
1.045	7	73.17	1.542	64	986.9
1.052	8	84.18	1.565	66	1033
1.059	9	95.32	1.587	68	1079
1.066	10	106.6	1.601	70	1127
1.073	11	118.0	1.622	71	1152
1.080	12	129.6	1.634	72	1176
1.087	13	141.4	1.646	73	1201
1.095	14	153.3	1.657	74	1226
1.102	15	165.3	1.669	75	1252
1.109	16	177.5	1.681	76	1278
1.117	17	189.9	1.693	77	1303
1.124	18	202.3	1.704	78	1329
1.132	19	215.1	1.716	79	1355
1.139	20	227.9	1.727	80	1382
1.155	22	254.1	1.749	82	1434
1.170	24	280.9	1.769	84	1486
1.186	26	308.4	1.787	86	1537
1.202	28	336.6	1.802	88	1586
1.219	30	365.6	1.814	90	1633
1.235	32	395.2	1.819	91	1656
1.252	34	425.2	1.824	92	1678
1.268	36	456.6	1.828	93	1700
1.286	38	488.5	1.8312	94	1721
1.303	40	521.1	1.8337	95	1742
1.321	42	554.6	1.8365	96	1762
1.338	44	588.9	1.8363	97	1781
1.357	46	624.2	1.8365	98	1799
1.376	48	660.5	1.8342	99	1816
1.395	50	697.5	1.8305	100	1831

附表 25　　　　　　　盐酸溶液的密度（20℃）

密度 （g/cm³）	HCl 的含量		密度 （g/cm³）	HCl 的含量	
	%	g/L		%	g/L
1.003	1	10.03	1.108	22	243.8
1.008	2	20.16	1.119	24	268.5
1.018	4	40.72	1.129	26	293.5
1.028	6	61.67	1.139	28	319.0
1.038	8	83.01	1.149	30	344.8
1.047	10	104.7	1.159	32	371.0
1.057	12	126.9	1.199	34	397.5
1.068	14	149.5	1.179	36	424.4
1.078	16	172.5	1.189	38	451.6
1.088	18	195.8	1.198	40	479.2
1.098	20	219.6			

附表 26　　　　　　　氢氧化钠溶液的密度（20℃）

密度 （g/cm³）	NaOH 的含量		密度 （g/cm³）	NaOH 的含量	
	%	g/L		%	g/L
1.010	1	10.10	1.241	22	273.0
1.021	2	20.41	1.263	24	303.0
1.032	3	30.95	1.285	26	334.0
1.043	4	41.71	1.306	28	365.8
1.054	5	52.69	1.328	30	398.4
1.065	6	63.89	1.349	32	431.7
1.076	7	75.31	1.370	34	465.7
1.087	8	86.95	1.390	36	500.4
1.098	9	98.81	1.410	38	535.8
1.109	10	110.9	1.430	40	572.0
1.120	11	123.3	1.440	41	590.3
1.131	12	135.7	1.449	42	608.7
1.142	13	148.5	1.459	43	627.5
1.153	14	161.4	1.469	44	646.1
1.164	15	174.7	1.478	45	665.2
1.175	16	188.0	1.487	46	684.2
1.186	17	201.7	1.497	47	703.5
1.197	18	215.5	1.507	48	723.1
1.208	19	229.7	1.516	49	742.9
1.219	20	243.8	1.525	50	762.7

附录十 一些溶液的浓度与其电导率的关系

附表 27 氯化钠溶液浓度（mg/L）与其电导率（μS/cm）之间的关系

μS/cm	mg/L	μS/cm	mg/L	μS/cm	mg/L	μS/cm	mg/L	μS/cm	mg/L	μS/cm	mg/L
10	5	300	145	590	292	870	434	1320	662	1975	996
20	9	310	150	600	297	880	439	1340	672	2000	1000
30	14	320	155	610	302	890	444	1360	682	2025	1022
40	19	330	160	620	307	900	449	1380	692	2050	1034
60	28	340	165	630	312	910	454	1400	702	2075	1047
70	33	350	171	640	317	920	459	1420	713	2125	1073
80	38	360	176	650	323	930	464	1440	723	2150	1085
90	42	370	181	660	328	940	469	1460	733	2175	1098
100	47	380	186	670	333	950	474	1480	743	2200	1111
110	52	390	191	680	338	960	480	1500	754	2225	1124
120	57	400	196	690	343	970	485	1525	766	2250	1137
130	61	410	201	700	348	980	490	1550	770	2275	1140
140	66	420	206	710	353	990	495	1575	792	2300	1162
150	71	430	211	720	358	1000	500	1600	805	2325	1175
160	75	440	216	730	363	1020	510	1625	817	2350	1188
170	80	450	221	740	368	1040	520	1650	830	2375	1200
180	85	460	226	750	373	1080	540	1675	843	2400	1213
190	90	470	231	760	378	1100	550	1700	856	2425	1226
200	95	480	236	770	383	1120	561	1725	868	2450	1239
210	100	490	241	780	388	1140	571	1750	881	2475	1251
220	105	500	247	790	393	1160	581	1775	894	2500	1264
230	110	510	252	800	399	1180	591	1800	907	2550	1290
240	115	520	257	810	404	1200	601	1825	920	2600	1315
250	120	530	262	820	409	1220	611	1850	932	2650	1344
260	125	550	272	830	414	1240	621	1875	945	2700	1371
270	130	560	277	840	419	1260	632	1900	958	2750	1398
280	135	570	282	850	424	1280	642	1925	971	2800	1426
290	140	580	287	860	429	1300	652	1950	983	2850	1453

μS/cm	mg/L	μS/cm	mg/L	μS/cm	mg/L	μS/cm	mg/L	μS/cm	mg/L	μS/cm	mg/L
2900	1480	5300	2805	8800	4767	14400	8061	23250	13474	39500	23465
2950	1508	5400	2861	8900	4823	14600	8182	23500	13628	40000	23773
3000	1535	5500	2917	9000	4879	14800	8304	23750	13782	41000	24387
3050	1562	5600	2973	9100	4935	15000	8425	24000	13936	42000	25002
3100	1589	5700	3029	9200	4991	15250	8576	24250	14089	43000	25679
3150	1617	5800	3085	9216	5000	15500	8728	24500	14243	44000	26357
3200	1644	5900	3141	9300	5047	15750	8879	24750	14397	45000	27035
3250	1671	6000	3197	9400	5103	16000	9031	25000	14550	46000	27713
3300	1699	6100	3253	9500	5159	16250	9182	25500	14858	47000	28391
3350	1726	6200	3309	9600	5215	16500	9334	26000	15165	48000	29069
3400	1753	6300	3365	9700	5271	16750	9486	26500	15473	49000	29747
3450	1781	6400	3421	9800	5327	17000	9637	27000	15780	50000	30425
3500	1808	6500	3477	9900	5383	17500	9940	27500	16087	51000	31103
3550	1835	6600	3533	10000	5439	17750	10092	28000	16395	52000	31781
3600	1863	6700	3589	10200	5551	18000	10247	28500	16702	53000	32459
3650	1899	6800	3645	10400	5664	18250	10400	29000	17010	54000	33137
3700	1917	3900	3701	10600	5776	18500	10554	29500	17317	55000	33815
3750	1945	7000	3758	10800	5888	18750	10708	30000	17624	56000	34493
3800	1972	7100	3814	11000	6000	19000	10852	30500	17932	57000	35171
3850	1999	7200	3870	11200	6122	19250	11015	31000	18239	58000	35849
3900	2027	7300	3926	11400	6243	19500	11169	31500	18547	59000	36527
3950	2054	7400	3982	11600	6364	19750	11323	32000	18854	60000	37205
4000	2081	7500	4038	11800	6485	20000	11476	32500	19161	61000	37883
4100	2136	7600	4094	12000	6607	20250	11630	33000	19469	62000	38561
4200	2191	7700	4150	12200	6728	20500	11784	34000	20084	63000	39239
4300	2245	7800	4206	12400	6843	20750	11937	34500	20391	64000	39917
4400	2300	7900	4262	12600	6970	21000	12091	35000	20698	65000	40595
4500	2356	8000	4318	12800	7091	21250	12245	35500	21006	66000	41273
4600	2412	8100	4374	13000	7213	21500	12399	36000	21313	67000	41961
4700	2468	8200	4430	13200	7334	21750	12552	36500	21621	68000	42629
4800	2524	8300	4486	13400	7455	22000	12705	37000	21928	69000	43307
4900	2580	8400	4542	13600	7576	22250	12860	37500	22235	70000	43985
5000	2636	8500	4598	13800	7898	22500	13013	38000	22543	71000	44663
5100	2692	8600	4654	14000	7819	22750	13167	38500	22850	72000	45341
5200	2748	8700	4710	14200	7940	23000	13321	39000	23158	73000	46091

μS/cm	mg/L	μS/cm	mg/L	μS/cm	mg/L	μS/cm	mg/L	μS/cm	mg/L	μS/cm	mg/L
74000	46697	80000	50765	85000	54155	89000	56867	93000	59579	97000	62291
76000	48053	81000	51443	86000	54833	90000	57545	94000	60257	98000	62969
77000	48731	85000	52121	87000	55511	91000	58223	95000	60935	99000	63647
78000	49409	83000	52799	88000	56130	92000	58901	96000	61613	100000	64325
79000	50087	84000	53477								

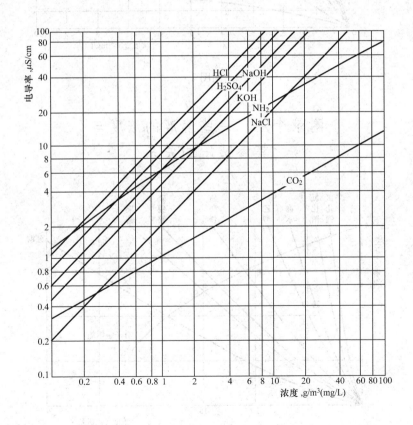

附图1

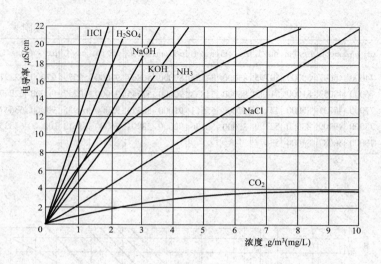

附图2

附录十一　一些溶液的浓度与
其渗透压的关系

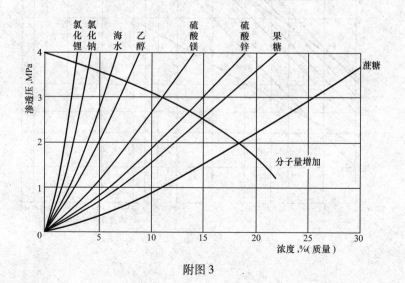

附图3

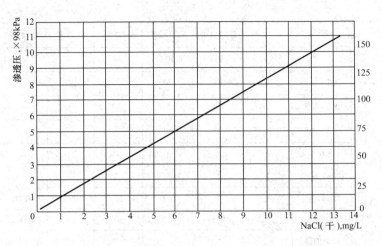

附图 4

附录十二　电子和半导体行业的用水
要求（ASTM D5127—1999）

附表 28　　　　　电子和半导体行业的用水要求

参　数		E-1 型	E-1.1 型	E-1.2 型	E-2 型	E-3 型	E-4 型
线宽（μm）		1.0-0.5	0.5-0.25	0.25-0.18	5.0-1.0	>5.0	—
电阻系数，25℃		18.2	18.2	18.2	17.5	12	0.5
内毒素单位(EU/mL)		0.03	0.03	0.03	0.25	—	—
TOC（mg/L）		5	2	1	50	300	1000
溶解氧		1	1	1	—	—	—
挥发后残余物(mg/L)		1	0.5	0.1	—	—	—
SEM 粒子 /L （μm）	0.1~0.2	1000	1000	200	—	—	—
	0.2~0.5	500	500	100	3000	—	—
	0.5~0.1	50	50	1	—	10000	—
	10	—	—	—	—	—	100000

参　数		E-1型	E-1.1型	E-1.2型	E-2型	E-3型	E-4型
在线 粒子 /L （μm）	0.05~0.1	500	500	100	—	—	—
	0.1~0.2	300	300	50	—	—	—
	0.2~0.3	50	50	20	—	—	—
	0.3~0.5	20	20	10	—	—	—
	>0.5	4	4	1	—	—	—
细菌 /100 mL	100mL样品	1	1	1			
	1L样品	1	1	0.1	10	10000	100000
	总硅量(mg/L)	3	0.5	0.5	10	50	1000
	溶解的硅 （mg/L）	1	0.1	0.05			
离子 与 金属 （mg/L）	铵离子	0.1	0.10	0.05	—	—	—
	溴离子	0.1	0.05	0.02	—	—	—
	氯离子	0.1	0.05	0.02	1	10	1000
	氟离子	0.1	0.05	0.03			
	硝酸根	0.1	0.05	0.02	1	5	500
	亚硝酸根	0.1	0.05	0.02	—		
	磷酸根	0.1	0.05	0.02	1	5	500
	硫酸根	0.1	0.05	0.02	1	5	500
	铝	0.05	0.02	0.005	—	—	—
	钡	0.05	0.02	0.001	—	—	—
	硼	0.05	0.02	0.005	—	—	—
	钙	0.05	0.02	0.002	—	—	—
	铬	0.05	0.02	0.002	—	—	—
	铜	0.05	0.02	0.002	1	2	500
	铁	0.05	0.02	0.002	—	—	—
	铅	0.05	0.02	0.005	—	—	—
	锂	0.05	0.02	0.003	—	—	—

参　　数		E-1型	E-1.1型	E-1.2型	E-2型	E-3型	E-4型
离子与金属（mg/L）	镁	0.05	0.02	0.002	—	—	—
	锰	0.05	0.02	0.002	—	—	—
	镍	0.05	0.02	0.002	1	2	500
	钾	0.05	0.02	0.005	2	5	500
	钠	0.05	0.02	0.005	1	5	1000
	锶	0.05	0.02	0.001	—	—	—
	锌	0.05	0.02	0.002	1	5	500

注　E-1型水可被用于宽度在0.5~1.0mm的设备中；E-1.1型适应的宽度为0.25~0.5mm
之间；E-1.2型适合线宽0.18~0.25mm之间；E-2型适用于1~5mm；E-3型适合线
宽大于5mm；E-4型用于电镀用水。

附录十三　一些难溶盐的溶度积

附表29　　　　　　　　一些难溶盐的溶度积

序号	分子式	温度（℃）	溶度积
1	$Al(OH)_3$	20	1.9×10^{-33}
2	$BaCO_3$	16	7×10^{-9}
3	$BaSO_4$	25	1.08×10^{-10}
4	$CaCO_3$	25	8.7×10^{-9}
5	CaF_2	26	3.95×10^{-11}
6	$CaSO_4$	10	6.1×10^{-5}
7	CuS	18	8.5×10^{-45}
8	$Fe(OH)_3$	18	1.1×10^{-36}
9	$Fe(OH)_2$	18	1.64×10^{-14}
10	$PbCO_3$	18	3.3×10^{-14}
11	PbF_2	18	3.2×10^{-5}

序号	分子式	温度（℃）	溶度积
12	$PbSO_4$	18	1.06×10^{-8}
13	$MgNH_4PO_4$	25	2.5×10^{-13}
14	$MgCO_3$	12	2.6×10^{-5}
15	$Mg(OH)_2$	18	1.2×10^{-11}
16	$Mn(OH)_2$	18	4×10^{-14}
17	NiS	18	1.4×10^{-24}
18	$SrCO_3$	25	1.6×10^{-9}
19	$SrSO_4$	174	2.81×10^{-7}
20	$Zn(OH)_2$	20	1.8×10^{-14}

注 设离子强度为零。

附录十四 水处理用 001×7 强酸性苯乙烯系阳离子交换树脂（氢型）/（钠型）技术要求

（摘自 DL/T519—2004）

项目	001×7	001×7FC	001×7MB
全交换容量（mmol/g）	≥5.00/≥4.50		
体积交换容量（mmoL/mL）	≥1.75/≥1.90		≥1.70/≥1.80
含水量（%）	51.00~56.00/45.00~50.00		
湿视密度（g/mL）	0.73~0.83/0.77~0.87		
湿真密度（g/mL）	1.170~1.220/1.250~1.290		

项目	001×7	001×7FC	001×7MB
有效粒径[①] （mm）	0.400~0.700	≥0.500	（0.550~0.900）[②]
均一系数[①]	≤1.60		≤1.40
范围粒度[①] （%）	0.315mm~1.250mm ≥95.0	0.450mm~1.250mm ≥95.0	0.500mm~1.250mm ≥95.0
下限粒度[①] （%）	<0.315mm ≤1.0	<0.450mm ≤1.0	<0.500mm ≤1.0
渗磨圆球率[③] （%）	≥60.00		

①用钠型树脂测定有效粒径、均一系数、范围粒度和下限粒度。

②与阴树脂组成混床时，其阳、阴树脂有效粒径之差的绝对值不大于0.10mm。

③用原样树脂测定渗磨圆球率。

附录十五 水处理用201×7强碱性苯乙烯系阴离子交换树脂（氢氧型）/（氯型）技术要求

（摘自 DL/T519—2004）

项　目	201×7	201×7FC	201×7MB	201×7SC
最大再生容量 （mmoL/g）	≥3.80/—			
强型基团容量 （mmoL/g）	≥3.60/≥3.50			
体积交换容量 （mmoL/mL）	≥1.10/≥1.35			≥1.05/≥1.30
含水量 （%）	53.00~58.00/42.00~48.00			
湿视密度 （g/mL）	0.66~0.71/0.67~0.73			

项 目	201×7	201×7FC	201×7MB	201×7SC
湿真密度 （g/mL）	1.060~1.090/1.070~1.100			
有效粒径① （mm）	0.400~0.700	≥0.500	(0.500~0.800)②	≥0.630
均一系数①	≤1.60			≤1.40
上限粒度① （%）	—	—	>0.900mm ≤1.0	—
范围粒度① （%）	0.315~1.250mm ≥95.0	0.450~1.250mm ≥95.0	0.400~0.900mm ≥95.0	0.630~1.250mm ≥95.0
下限粒度① （%）	<0.315mm ≤1.0	<0.450mm ≤1.0	—	<0.630mm ≤1.0
渗磨圆球率③ （%）	≥60.00			

①用氯型树脂测定有效粒径、均一系数、范围粒度、上限粒度及下限粒度。
②与阳树脂组成混床时，其阳、阴树脂有效粒径之差的绝对值不大于0.10mm。
③用原样树脂测定渗磨圆球率。

参 考 文 献

1   冯逸仙，杨世纯. 反渗透水处理. 北京：中国电力出版社，1997.
2   冯逸仙，杨世纯. 反渗透水处理工程. 北京：中国电力出版社，2000.
3   American Water Works Association. Water Quality and Treatment. McGraw – Hill，Inc.
4   Wes Byrne. Reverse Osmosis—A Practical Guide for Industrial Users. Tall Oaks Publishing Inc.